數學拾貝

MATHEMATICS

蔡聰明 著

三民書局

鸚鵡螺數學叢書

總 序

本叢書是在三民書局董事長劉振強先生的授意下，由我主編，負責策劃、邀稿與審訂。誠摯邀請關心臺灣數學教育的寫作高手，加入行列，共襄盛舉。希望把它發展成為具有公信力、有魅力並且有口碑的數學叢書，叫做「鸚鵡螺數學叢書」。願為臺灣的數學教育略盡棉薄之力。

I 論題與題材

舉凡中小學的數學專題論述、教材與教法、數學科普、數學史、漢譯國外暢銷的數學普及書、數學小說，還有大學的數學論題：數學通識課的教材、微積分、線性代數、初等機率論、初等統計學、數學在物理學與生物學上的應用等等，皆在歡迎之列。在劉先生全力支持下，相信工作必然愉快並且富有意義。

我們深切體認到，數學知識累積了數千年，內容多樣且豐富，浩瀚如汪洋大海，數學通人已難尋覓，一般人更難以親近數學。因此每一代的人都必須從中選擇優秀的題材，重新書寫：注入新觀點、新意義、新連結。**從舊典籍中發現新思潮，讓知識和智慧與時俱進，給數學賦予新生命**。本叢書希望聚焦於當今臺灣的數學教育所產生的問題與困局，以幫助年輕學子的學習與教師的教學。

從中小學到大學的數學課程，被選擇來當教育的題材，幾乎都是很古老的數學。但是數學萬古常新，沒有新或舊的問題，只有寫得好或壞的問題。兩千多年前，古希臘所證得的畢氏定理，在今日多元的光照下只會更加輝煌、更寬廣與精深。自從古希臘的成功商人、第一位哲學家兼數學家泰利斯 (Thales) 首度提出兩個石破天驚的宣言：數學要有證明，以及要用自然的原因來解釋自然現象（拋棄神話觀與超自然的原因）。從此，開啟了西方理性文明的發展，因而產生數學、科學、哲學與民主，幫忙人類從農業時代走到工業時代，以至今日的電腦資訊文明。這是人類從野蠻蒙昧走向文明開化的歷史。

古希臘的數學結晶於歐幾里德 13 冊的《原本》(*The Elements*)，包括平面幾何、數論與立體幾何，加上阿波羅紐斯 (Apollonius) 8 冊的《圓錐曲線論》，再加上阿基米德求面積、體積的偉大想法與巧妙計算，使得它幾乎悄悄地來到微積分的大門口。這些內容仍然是今日中學的數學題材。我們希望能夠學到大師的數學，也學到他們的高明觀點與思考方法。

目前中學的數學內容，除了上述題材之外，還有代數、解析幾何、向量幾何、排列與組合、最初步的機率與統計。對於這些題材，我們希望在本叢書都會有人寫專書來論述。

II 讀者對象

本叢書要提供豐富的、有趣的且有見解的數學好書，給小學生、中學生到大學生以及中學數學教師研讀。我們會把每一本書適用的讀者群，定位清楚。一般社會大眾也可以衡量自己的程度，選擇合適的書來閱讀。我們深信，**閱讀好書是提升與改變自己的絕佳方法**。

教科書有其客觀條件的侷限，不易寫得好，所以要有其它的數學讀物來補足。本叢書希望在寫作的自由度幾乎沒有限制之下，寫出各種層次的好書，讓想要進入數學的學子有好的道路可走。看看歐美日各國，無不有豐富的普通數學讀物可供選擇。這也是本叢書構想的發端之一。

學習的精華要義就是，**儘早學會自己獨立學習與思考的能力**。當這個能力建立後，學習才算是上軌道，步入坦途。可以隨時學習、終身學習，達到「真積力久則入」的境界。

我們要指出：學習數學沒有捷徑，必須要花時間與精力，用大腦思考才會有所斬獲。不勞而獲的事情，在數學中不曾發生。找一本好書，靜下心來研讀與思考，才是學習數學最平實的方法。

III 鸚鵡螺的意象

本叢書採用鸚鵡螺 (Nautilus) 貝殼的剖面所呈現出來的奇妙螺線 (spiral) 為標誌 (logo)，這是基於數學史上我喜愛的一個數學典故，也是我對本叢書的期許。

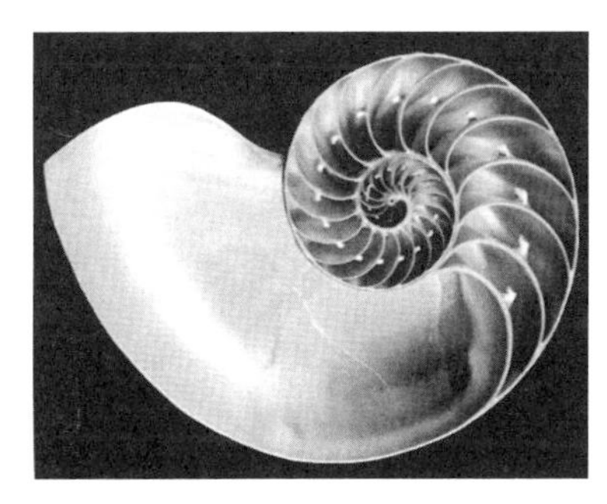

鸚鵡螺貝殼的剖面

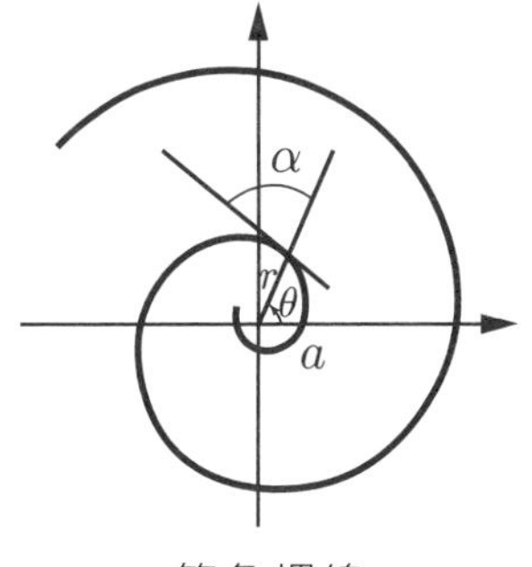

等角螺線

鸚鵡螺貝殼的螺線相當迷人，它是等角的，即向徑與螺線的交角 α 恆為不變的常數 ($\alpha \neq 0°, 90°$)，從而可以求出它的極坐標方程式為 $r = ae^{\theta\cot\alpha}$，所以它叫做**指數螺線**或**等角螺線**，也叫做**對數螺線**，因為取對數之後就變成阿基米德螺線。這條曲線具有許多美妙的數學性質，例如自我形似 (self-similar)、生物成長的模式、飛蛾撲火的路徑、黃金分割以及費氏數列 (Fibonacci sequence) 等等都具有密切的關係，結合著數與形、代數與幾何、藝術與美學、建築與音樂，讓瑞士數學家柏努利 (Bernoulli) 著迷，要求把它刻在他的墓碑上，並且刻上一句拉丁文：

Eadem Mutata Resurgo

此句的英譯為：

Though changed, I arise again the same.

意指「**雖然變化多端，但是我仍舊照樣升起**」。這蘊含有「**變化中的不變**」之意，象徵規律、真與美。

鸚鵡螺來自海洋，海浪永不止息地拍打著海岸，啟示著恆心與毅力之重要。最後，期盼本叢書如鸚鵡螺之「**歷劫不變**」，在變化中照樣升起，帶給你啟發的時光。

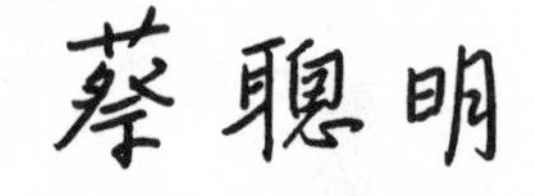

2012 歲末

The ocean of truth

I do not know what I may appear to the world, but to myself I seem to have been only like a boy playing on the seashore, and diverting myself in now and then finding a smoother pebble or a prettier shell than ordinary, while the great ocean of truth lay all undiscovered before me.

——Isaac Newton (1642 ~ 1727)——

我不知道世人怎樣看待我，至於我看自己，就好像是一個小男孩在海邊嬉戲，偶然發現一個光滑的石頭或一個漂亮的貝殼，而偉大的真理，仍然如大海般橫在眼前，未被發現。

——牛頓——

序

本書仍然是延續上一本書《數學的發現趣談》之旨趣，將作者多年來所寫的文章收集在一起，希望對讀者學習數學有幫助。

「學習」的理論，多如汗牛充棟，其中有一種漂亮而精彩的講法：

學習的精義就是，儘早學會自己獨立學習的能力。

學習的目標就是要達到「知性的成熟」與「感性的成熟」，這分別是人生的兩棵大樹——知識樹與生命樹的經營，以求達到心智的成熟。

所謂「知性的成熟」就是IQ的千錘百鍊，使得底下的事情做得很流暢：自己發現問題，找書，找資料，找人討論，整理成精要的卡片或筆記，獨立思考，獨立判斷，講究方法，獨立解決問題，達到連貫、了悟與美的欣賞的境界，讓求知變成一種樂趣，並且樂在其中。

如果把學問比喻為金子，那麼上述「知性的成熟」就是「點石成金」的能力。何者為本，何者為末，非常清楚。我們要金子，但是更要點石成金的法力，這樣才是有泉源的活水。所謂一個人的學習能力高強應該就是如此這般吧。事實上，一個人絕大部分的知識學問都是自學得來的。

所謂「感性的成熟」是指，面對人生的挫折、苦悶、煩惱、心碎、困頓時之穩健處理，渡過難關。這是EQ的鍛鍊，往往比追求知識學問還要深奧、複雜、難纏。

朱熹的〈觀書有感〉值得參考：

半畝方塘一鑑開，
天光雲影共徘徊。
問渠那得清如許？
為有源頭活水來。

最近幾年來，我跟漫畫家蔡志忠先生討論數學以及天地間的一切事情，實在是受惠良多。因此，我特別請他為本書畫了十幾幅漫畫，每一幅都具有畫龍點睛的效果，讓本書增添無窮的妙趣，這是本書讀者的福氣，在此我要大大感謝他。我建議讀者以讀一首詩的態度與心情來看他的每一幅漫畫。當然啦，讀數學的一個定理或一條公式亦然。

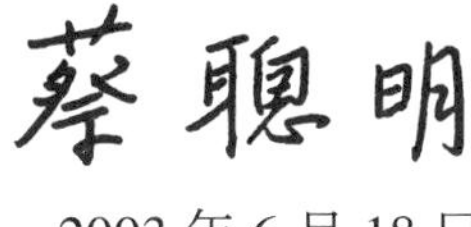

2003 年 6 月 18 日

數學拾貝

CONTENTS

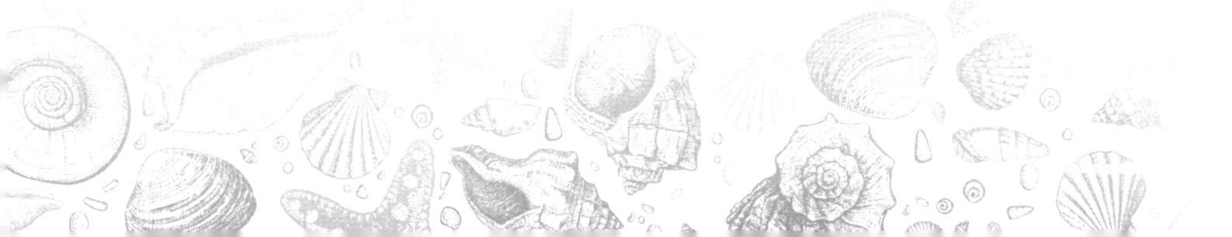

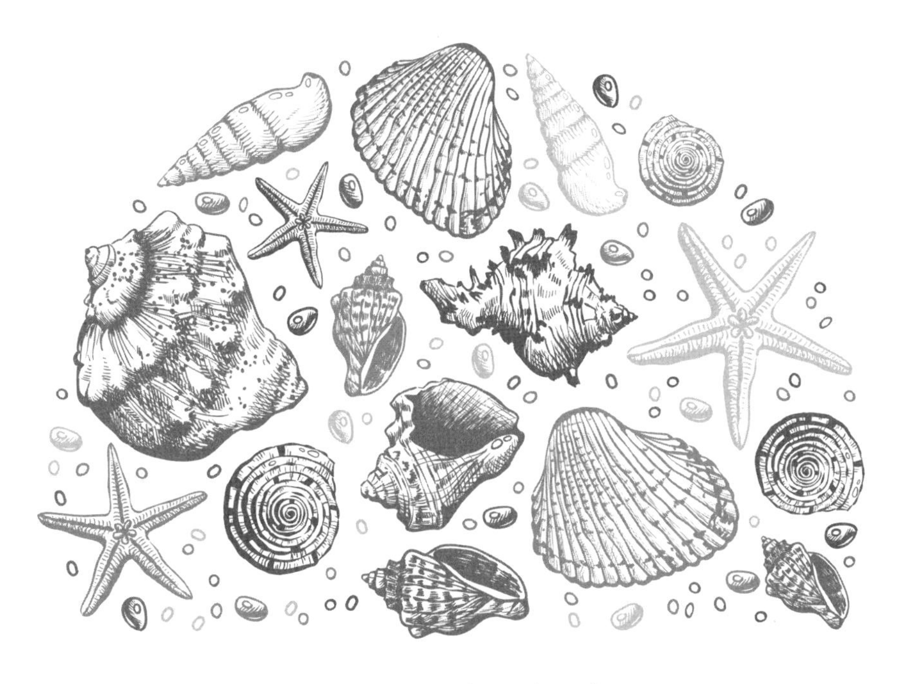

1　九九乘法表蘊藏的祕密

從每個人都熟悉的九九乘法表切入，經過觀察與提問，然後採用畢氏學派的弄石法，我們就可以發現一些有趣的數學規律。

在小學時，我們都背過九九乘法表，然後一輩子用它。然而，絕大多數人都沒有進一步從中挖掘寶藏，實在可惜。本文要帶你回到童年情境，找尋九九乘法表中的趣事。

九九乘法從 $1\times1=1$，⋯，到 $9\times9=81$，讓我們列成下表：

乘	1	2	3	4	5	6	7	8	9
1	1	2	3	4	5	6	7	8	9
2	2	4	6	8	10	12	14	16	18
3	3	6	9	12	15	18	21	24	27
4	4	8	12	16	20	24	28	32	36
5	5	10	15	20	25	30	35	40	45
6	6	12	18	24	30	36	42	48	54
7	7	14	21	28	35	42	49	56	63
8	8	16	24	32	40	48	56	64	72
9	9	18	27	36	45	54	63	72	81

觀察是發現的第一步，我們看出：

(1)第一列（由左到右）是自然數 $1, 2, 3, \cdots, 9$；

(2)每一列都形成等差數列；

(3)從左上角到右下角之對角線是平方數列，並且為對稱軸（因為有交換律）；

(4)這是一個 9×9 階對稱方陣並且其行列式等於 0（為什麼？）

問題 1

上表中方框內的數全部加起來，總和是多少？

小學生絕大多數會採取「硬算」(by brute force)，慢慢加，這很費時且容易出錯。中學生會用「結構性」的眼光來「巧算」，如下：（用到了分配律與結合律）

$$S = 1\times(1+2+\cdots+9)+2\times(1+2+\cdots+9)+\cdots+9\times(1+2+\cdots+9)$$
$$= (1+2+\cdots+9)\times(1+2+\cdots+9)$$
$$= (1+2+\cdots+9)^2 = 45^2 = 2025 \quad (1)$$

這可媲美於高斯 (Gauss, 1777～1855) 小時候的巧算：

$$1+2+3+\cdots+100$$
$$= (1+100)+(2+99)+\cdots+(50+51)$$
$$= 101\times 50 = 5050 \quad (2)$$

另類觀點 

讓我們採取另一個角度來看(1)式的求和問題。如圖 1–1 所示，將九九乘法表分割成角鐵形 (gnomons) 區域，先把每一區域的數相加，然後再全部加起來：

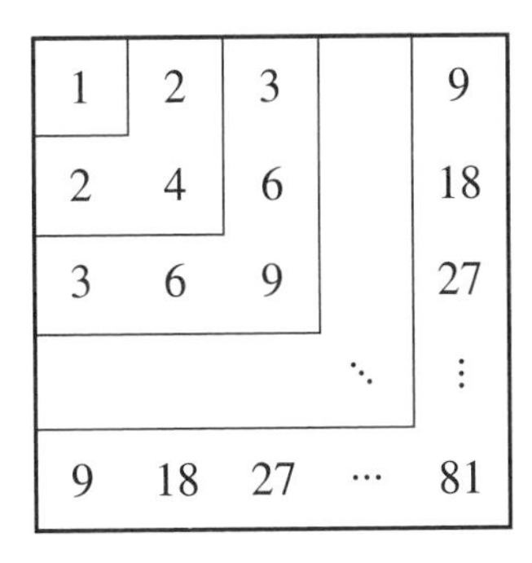

圖 1–1

$$S=1+(2+4+2)+(3+6+9+6+3)+\cdots$$
$$+(9+18+\cdots+72+81+72+\cdots+18+9) \tag{3}$$

我們進一步觀察到，每一區域的數之和可以變形：

$$1=1$$
$$2+4+2=2\times(1+2+1)$$
$$3+6+9+6+3=3\times(1+2+3+2+1)$$
$$\vdots$$
$$9+18+\cdots+81+\cdots+18+9=9\times(1+2+\cdots+9+\cdots+2+1) \tag{4}$$

其中出現了共通模式 (pattern)：

$$1+2+\cdots+(n-1)+n+(n-1)+\cdots+2+1 \tag{5}$$

亦即由 1 出發，逐次加 1，上昇到最高點 n，然後再逐次減 1，下降回到 1。

問題 2

如何求算(5)式之和？

畢氏學派的弄石法

畢氏學派主張「萬有皆整數」(All is whole numbers)，即宇宙中的事物都可以用整數或整數的比值來表達；他們更將整數賦予形狀，並且用小石子排成幾何圖形，叫做有形的數 (figurate numbers)，例如：

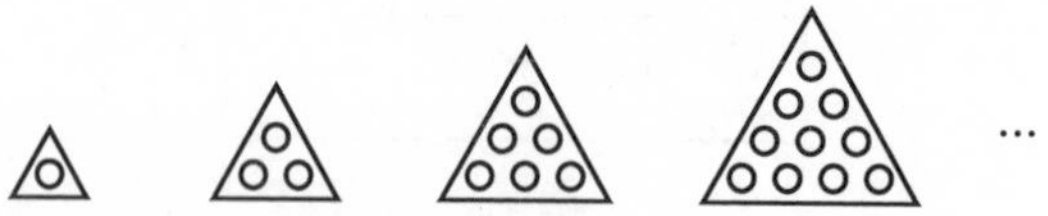

$T_1=1$ $T_2=3$ $T_3=6$ $T_4=10$ …

圖 1–2

叫做三角形數 (triangular numbers)，這是排成正三角形的情況，另外也可以排成等腰直角三角形：

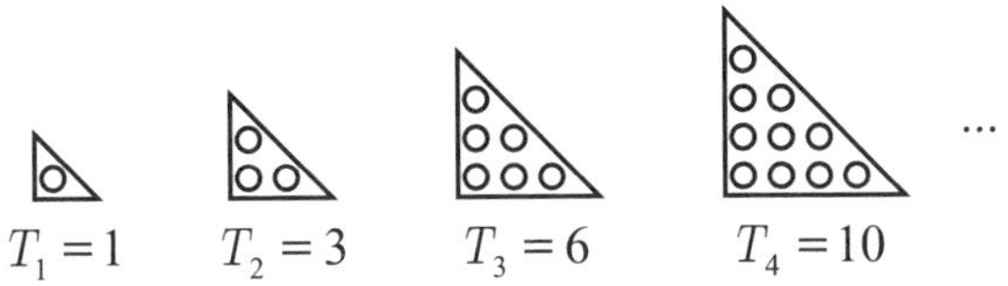

$T_1 = 1$　$T_2 = 3$　$T_3 = 6$　$T_4 = 10$　…

圖 1–3

第 n 個三角形數為

$$T_n = 1 + 2 + 3 + \cdots + n \tag{6}$$

圖 1–4 中的數叫做正方形數 (square numbers)，其第 n 項為 $S_n = n^2$。

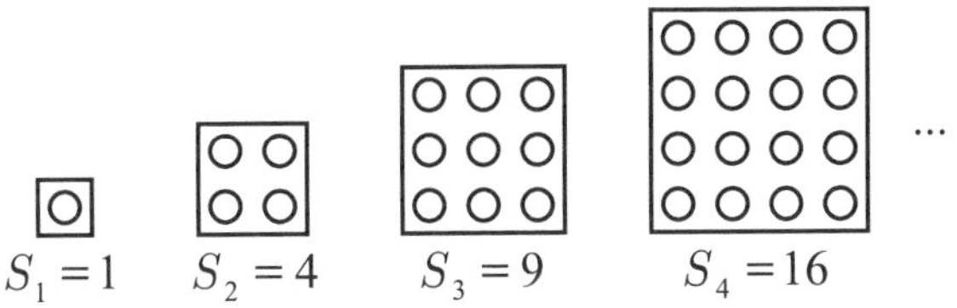

$S_1 = 1$　$S_2 = 4$　$S_3 = 9$　$S_4 = 16$　…

圖 1–4

首先我們來探討三角形數的公式。

小高斯採用首尾兩項相加的方法巧算出三角形數 T_{100}，同理也可算得 T_{10}, T_{1000}, T_{10000} 等等：

$$T_{10} = 55,\ T_{100} = 5050,\ T_{1000} = 500500,\ T_{10000} = 50005000,\ \cdots$$

這些結果相當有規律。

但是，當項數是奇數時，按此法計算會有一項落單，需另外處理。通常是改採下面稍微普遍的方法，不論項數為奇或偶皆適用：

$$\begin{array}{rl} T_n &= 1+2+\cdots+(n-1)+n \\ +)\quad T_n &= n+(n-1)+\cdots+2+1 \\ \hline 2T_n &= n(n+1) \\ \therefore T_n &= \frac{1}{2}n(n+1) \end{array} \tag{7}$$

弄石圖解如下：

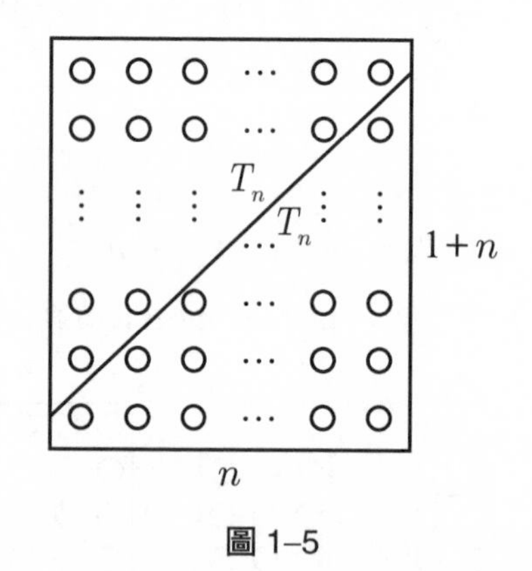

圖 1–5

兩個三角形數 T_n 補足成一個長方形，底為 n，高為 $n+1$，共有 $n(n+1)$ 個小石子，再折半就得到(7)式。

這個方法還可以推展到一般等差級數的求和（見圖 1–6）：

$$\begin{aligned} &a+(a+d)+(a+2d)+\cdots+[a+(n-1)d] \\ &=\frac{1}{2}n[2a+(n-1)d] \\ &=\frac{\text{項數}\times[\text{首項}+\text{末項}]}{2} \end{aligned} \tag{8}$$

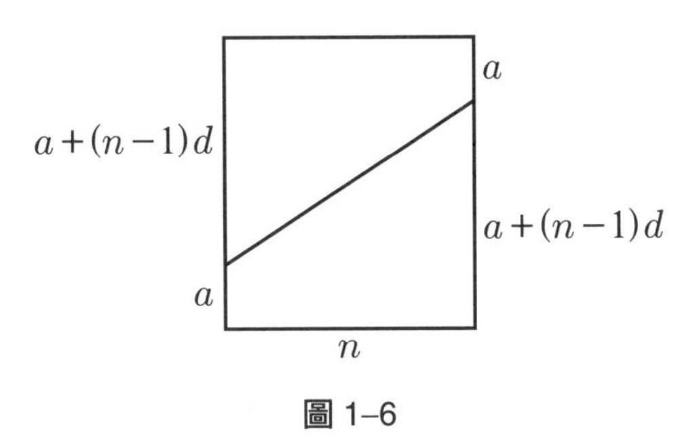

圖 1–6

這些公式雖然淺易，但是若由一位小學生獨立地想出來，那也算是一個偉大的發現。我們舉出日本的諾貝爾物理獎得主湯川秀樹的例子，他在自述傳記中，特別提到他在小學高年級時，在沒有人教導的情況下，自己想出等差級數求和方法的欣喜。現代的學生，對於許多好問題都太早就讀到答案，而平白喪失自己摸索、自己想出來的機會，這實在很可惜。

現在回到問題 2，我們看出

$$1+2+\cdots+(n-1)+n+(n-1)+\cdots+2+1=T_n+T_{n-1}$$

為相鄰兩個三角形數（第 n 項與第 $n+1$ 項）之和。

由圖 1–7 知，兩個相鄰的三角形數可以併成一個正方形數，即

$$T_n+T_{n-1}=S_n=n^2 \tag{9}$$

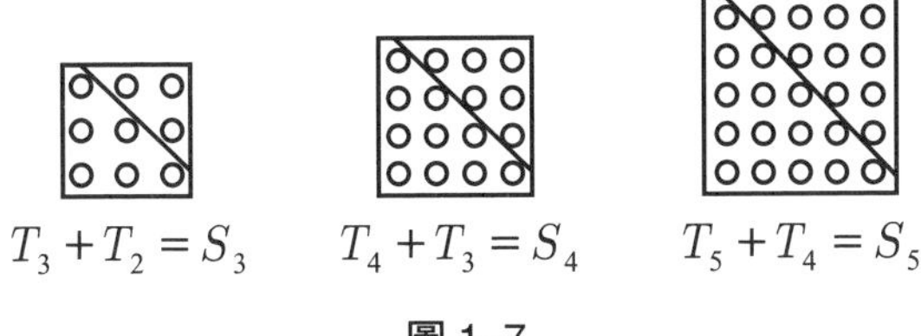

圖 1–7

另一方面，我們也可以這樣集項：

第一項保留不動；第二項加最後一項 $2+1=3$；第三項加最後第二項 $3+2=5$；按此要領做下去，最後是 $n+(n-1)=2n-1$，所以

$$1+2+3+\cdots+(n-1)+n+(n-1)+(n-2)+\cdots+2+1$$
$$=1+3+5+\cdots+(2n-3)+(2n-1)$$

並且觀察到（見圖 1–8）

1 $\qquad 1+3=2^2$ $\qquad 1+3+5=3^2$ $\qquad 1+3+5+7=4^2$ $\qquad \cdots$

圖 1–8

所以我們得到首 n 個奇數和的公式

$$1+3+5+\cdots+(2n-1)=n^2 \tag{10}$$

將上述結果總結如下：

定理 1

對於任何自然數 n，恆有

$$1+2+\cdots+(n-1)+n+(n-1)+\cdots+2+1$$

$$=T_n+T_{n-1}=1+3+5+\cdots+(2n-1)=n^2$$

現在回到問題 1，九九乘法表中所有數之總和為

$$S=1+2\times(1+2+1)+3\times(1+2+3+2+1)+\cdots$$
$$+9\times(1+2+\cdots+8+9+8+\cdots+2+1)$$
$$=1+2\times2^2+3\times3^2+\cdots+9\times9^2$$
$$=1^3+2^3+3^3+\cdots+9^3$$

再配合(1)式可知

$$S=1^3+2^3+\cdots+9^3$$
$$=(1+2+\cdots+9)^2=2025 \tag{11}$$

推而廣之，考慮 nn 乘法表，我們可得到美妙的公式：

定理 2

對於任何自然數 n，恆有

$$1^3+2^3+\cdots+n^3=(1+2+\cdots+n)^2=[\frac{n(n+1)}{2}]^2 \tag{12}$$

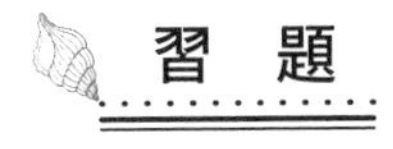

習　題

1. 請利用數學歸納法證明(12)式。

對於(12)式，我們也可以利用圖解來證明。在圖 1–9 中，考慮邊長為 $1+2+\cdots+n$ 的正方形，並且分割成角鐵形的 n 個區域。將正方形的面積作「一魚兩吃」的處理，得到

$$\begin{aligned} A &= (1+2+\cdots+n)^2 \\ &= G_1+G_2+\cdots+G_n \end{aligned} \tag{13}$$

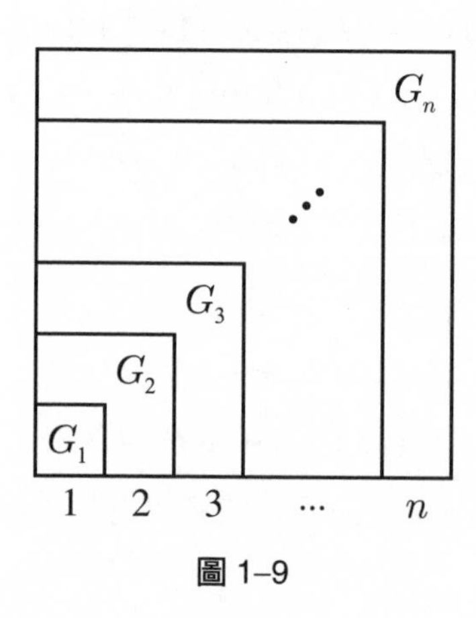

圖 1–9

因為每個角鐵形區域為兩個正方形之差，所以

$$\begin{aligned} G_1 &= 1^2-0^2 \\ G_2 &= (1+2)^2-1^2 \\ G_3 &= (1+2+3)^2-(1+2)^2 \\ &\vdots \\ G_n &= (1+2+\cdots+n)^2-[1+2+\cdots+(n-1)]^2 \end{aligned}$$

一般項為

$$\begin{aligned} G_k &= (1+2+\cdots+k)^2-[1+2+\cdots+(k-1)]^2 \\ &= [\frac{k(k+1)}{2}]^2-[\frac{(k-1)k}{2}]^2 = k^3 \end{aligned} \tag{14}$$

由(13)與(14)兩式，我們就證明了(12)式。

我們再介紹另一種圖解證明。在圖 1–10 中，我們觀察到邊長為 $1+2+3+\cdots+n$ 的正方形可以分割成 1 個 1×1 之正方形，2 個 2×2 之正方形，3 個 3×3 之正方形，等等。因此，(12)式成立。這可以看作是一種「無言的證明」(proof without words)。

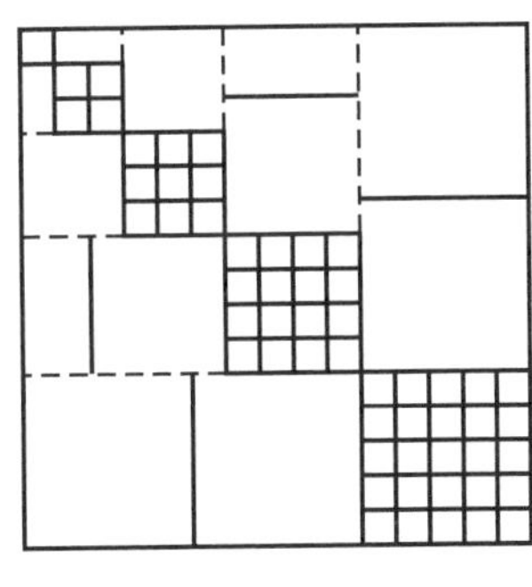

圖 1–10

習　題

2. 設 p 為自然數，我們已經知道，當 $p=3$ 時，下面的等式成立：

$$1^p+2^p+\cdots+n^p=(1+2+\cdots+n)^{p-1}$$

問還有沒有其它的 p 也使這個等式成立？

對角線之和 

接著考慮九九乘法表中對角線各數之和 $1^2+2^2+\cdots+9^2$，或者

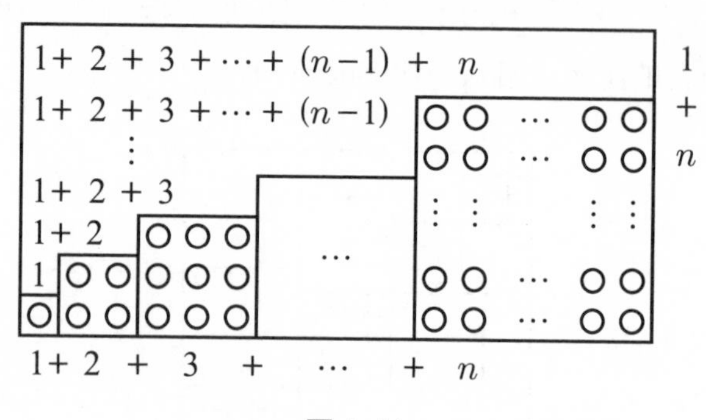

圖 1–11

更一般的 $1^2+2^2+\cdots+n^2$，它有無公式？如何探求？

我們仍然採用畢氏弄石法：將各平方數並排成一列，再補足成一個長方形，長為 $1+2+\cdots+n$，寬為 $n+1$，見圖 1–11。

令 $x=1^2+2^2+\cdots+n^2$，則

$$(1+2+\cdots+n)(n+1)$$

$$=x+1+(1+2)+(1+2+3)+\cdots+(1+2+3+\cdots+n)$$

$$=x+\sum_{k=1}^{n}(1+2+\cdots+k)=x+\sum_{k=1}^{n}\frac{k(k+1)}{2}$$

$$\frac{n(n+1)}{2}\cdot(n+1)=x+\frac{1}{2}\sum_{k=1}^{n}k^2+\frac{1}{2}\sum_{k=1}^{n}k$$

$$\frac{n(n+1)^2}{2}=\frac{3}{2}x+\frac{1}{4}n(n+1)$$

解出 x 就得到下面結果：

定理 3

對於任意自然數 n，恆有

$$1^2+2^2+\cdots+n^2=\frac{1}{6}n(n+1)(2n+1) \tag{15}$$

特別地，我們有

$$1^2+2^2+\cdots+9^2=\frac{1}{6}\times 9\times 10\times 19=285$$

習　題

3. 請用數學歸納法證明(15)式。

註：通常的數學教科書往往沒有經過探索的發現過程，就直接列出公式(15)，要學生用數學歸納法去證明，這就好比是沒有經過談戀愛就結婚。

整除的判別法

設 n 為一個整數，大家都知道：

(1)如果 n 的個位數字為偶數，則 n 可被 2 整除；反之亦然。

(2)如果 n 的個位數字為 0 或 5，則 n 可被 5 整除；反之亦然。

(3)如果 n 的個位數字為 0，則 n 可被 10 整除；反之亦然。

對於其它除數，如何判別整除呢？這可以從觀察九九乘法表來尋找線索。例如表中第三行是可被 3 整除的數，我們看出它們的各位數字之和也可被 3 整除。又最後一行是可被 9 整除的數，它們的各位數字之和可被 9 整除。這些是一般規則嗎？

考慮一個 $m+1$ 位數 $a_m a_{m-1} \cdots a_1 a_0$，它可以表成

$$\begin{aligned}
&a_m \cdot 10^m + a_{m-1} \cdot 10^{m-1} + \cdots + a_1 \cdot 10 + a_0 \\
&= a_m(\underbrace{99\cdots 9}_{m\text{ 位}} + 1) + a_{m-1}(\underbrace{99\cdots 9}_{m-1\text{ 位}} + 1) + \cdots + a_1(9+1) + a_0 \\
&= (\underbrace{99\cdots 9}_{m\text{ 位}} a_m + \cdots + 9a_1) + (a_m + a_{m-1} + \cdots + a_1 + a_0) \qquad (16)
\end{aligned}$$

由此立即得到：

定理 4

設 n 為一個整數，則

(i) n 可被 3 整除的充要條件是 n 的各位數字之和可被 3 整除。

(ii) n 可被 9 整除的充要條件是 n 的各位數字之和可被 9 整除。

註：上述(ii)叫做棄九法 (the method of casting out nines) 或印度檢驗法 (the Hindu check)。同理，(i)應該叫做棄三法。

習　題

4. 已知 $2A99561 = [3(523+A)]^2$，求數字 A。

為了判別 $n = a_m a_{m-1} \cdots a_2 a_1 a_0$ 是否可被 4 整除，一個簡便的辦法是：我們觀察到，百位數以上的部分 $a_m a_{m-1} \cdots a_2$ 必為 4 的倍數，所以只需看末尾兩位數 $a_1 a_0$ 可否被 4 整除就好了。

習　題

5. 如何判別一個整數可被 8 整除？

接著是 6。因為 $6=2\times 3$ 並且 2 與 3 互質，所以如果一個整數 n 可被 2 與 3 整除，則 n 就可被 6 整除。因此，被 6 整除的問題，化約成先前已知的被 2 與 3 整除的問題。

現在考慮較麻煩的被 7 整除的問題。我們觀察到

$$10^1=7\times 1+3 \qquad 10^2=7\times 14+2$$
$$10^3=7\times 142+6 \qquad 10^4=7\times 1428+4$$
$$10^5=7\times 14285+5 \qquad 10^6=7\times 142857+1$$
$$10^7=7\times 1428571+3$$

發現剩餘是六位一循環，我們可以仿照(16)式的辦法，求得一個被 7 整除的判別法，但由於煩瑣而不切實際，我們改尋簡便的判別法：若以三位為一節，則

$$\begin{aligned}&\cdots a_8a_7a_6a_5a_4a_3a_2a_1a_0\\&=\cdots+10^6(a_8\times 10^2+a_7\times 10+a_6)\\&\quad+10^3(a_5\times 10^2+a_4\times 10+a_3)\\&\quad+(a_2\times 10^2+a_1\times 10+a_0)\end{aligned}$$

被 7 除之，剩餘為

$$\begin{aligned}&\cdots+(a_8\times 10^2+a_7\times 10+a_6)\\&-(a_5\times 10^2+a_4\times 10+a_3)\\&+(a_2\times 10^2+a_1\times 10+a_0)\end{aligned}$$

因此，我們得到下面的判別法：

定理 5

將一個整數由個位數向左每三位分成一節，如果奇數節的三位數之和，與偶數節的三位數之和，其差可被 7 整除，則原整數是 7 的倍數。

例　題

1. 19763877 可被 7 整除，因為 $(877+19)-763=133$ 可被 7 整除。

仿照上述辦法，我們得到類似的被 13 整除的判別法：

定理 6

將一個整數由個位數向左每三位分成一節，如果奇數節的三位數之和，與偶數節的三位數之和，其差可被 13 整除，則原整數是 13 的倍數。

例　題

2. 2599324 可被 13 整除，因為 $599-(2+324)=273$ 可被 13 整除。

最後，我們談一個整數可被 11 整除的判別法。我們觀察到

$$10^1=1\times 11-1$$
$$10^2=9\times 11+1$$
$$10^3=91\times 11-1$$
$$10^4=909\times 11+1$$
$$\vdots$$

仿照(16)式的辦法，我們得到：

定理 7

一個整數 $n = a_m a_{m-1} \cdots a_1 a_0$ 可被 11 整除的充要條件是 $(-1)^m a_m + \cdots - a_1 + a_0$ 可被 11 整除。事實上只需奇數位之和與偶數位之和，兩者的差可被 11 整除即可。

例 題

3. 94936523 可被 11 整除，因為 $(9+9+6+2)-(4+3+5+3)$ $= 26 - 15 = 11$ 可被 11 整除。

習 題

6. 試證任何形如 $abcabc$ 的六位數皆有 1001, 7, 11, 13 之因數。

關於被 11 整除的問題，我們還可以提昇到多項式的演算來看（欲窮千里目，更上一層樓）。根據餘式定理

$$f(x) = a_m x^m + a_{m-1} x^{m-1} + \cdots + a_1 x + a_0$$

被 $x+1$ 除之的餘數為

$$f(-1) = (-1)^m a_m + \cdots - a_1 + a_0$$

這是對任何實數 x 都成立的，特別地，令 $x = 10$，就得到定理 7 的結論。

習 題

7. 任何自然數，將其數字倒過來寫（例如 231 寫為 132）試證兩者之差可被 9 整除。
8. 試證 $a_1 a_2 \cdots a_n a_n \cdots a_2 a_1$ 為一個合成數。

結　語

數學研究數與形的規律，分別發展出代數學與幾何學，兩者要互相為用，互相補足。數缺形少直覺，形缺數難入微。

提出問題是探索的出發點，透過問題的指引，我們才有所見，才有思考的方向，否則觀察什麼呢？問題像一粒種子，凝聚著已知，並且具有發展出未知的潛能。目前的數學教育，學生缺乏主動提問題的訓練，只是被動地求解老師或書本上所給的題目。

沒有「問題意識」的觀察，會淪為「視而不見」，就像我們無目標地逛街，常會毫無所得，變成純殺時間。

希臘評論家 Proclus （約 410～485） 說 ： 有數的地方就有美 。(Where there is number, there is beauty.) 他是媲美於畢氏的標準數迷。我們經過探索，經常可以發現數與形的規律，這是數學引人入勝的地方。

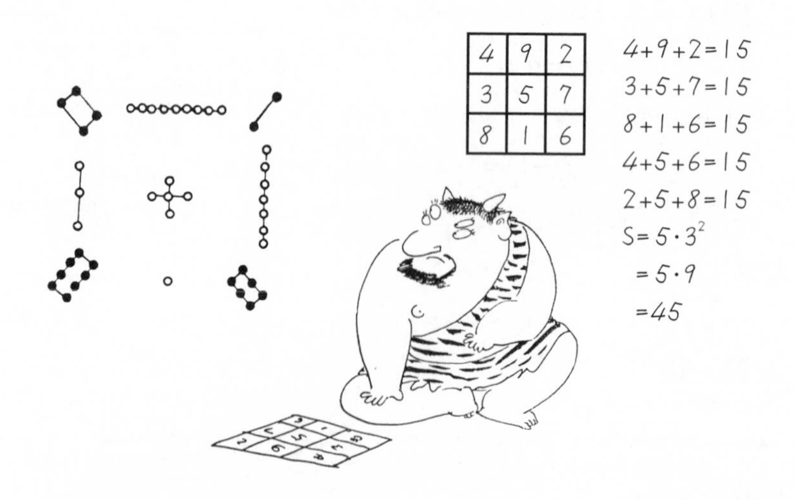

This, therefore, is mathematics: she reminds you of the invisible form of the soul; she gives life to her own discoveries; she awakens the mind and purifies the intellect; she brings light to our intrinsic ideas; she abolishes oblivion and ignorance which are ours by birth.（因此，這就是數學：她使你憶起靈魂中不可見的理型；她給發現賦予生命；她喚醒心靈並且淨化頭腦；她給內在觀念帶來亮光；她消除我們與生俱來的健忘和無知。）

——Proclus——

浣溪沙　◎王國維

山寺微茫背夕曛
鳥飛不到半山昏
上方孤磬定行雲

試上高峰窺皓月
偶開天眼覷紅塵
可憐身是眼中人

2　23的23則奇趣

每一個自然數至少都具有一個奇妙的性質。特別地，23這個數的趣事一籮筐。欲知詳情，請看本章解說。

數的神奇奧祕早為古人所洞察。古希臘哲學家 Proclus 說：「有數的地方就有美。」從三個人，三棵樹，三隻牛，三顆蘋果……之無窮多樣性 (infinite diversities)，精煉（抽象）出「本尊 3」的理念。這三顆蘋果生存在這個世界，會腐朽；而 3 是永恆的「共相」，生存於柏拉圖的理念世界。反過來，「本尊 3」又可以「分身」為無窮繁多的三顆蘋果，三隻小豬……，它們都分享著 3 的理念（圖 2–1)。一收一放，收放自如，3 充分體現「納無窮於須彌，握永恆於一瞬」的妙趣。

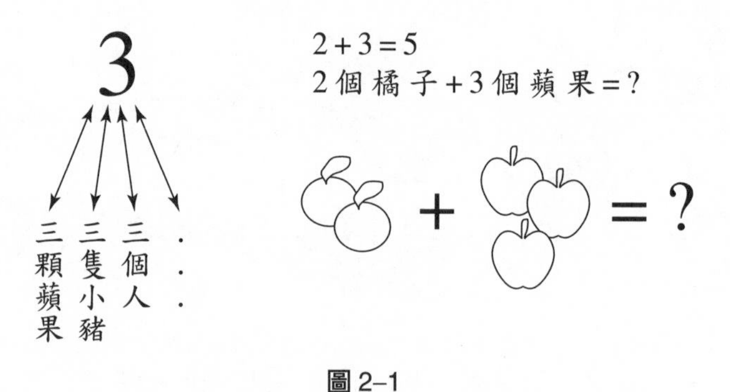

圖 2–1

由 1 出發，不斷地數下去，我們就得到自然數系

$$\mathbb{N} = \{1, 2, 3, \cdots, 23, \cdots\},\ 1 < 2 < 3 < \cdots < 23 < \cdots$$

這些是每個人一生中最早遇到的數，更是數學的發源地。德國數學家克羅內克 (Kronecker, 1823～1891) 說：「自然數是神造的，其他的都是人為的。」這表示自然數是最基本且最簡單，其餘皆由此「建構」出來。克羅內克是最早的建構主義者。

畢氏學派體悟到大自然的「事理」本質上就是整數的「數理」，所以主張「萬有皆整數與調和」，這是一種用數學來貫穿一切的世界觀。

在西方，這個觀點代代都可以聽到迴聲，例如伽利略 (Galileo, 1564～1642) 說 ：「自然之書是用數學語言與圖形來書寫的」、 萊布尼茲 (Leibniz, 1646～1716) 更進一步說：「世界上任何事情都按數學規律來發生。」對於大自然的強烈「規律感」並且深信它們可以用數學來掌握，這種感覺是科學發展的必要條件，即「有之不必然，無之必不然」的條件。

本文我們特選 23 這個數，要來介紹它的性質及其所牽涉的種種趣事，順便展示數學的思考與解題的方法。

自然數系的一些基本性質

自然數系 ℕ 具有下列三個基本性質： I.含有起始元素，II.無上界 (unbounded above)，III.可窮竭性 (exhaustibility)。進一步將它們加以精煉 ， 或作推廣 ， 我們分別就得到 ： 良序性原理 (the well-ordering principle) 、 阿基米德性質 (Archimedean property) 與數學歸納法原理 (principle of mathematical induction)。

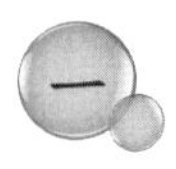

一 ℕ 含有起始元素

1 是自然數系的起始元素，或最小元素，這太顯然了。不止是 ℕ 含有最小元素，我們還有下面稍微深刻而有用的結果：

良序性原理：自然數系的任何非空子集合都含有一個最小元素。

注意到，整數系、有理數系與實數系就都沒有這個性質。

二 ℕ 無上界

雖然 ℕ 含有最小元素 1，但是並沒有最大自然數。我們可以採用兩個論證法來證明 ℕ 的無上界性。

直接證法：因為 ℕ 是非空集合，並且任給一個自然數 n，恆可找到一個更大的自然數，例如 $2n$ 或 $3n$ 或 $n+1$ 等等，所以自然數系沒有上界。兩個小孩子比賽說誰家較有錢時，就常採用這個論證法。

反證法：假設 x 為最大自然數，因為 x^2 仍然是自然數，所以 $x^2 \leq x$。另一方面，自然數的平方會變大，故 $x \leq x^2$。於是 $x^2 = x$，解方程式得到 $x=0$ 或 1。因為 0 不是自然數，故 $x=1$，即 1 是最大自然數，這是一個矛盾。因此，不存在最大自然數。上述的證法又叫做歸謬法。

將性質 II.換個方式來說，就是下面更有趣的結果：

阿基米德性質：任給兩個自然數 ε, b，不論 b 多大，ε 多小，必存在 $n \in \mathbb{N}$，使得 $n\varepsilon > b$。

證明

假設阿基米德性質不成立，亦即存在兩個自然數 ε 與 b，使得 $n\varepsilon \leq b, \forall n \in \mathbb{N}$。於是 $n \leq \dfrac{b}{\varepsilon}, \forall n \in \mathbb{N}$。從而 ℕ 有上界，這就跟性質 II. 矛盾。☆

這個結果可以推展到實數系：任給兩個正的實數 ε 與 b，必存在自然數 n，使得 $n\varepsilon > b$。要證明這個性質，可利用歸謬法，再配合實數系的完備性。

ℕ 的可窮竭性

自然數雖然有無窮多，但是由 1 出發，逐次加 1，終究可以窮盡所有的自然數。稍作修飾與變形，就得到下面的重要結果：

數學歸納法原理：設 A 為 ℕ 的子集合，若 A 滿足下列兩個條件：

(i) $1 \in A$（起始點）

(ii) $k \in A \Rightarrow k+1 \in A$（遞移機制）

則 $A = \mathbb{N}$。

應用此原理，我們就有數學歸納之證明方法。令 $P(n)$ 為一個敘述，跟自然數 n 有關。我們要證明：對於所有自然數 $n = 1, 2, 3, \cdots$，敘述 $P(n)$ 都成立。由於 ℕ 含有無窮多個元素，若要一個一個地去驗證，以有涯的人生是驗證不完的。但是，由數學歸納法原理知，我們只需驗證兩件事情：(i) $P(1)$ 成立，(ii)由 $P(k)$ 之成立可推導出下一個 $P(k+1)$ 也成立。這就證得 $P(n)$ 對所有自然數 $n \in \mathbb{N}$ 都成立了。

上述的證法叫做數學歸納法 (mathematical induction) 或完全歸納法 (complete induction)。這是一種特定形式的演繹法，絕不是枚舉歸納法（由一些特例的觀察飛躍到一般規律）！雖然兩者有關，但是不同就是不同，所以不可混為一談。

有時候我們需要用到表面上強化而實質上是等價的第二種形式的數學歸納法：如果(i) $P(1)$ 成立，並且(ii)由 $P(1), P(2), \cdots, P(k)$ 之成立可推導出 $P(k+1)$ 亦成立，那麼 $P(n)$ 對所有 $n \in \mathbb{N}$ 皆成立。

令人驚奇的是，數學歸納法著意在追逐 ℕ 的無窮尾巴，而良序性原理看重最小的起始元素，它們是對偶的兩端，居然在邏輯上等價，英雄所見相同。

定理 1

下列三個敘述都是等價的：

(i)數學歸納法原理。

(ii)第二形式的數學歸納法。

(iii)良序性原理。

證明

(iii) $\Rightarrow$ (i)：

令 $S=\{n$ ： $P(n)$ 不成立 $\}$，我們要證明 $S=\varnothing$（空集）。如果 $S\neq\varnothing$，由(iii)知，S 必含有一個最小元素，令其為 d。今因 $P(d)$ 不成立，又 $P(1)$ 成立（假設條件），故 $d\neq 1$，於是 $d\geq 2$，從而 $d-1\geq 1$，所以 $d-1\in\mathbb{N}$。因為 $d-1<d$，且 d 為 S 之最小元素，故 $d-1\notin S$，所以 $P(d-1)$ 成立。由歸納法的假設知，$P(d)$ 成立，這是一個矛盾，因此，$S=\varnothing$。

(i) $\Rightarrow$ (ii)：

對於 $n\in\mathbb{N}$，令 $Q(n)$ 表示「$P(j)$ 對所有 $j=1, 2, \cdots, n$ 都成立」之敘述。我們要證明 $Q(n)$ 對所有 $n\in\mathbb{N}$ 都成立。從而，特別地，$P(n)$ 對所有 $n\in\mathbb{N}$ 都成立。

首先注意到，$Q(1)$ 只不過是 $P(1)$。由歸納法的假設知 $P(1)$ 成立，故 $Q(1)$ 也成立。

其次，假設 $Q(k)$ 成立，即 $P(j)$ 對所有 $j=1, 2, \cdots, k$ 都成立，由(i)知 $P(k+1)$ 成立。於是 $P(k)$ 對所有 $j=1, 2, \cdots, k+1$ 都成立，亦即 $Q(k+1)$ 成立。因此，由 $Q(k)$ 之成立可推導出 $Q(k+1)$ 亦成立。因此，由(i)知 $Q(n)$ 對所有 $n\in\mathbb{N}$ 都成立。

(ii) $\Rightarrow$ (iii)：

設 $S \subset \mathbb{N}$ 且 $S \neq \varnothing$，欲證 S 含有最小元素。我們採用反證法，即證明：若 S 不含最小元素，則 $S=\varnothing$。

假設 S 不含最小元素，我們要證明：$n \notin S, \forall n \in \mathbb{N}$。令 $P(n)$ 表示「$n \notin S$」之敘述，那麼我們就是要證明：$P(n)$ 對所有 $n \in \mathbb{N}$ 都成立。

因為 1 是 $\mathbb{N}$ 的最小元素，故 $\mathbb{N}$ 的任何子集合若含 1 必以 1 為最小元素。今因 S 不含最小元素，故 $1 \notin S$，亦即 $P(1)$ 成立。

假設 $P(1), P(2), \cdots, P(k)$ 成立，亦即 $1, 2, \cdots, k \notin S$，或等價地說，S 的所有元素皆大於等於 $k+1$。如果 $k+1 \in S$，則 $k+1$ 為 S 的最小元素。今因 S 不含最小元素，故 $k+1 \notin S$。換言之，$P(k+1)$ 成立。由(ii)知，$P(n)$ 對所有 $n \in \mathbb{N}$ 都成立，故 $S=\varnothing$，明所欲證。 

自然數系的皮亞諾公理

我們已證明數學歸納法與良序性原理的等價性，這只表示兩者都對或都錯。如果我們繼續追根究底，自然就要問：它們之任何一個為何成立？

義大利邏輯家皮亞諾 (G. Peano, 1858～1932) 回答說，不要再追問下去，這是自然數系的五條公理 (axioms) 之一。

為了追究微積分的邏輯基礎，數學家們從實數開始化約、回溯：

實數系→有理數系→整數系→自然數系

到達最單純的自然數系，在 1889 年皮亞諾給出自然數系的五條公理：

1. 1 是自然數。
2. 任何自然數 n 都存在有唯一的後繼元素，記為 n'。
3. 1 不為任何自然數的後繼元素。
4. 兩個自然數的後繼元素若相等，則此兩自然數相等，亦即 $m'=n'\Rightarrow m=n$。
5. 數學歸納法原理。

由此出發，逐步建構出各種數系：

自然數系→整數系→有理數系→實數系

並且證明了數系的一切性質，奠定微積分的邏輯基礎。

如果還要再追究下去，那麼就會來到集合論與邏輯學，最後抵達數學哲學。根據羅素 (B. Russell, 1872～1970) 的說法，沒有明確答案的研究是哲學，有明確答案的討論就變成數學與科學。驚奇是哲學之母，懷疑是哲學之父。

凡自然數皆具奇妙性質

數學的探索，大致是循著如下的過程：由問題出發，經過觀察、歸納，再飛躍到猜測，最後給出證明。這個過程展示了人類創造活動的廣闊天地。

讓我們一個一個地來觀察自然數：1 是單子 (monad)，是萬數之源，是每個自然數的因數，是乘法的單位元素，「道生 1，1 生 2，2 生 3，3 生萬物」，1 當然有趣；2 是偶數，是最小的質數，$2+2=2\times 2$；3 是第二個三角形數，是最小的奇質數；4 是第一個合成數；5 是整數邊的最小畢氏三角形之斜邊長；6 是第一個完美數 (perfect number)，$6=1+2+3$；……等等。在此我們不禁要猜測：是否每一個自然數至少都有一個奇妙的性質？

這個猜測可以證明嗎？讓我們試試看。假設 S 表示不具有任何奇妙性質的自然數所成的集合，我們要證明 $S=\varnothing$。如果 $S\neq\varnothing$，由良序性原理知，S 含有一個最小元素 d。於是 d 是 $\mathbb{N}$ 中不具有任何奇妙性質之最小數，而這恰好就是 d 所具有的最奇妙的性質！這是一個矛盾。因此，$S=\varnothing$。果然可以證明！於是猜測上昇為定理。

定理 2

每一個自然數至少都具有一個奇妙的性質。

這真是一個奇妙的定理。以下我們從數學史與科學史，進一步挖掘到 23 的 23 則趣事，也是蠻好玩的。

數論中的 23

雖然每一個自然數都具有奇趣，但是 23 這個數特別多。

1. **23 是第 23 個自然數。**

一個自然數具有點算 (counting)、排序 (ordering) 與識別 (labeling) 三種功能。例如自然數 3，可以用來表示這個房間內有 3 個人或賽跑得到第 3 名（或「老三」)。另外，籃球天王喬丹的背號 23 或身分證字號 M123456789，既不是點算也不是排序，這是一種「識別功能」而已。點算與排序所得到的數分別叫做基數 (cardinal number)

與序數 (ordinal number)，這是集合論中的兩個重要概念。集合論是康托爾 (G. Cantor, 1845～1918) 因追究「實在無窮」(actual infinity) 而創立的數學樂園。當初集合論曾引起很大的爭議，希爾伯特 (Hilbert, 1862～1943) 站在支持的一方，他說：「沒有人能把我們從康托爾所創造的樂園中驅趕出來。」 (No one will expel us from the paradise that Cantor has created.)

2. 23 **是奇數。**

將自然數分成奇、偶兩類，這是一種特徵性質的抽取。雖然簡單，但是往往會起大作用！例如 $\sqrt{2}$ 不是有理數的證明，就可利用「奇偶論證法」。

假設 $\sqrt{2}=\dfrac{a}{b}$，並且 a, b 不全為偶數，則 $2b^2=a^2$，所以 a^2 為偶數，從而 a 為偶數。令 $a=2c$，則 $b^2=2c^2$，所以 b^2 為偶數，於是 b 為偶數。因此，a 與 b 都是偶數，這是一個矛盾。

畢氏學派很重視「奇偶」的二元分合，不僅將它們看作是算術（數論）的基礎，更是宇宙的基本原理。柏拉圖甚至把算術定義為「奇與偶的理論」。

3. 23 **是第九個質數。**

4. $\overbrace{111\cdots1}^{23\text{ 位數}}$ **是一個質數。**

質數相當於原子，表示不可再分割 (indivisible、uncuttable)、「莫可破」、「非半」、或墨子的「端」的意思，它們是組成（透過乘法）所有自然數的基本要素（算術根本定理）。質數有無窮多個（歐幾里德定理），所以夠豐富。質數的公式難求（令 P_n 表示第 n 個質數，欲將 P_n 表成 n 的公式），質數在自然數中的出現相當不規則，但是卻有一個深刻且漂亮的質數分布定理 (prime number theorem)：

$$\lim_{x\to\infty}\frac{\pi(x)}{x/\ln x}=1$$

其中 $\pi(x)$ 表示小於等於 x 的質數之個數。從古到今，人們為了追究神奇的質數，發展出許多美妙的數學。機率學家 Mark Kac (1914～1984) 研究機率論獲致「質數玩起機運遊戲」(Primes play a game of chance.) 之結論，質數跟機運有關！

5. 23! **是一個** 23 **位數。**

階乘數 $n!=n\cdot(n-1)\cdot(n-2)\cdots 3\cdot 2\cdot 1$ 連結了許多數學結果，從排列、組合、二項式定理，到 Stirling 公式：

$$n!\sim\sqrt{2\pi n}\,n^n e^{-n},\quad n\to\infty$$

此式意指

$$\lim_{x\to\infty}\frac{n!}{\sqrt{2\pi n}\,n^n e^{-n}}=1$$

將 $n!$ 看成 $n\in\mathbb{N}$ 的函數，再加以連續化，就得到 Gamma 函數：

$$\Gamma(x)=\int_0^\infty t^{x-1}e^{-t}dt,\quad 0<x<\infty$$

$$n!=\Gamma(n+1),\quad n=0,\ 1,\ 2,\ \cdots$$

進一步加以複數化，得到複變函數的 Gamma 函數：

$$\Gamma(z)=\int_0^\infty t^{z-1}e^{-t}dt,\ \forall\mathrm{Re}\ z>0$$

其中 Re z 表示複數 z 的實部。這個函數跟複變函數論與解析數論結下不解之緣。

6. $23=2^3+2^3+(7\times 1^3)$。

只有 23 與 239 這兩個質數可表成九個正整數的立方和。

$$239 = 4^3 + 4^3 + 3^3 + 3^3 + 3^3 + 3^3 + 1^3 + 1^3 + 1^3$$
$$= 5^3 + 3^3 + 3^3 + 3^3 + 2^3 + 2^3 + 2^3 + 2^3 + 1^3$$

7. $23 = 3^2 + 3^2 + 2^2 + 1^2$。

著名的 Lagrange 四平方定理是說：

任何自然數都可以表成四個平方和 （允許 0^2）。因此，上式只是 Lagrange 定理的一個特例，海面上冰山的「一點」。

採用乘法來談自然數的因數分解，可得到豐富的結果。同樣，若採用加法當作分合的工具，也導致分割理論 (partition theory) 與加性數論 (additive number theory) 之深刻而美麗的領域，第 6 點與第 7 點只不過是兩個特例而已。值得一提的是，Lagrange 定理為整個加性數論的胚芽與發源地。

8. $23 = 2^3 + 3^2 + 2 \times 3$。

這是方程式 $xy = x^y + y^x + x \cdot y$ 的一個解，而 $x = 1,\ y = 9$ 是另一個解。

9. $\pi^e < 23 < e^\pi$，**其中** $e = \lim_{x \to \infty}(1 + \frac{1}{n})^n,\ \pi^e \approx 22.459,\ e^\pi \approx 23.141$。

在數學中，$e^{i\pi} + 1 = 0$ 被譽為最美麗的公式，而 $\pi^e < 23 < e^\pi$ 也堪稱為一個漂亮的不等式。e^π 為一個超越數，但 π^e 為有理數或無理數，至今並不清楚。

費氏數列中的 23

費布那西（Fibonacci，約 1170～1250）在 1202 年由於觀察一對

兔子的繁殖，而得到費氏數列 (Fibonacci Sequence)：

$$1, 1, 2, 3, 5, 8, 13, 21, 34, \cdots$$

這個數列的構成規律是：由 1, 1 出發，往後任何一項都是其前兩項之和。若記此數列為 $\langle a_n \rangle$，我們有許多方法可以求得一般項 (即第 n 項) 公式為：

$$a_n = \frac{1}{\sqrt{5}}[(\frac{1+\sqrt{5}}{2})^n - (\frac{1-\sqrt{5}}{2})^n], \quad n = 1, 2, 3, \cdots$$

此地 $\frac{1+\sqrt{5}}{2} \approx 1.618$ 為黃金分割的比值。

類似地，我們考慮由 1, 4 出發的費氏數列 $\langle b_n \rangle$：

$$1, 4, 5, 9, 14, 23, 37, \cdots$$

第六項為 23，我們欲求第 n 項 b_n 的公式。

我們採用母函數 (generating function，又叫生成函數) 的方法。先補上第 0 項 $b_0 = 0$，再考慮數列 $b_0, b_1, b_2, \cdots$ 的母函數：

$$g(x) = b_0 + b_1 x + b_2 x^2 + \cdots$$

因為 $\lim_{n\to\infty} \frac{b_{n+1}}{b_n} = \frac{1+\sqrt{5}}{2}$，由比值試斂法 (ratio test) 知，當 $|x| < \frac{\sqrt{5}-1}{2}$ 時，上述無窮級數收斂。為了利用構成公式 $b_{n+2} = b_{n+1} + b_n$, $n = 1, 2, 3, \cdots$，我們考慮 $g(x) - xg(x) - x^2 g(x)$，經過計算與化簡得到

$$g(x) - xg(x) - x^2 g(x) = x + 3x^2$$

解得 $g(x) = \frac{x+3x^2}{1-x-x^2}$，化成部分分式

$$g(x) = -3 + \frac{3-2x}{1-x-x^2}$$

$$= -3 + [\frac{15+7\sqrt{5}}{10} \cdot \frac{1}{1-(\frac{1+\sqrt{5}}{2})x} + \frac{15-7\sqrt{5}}{10} \cdot \frac{1}{1-(\frac{1-\sqrt{5}}{2})x}]$$

因為

$$\frac{1}{1-(\frac{1+\sqrt{5}}{2})x}=1+(\frac{1+\sqrt{5}}{2})x+(\frac{1+\sqrt{5}}{2})^2x^2+\cdots$$

$$\frac{1}{1-(\frac{1-\sqrt{5}}{2})x}=1+(\frac{1-\sqrt{5}}{2})x+(\frac{1-\sqrt{5}}{2})^2x^2+\cdots$$

所以

$$g(x)=[\frac{15+7\sqrt{5}}{10}\cdot\frac{1+\sqrt{5}}{2}+\frac{15-7\sqrt{5}}{10}\cdot\frac{1-\sqrt{5}}{2}]x+\cdots$$

$$+[\frac{15+7\sqrt{5}}{10}\cdot(\frac{1+\sqrt{5}}{2})^n+\frac{15-7\sqrt{5}}{10}\cdot(\frac{1-\sqrt{5}}{2})^n]x^n+\cdots$$

$$=b_0+b_1x+\cdots+b_nx^n+\cdots$$

比較兩邊係數，得到 $b_0=0$ 與

$$b_n=\frac{15+7\sqrt{5}}{10}\cdot(\frac{1+\sqrt{5}}{2})^n+\frac{15-7\sqrt{5}}{10}\cdot(\frac{1-\sqrt{5}}{2})^n$$

$$n=1,\ 2,\ 3,\ \cdots$$

特別地，我們有

10. $23=b_6=\frac{15+7\sqrt{5}}{10}\cdot(\frac{1+\sqrt{5}}{2})^6+\frac{15-7\sqrt{5}}{10}\cdot(\frac{1-\sqrt{5}}{2})^6$

此式是我們所見過的 23 所能變化的最深刻形式。

韓信點兵問題

在《孫子算經》中有一個問題如圖 2–2。我們把它翻譯成白話：

有一堆東西，不知道有多少個。只知道：三個三個一數剩下兩個，五個五個一數剩下三個，七個七個一數剩下兩個。問這堆東西一共有幾個？

這就是鼎鼎有名的「韓信點兵」問題，又叫做「鬼谷算」、「隔牆算」、「秦王暗點兵」、「翦管術」等等。它跟天文曆算具有密切的關係，因此，歷來引起許多人的興趣並且加以研究。

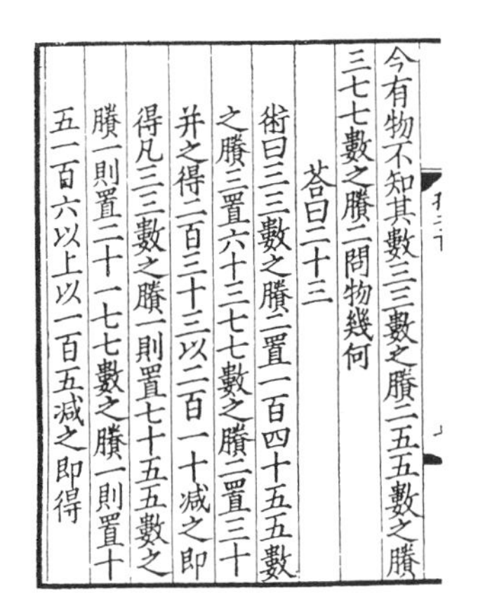

今有物不知其數三三數之賸二五五數之賸
三七七數之賸二問物幾何
荅曰二十三
術曰三三數之賸二置一百四十五五數
之賸三置六十三七七數之賸二置三十
并之得二百三十三以二百一十減之即
得凡三三數之賸一則置七十五五數之
賸一則置二十一七七數之賸一則置十
五一百六以上以一百五減之即得

圖 2–2　《孫子算經》書影

為什麼叫做「韓信點兵」呢？根據流傳的故事：韓信功高震主，受到劉邦的猜忌，劉邦有意要整肅掉韓信，但又顧忌韓信手下有那麼多的兵。有一天趁喝酒之際，劉邦問韓信：「你的手下有多少兵？」韓信故意賣關子說：「我也不知道，但是三個三個一數剩下兩個，五個五個一數剩下三個，七個七個一數剩下兩個。」劉邦與張良都算不出來，所以劉邦暫時不敢動手。在正史上，我們知道後來韓信被呂雉（劉邦的太太）以「謀反」的罪名逮捕並且處斬，應驗「鳥盡弓藏，兔死狗烹」的名言。

韓信點兵問題的解答求算，被編成歌訣：

三人同行七十稀，五樹梅花廿一枝，
七子團圓正半月，除百零五便得知。

如果不經過解釋，這首詩跟燈謎「無邊落木蕭蕭下」，打一個字一樣困難。但是一經道破，就很簡單了。「三人同行七十稀」是說，用 3 去除所得的餘數（即 2）乘以 70，即 2×70；同理，「五樹梅花廿一枝」是指 3×21，「七子團圓正半月」是指 2×15；「除百零五便得知」是指，把上面三個數相加起來，其和若大於 105，便減去 105 的倍數，使其保持正數，最後得到的數就是最小的正整數解：

$$2\times70+3\times21+2\times15=233$$
$$233-2\times105=23$$

11. 23 **是韓信點兵問題的最小正整數解。**

我們還可以看到另一個流傳的歌訣：

三歲孩兒七十稀，五留廿一事尤奇，
七度上元重相會，寒食清明便可知。

在此只需點明：「上元」是指 15，「寒食清明」是指 105。

事實上，韓信點兵問題有無窮多個解答：23, 128, 233, ⋯, 10523, ⋯，其一般表式為 $23+105n,\ n=0, 1, 2, \cdots$。

數學的核心不在於答案的背記，而是在於探尋答案的思路過程。韓信點兵問題為什麼要這樣算？如何想出來的？這些才是我們真正要關心的問題。追究下去會牽涉到「分析與綜合」的方法論，我們只好留待另文解說（見本書第十一章）。

習　題

1. 雞兔同籠，一共有 35 頭，腳有 94 支，問雞兔各有幾頭？
（《孫子算經》卷下第 31 題）

機率論中的 23

「三人同行必有我師」，這句話很有爭議。但是，「三人同行必有同性」，就明確而不容懷疑。在數學中，這叫做鴿洞原理 (pigeonhole principle) 或 Dirichlet 原理。

讓我們考慮如下的生日問題：n 個人至少有兩個人同一天生日的機率為多少？

假設一年有 365 天，如果 $n > 365$，則鐵定至少會有兩個人是同一天生日，這是鴿洞原理的結論。

對於 $1 \le n \le 365$ 的情形，我們從反面切入，先計算 n 個人的生日皆相異的機率：

$$q_n = \frac{365 \times 364 \times \cdots \times (365 - n + 1)}{365^n}$$
$$= (1 - \frac{1}{365})(1 - \frac{2}{365}) \cdots (1 - \frac{n-1}{365})$$

所以，至少有兩人具有相同生日的機率為

$$p_n = 1 - q_n$$
$$= 1 - (1 - \frac{1}{365})(1 - \frac{2}{365}) \cdots (1 - \frac{n-1}{365})$$

我們列表如表 2–1。因此，一班若有 40 人，就十之八九至少有 2 人具有相同的生日。一班若有 50 人，則差不多可以確定會有 2 人同一天生日。我們更注意到：當 $n \ge 23$ 時，$p_n > \frac{1}{2}$；當 $n < 23$ 時，$p_n < \frac{1}{2}$。

12. $n=23$，恰是 p_n 從小於 $\frac{1}{2}$ 到大於 $\frac{1}{2}$ 的分水嶺。

n	5	10	15	20	21	22	23	24
p_n	0.03	0.12	0.25	0.41	0.44	0.48	0.51	0.54

n	25	30	35	40	45	54	55
p_n	0.57	0.71	0.81	0.89	0.94	0.97	0.99

表 2-1：n 個人中，至少有兩人具有相同生日的機率 p_n

23 的奇緣

13. **歐幾里德的幾何一共有 23 個定義。**

歐幾里德（Euclid，約西元前 325～前 265）的《幾何原本》，開宗明義由 23 個定義開始，然後是五條幾何公理與五條一般公理，接著就是定理與證明。歐氏立下了演繹數學的「定義、公理、定理與證明」之四部曲模式，這是人類文明史上最嚴謹的一套追求知識的方法。

14. **歐幾里德的第 23 個定義，給出平行直線的概念。**

平面上的兩直線，若向兩個方向無限地延伸都不相交，就叫做平行直線。配合平行公理（即歐氏第 5 條幾何公理：在平面上，過直線外一點可作唯一的一條直線跟原直線平行），歐氏發展出所謂的「歐氏幾何」(Euclidean geometry)。歷來人們嘗試要去證明平行公理，但是一直都沒有成功。經過兩千餘年的努力，到了 1830 年左右，才由波亞 (Bolyai, 1802～1860)、羅巴切夫斯基 (Lobachevsky, 1792～1856) 與高斯三個人獨立地創立「非歐幾何」(non-Euclidean geometry)，真正體悟到否定平行公理，天並沒有垮下來。從此，兩千多年來定於一尊且是永恆真理化身的歐氏幾何，退居為平民，變成眾多幾何之一而已。歐氏幾何的解放，導致人類的眼界、知識與思想的大解放。對於什麼是數學？什麼是真理？都起了重大的反省。

15.**希爾伯特 23 個著名問題。**

德國偉大數學家希爾伯特，在 1900 年法國巴黎舉行的第二屆國際數學會議上，提出二十世紀數學界應努力解決的 23 個問題，影響二十世紀數學的發展至鉅。

希爾伯特對於解題方法論尤有獨到的見解，我們試擇引幾段來欣賞：

正如每一個人都在追求某些目標，數學的研究也需要以問題為目標。透過問題的求解，可以試驗研究者如鋼鐵般的意志與氣質，展現他的新方法、新視野，並且得到更寬廣而自由的眼界。

如果我們無法成功地解決一個數學問題，其理由往往在於我們沒有找到更一般的觀點，使得眼前的問題成為一連串相關問題中的一環。

沒有具體的問題在心中，就去追尋一般方法，這往往是徒勞的。

在求解數學問題時，我相信「特殊化」比「一般化」更重要。大多數不成功的解題，也許都在於更簡單且容易的問題還沒有解決或未徹底解決。因此，我們必須先找到這些容易的問題，然後以儘可能完美的方法與可資推廣的概念，加以解決。我認為這是克服數學難題最重要的妙方，數學家幾乎天天都在用這一招，甚至到達不自覺的境地。

做數學的要訣（或藝術）在於找到那個特例，它含有推展到一般情況的所有胚芽。

當我們獻身於一個數學問題時，最迷人的事情就是在內心深處響起了一個聲音：這裡有個問題，去尋求它的解答吧，只須純用思考就可以找到答案。只要一門科學仍然能夠提供豐富的問題，那麼它就是有源之泉。

16.**希爾伯特的第 23 個問題是有關變分學理論的問題。**

求極值的問題，自古以來就是數學發展的動力之一，更是應用數學的一大主題。從單變數函數開始，費瑪 (Fermat, 1601～1665) 採用擬似相等法 (the pseudo-equality method) 求極值，牛頓 (Newton, 1643～1727) 將它精煉成微分法，導致微積分的誕生。接著是多變數函數的微分法，最後才到達無窮維空間之泛函求極值，將微分法推廣（或類推），就產生變分法，順便透過 Hamilton 最小作用量原理用變分法將古典力學納入掌握。然而，變分等於 0 的點只是極值的必要條件，而非充分條件。因此，變分學的理論還是有待進一步探索。

17. **23 個常數。我們分別從數學與物理學中選出 12 個與 11 個重要常數，一共是 23 個。**

在數學中，雖然「眾數平等」，但是實踐的結果，有些數特別重要，除了本身漂亮之外，還涉及到許多美妙的觀念與結果，並且在數學發展史上扮演著關鍵性角色。下面就是 12 個數學常數：

$$-1,\ 0,\ 1,\ i,\ \gamma,\ \tau,\ \sqrt{2}\ ,\ \phi,\ e,\ \pi,\ \delta,\ \psi$$

其中 i 為虛數單位，滿足 $i^2=-1$, $\gamma=\lim_{n\to\infty}(\sum_1^n \frac{1}{k}-\ln n)\approx 0.5772$ 為 Euler

數；$\tau = \frac{\sqrt{5}-1}{2} \approx 0.618$ 為黃金數；$\phi = \frac{1+\sqrt{5}}{2} \approx 1.618$ 為黃金分割比值；$e = \lim_{n\to\infty}(1+\frac{1}{n})^n \approx 2.71828$ 為自然指數；$\pi \approx 3.1416$ 為圓周率；$\delta \approx 4.6692$ 為 Feigenbaum 數，涉及混沌與碎形；最後，$\psi = 2\pi(1-\tau) \approx 2.4$ 弧度 $\approx 137.5°$ 叫做黃金角，涉及植物的葉序、花瓣之生長模式。另外，幫忙微積分誕生的無窮小與無窮大，因為它們都不是普通的數，所以我們不選取。

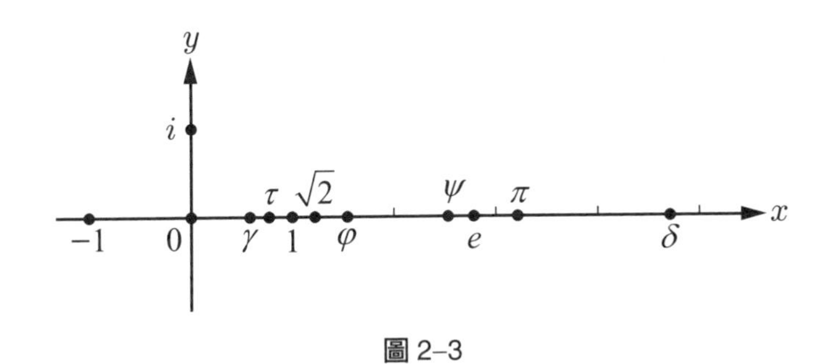

圖 2–3

根據 S. L. Glashow 的《從煉金術到夸克》這本物理學的通識教科書，他列出了下面 11 個物理的基本常數 (fundamental constants)：

Avogadro 數：　$N_A \approx 6.022 \times 10^{23}$ mol^{-1}

Boltzmann 常數：　$k \approx 1.381 \times 10^{-23}$ JK^{-1}

Coulomb 定律中的常數：$k_c \approx 9 \times 10^{9}$ Nm^2C^{-2}

光速（精確的）：　$c = 299{,}792{,}458$ ms^{-1}

Planck 常數：　$h \approx 6.626 \times 10^{-34}$ Js

Planck 常數（化約的）：　$\hbar = \frac{h}{2\pi} \approx 1.055 \times 10^{-34}$ Js

電子的電荷（大小）：　$e \approx 1.602 \times 10^{-19}$ C

電子的質量：$m_e \approx 9.109\times10^{-31}$ kg ≈ 511 keVc^{-2}

質子的質量：$m_p \approx 1.673\times10^{-27}$ kg ≈ 938.3 MeVc^{-2}

原子質量單位：amu $\approx 1.661\times10^{-27}$ kg ≈ 931.5 MeVc^{-2}

牛頓常數：$G_N \approx 6.673\times10^{-11}$ m^{3}kg^{-1}s^{-2}

18. **人類有 23 對的染色體。**

生物學早從亞里斯多德（Aristotle，西元前 384～前 322）開始就注重觀察、蒐集資料、分類、命名與定性研究，一直到十九世紀後，才引入科學的假說演繹法 (hypothetico-deductive method)，導致達爾文 (Darwin, 1809～1882) 在 1859 年出版石破天驚的《物種始原》(*The origin of species*)，提出生物的演化論。接著，為了追究更細緻的、局部的演化機制，孟德爾 (Mendel, 1822～1884) 利用數學的定量與推理，配合假說演繹法，機率與統計，在 1866 年提出遺傳因子（即後來的基因，相當於原子或質數）的概念與三條遺傳定律（顯隱律、分離律與獨立分配律），創立遺傳學的理論。這可媲美於牛頓與萊布尼茲由局部化的微分法，揭開一切運動與變化現象之謎一樣。後來人們又發現細胞內承載 DNA 與基因的染色體。今日的分子生物學，解讀 DNA，都大量使用數學工具，因此我們可以說，數學幫忙促動生物學的革命。

23 歲與 23 年

19. 23 **歲的笛卡兒 (R. Descartes, 1596～1650)。**

在 1619 年 3 月 26 日，他向好朋友 Beeckman 報告他首度瞥見「一種全新的科學，一種美妙的發現」，這就是他後來創立的解析幾何。同年冬天，11 月 10 日，他在溫暖的火爐邊睡覺，作了三個夢，改變了他的一生。

這些夢澄清了他的生活目標，指明未來要走的道路，導致他一生努力於開拓理性思維，提倡系統地懷疑，追求真理，並且講究方法論，重建知識殿堂。這些促動了近代科學與近代哲學的誕生。因而被稱為「近代哲學之父」。在他的所有著作中，要以《方法導論》（1637 年）與《哲學原理》（1644 年）這兩本書對後世的影響最為深遠，他的《解析幾何》(*La Geometrie*) 是《方法導論》的附錄。

20. 23 **歲的牛頓。**

剛完成劍橋大學的學業，由於英國發生大瘟疫，學校關門，在 1665 年的晚夏回鄉下老家避難。在家裡居住 18 個月 (1665～1666)，牛頓得到許多發現：二項式定理、微積分、萬有引力定律與光譜的分析。晚年他回憶說：「在老家的這段時日，是我一生中創造力的顛峰期，也是我對數學與哲學（即科學）最為用心思考的時光。」

21. 23 **歲的高斯。**

在 1800 年證得數論的一個有趣的結果。考慮算術函數 $g:\mathbb{N}_0=\{0\}\cup\mathbb{N}\to\mathbb{N}_0$，令 $g(n)$ 表示 n 可表成兩個整數的平方和之方法數，例如：

因為

$$5=1^2+2^2=2^2+1^2=(-1)^2+2^2=2^2+(-1)^2=1^2+(-2)^2$$
$$=(-2)^2+1^2=(-1)^2+(-2)^2=(-2)^2+(-1)^2$$

所以 $g(5)=8$，容易驗知函數 g 的變化很不規則，但是考慮平均

$$\frac{g(0)+g(1)+\cdots+g(n-1)}{n}=\frac{R(n)}{n}$$

那麼就可以證明

$$\lim_{n\to\infty}\frac{R(n)}{n}=\pi$$

居然出現圓周率，令人驚奇。這個結果有點像機率論裡的大數法則：一個銅板丟一次，結果是說不準的，但是丟大量 n 次後 $(n\to\infty)$，就說得準了。

22.羅塞塔石碑 (Rosetta stone) 上所刻的古埃及象形文字，費去 23 年才破譯成功，變成解讀古埃及文明的一把鑰匙。

在 1798 年 4 月 ，拿破崙帶著三萬八千名士兵乘 328 艘船遠征埃及 (跟英國爭埃及的宗主權)，隨行還有經過特選的 167 位學者，其中有 21 位數學家、3 位天文學家、17 位土木工程師、13 位博物學家和礦山工程師、4 位建築師、8 位畫家、10 位作家、22 位帶著拉丁文、希臘文和阿拉伯文等字盤的印刷工，甚至還有一位鋼琴家⋯⋯，含納了當時法國學術界的精英 。著名的數學家蒙日 (G. Monge, 1746～1818) 與傅立葉 (J. Fourier, 1768～1830)，也參與遠征，拿破崙準備就地全面研究埃及的現代與古代的一切文明，他號召說：「士兵們，從這些金字塔的頂上，四十個世紀注視著你們！」

次年 (1799 年)，在尼羅河口三角洲的羅塞塔 (Rosetta) 地方，士兵構築碉堡，挖地基時挖到一塊黑色、刻有三種文字的石碑，取名 “Rosetta stone”，分成上中下三欄，上欄是古埃及的象形文字，中欄是僧侶俗體草字，下欄是希臘文 (圖 2–4)。拿破崙立刻認識到這個石碑的重要性，於是製作了一壓模與拓印本，分送給歐洲各地的學者。

因為希臘文一直留傳下來，經軍中的學者譯出，得知這是托勒密 (Ptolemy) 五世的一道詔令 (西元前 196)，但是沒有人懂得象形文字。

然而，大家都猜測上面兩欄的文字記載的是同一件事情。在此線索下，如何破解古埃及的象形文字，就變成是對學術界的一大挑戰。

英、法在埃及的戰爭，結果是法國被英國海軍大將納爾遜 (Nelson) 打敗，在 1801 年簽訂降約，法國放棄埃及。當法國學者企圖運走羅塞塔石碑時，被英國人發現，於是石碑被英國當作戰利品奪走。現在石碑存放於大英博物館埃及廳的入口處。

圖 2–4　羅塞塔石碑

在 1801 年，傅立葉遇到一位 11 歲的小男生，名叫香波里昂 (Champollion, 1790～1832)。傅立葉出示從遠征埃及帶回的一些紙草本與羅塞塔碑文給他看，並且告知至今沒有人能讀懂。香波里昂堅定地說：「我一定要完成這件工作，至少當我年歲大一點時，就要讀懂它。」從此，他全心全力投入「埃及古物學」(Egyptology) 的研究，一直工作到 1822 年才完全解讀成功。據說在偉大的時刻，香波里昂欣喜若狂地說：「我成功了！」接著由於身體太虛弱而昏了過去。從 1799 年到 1822 年，恰好是經過 23 年。

圖 2–5　香波里昂

後來，在 1858 年出現的《萊因紙草算經》(*Rhind Papyrus*，一共 85 題，約成書於西元前 1650）與 1893 年出現的《莫斯科紙草算經》(*Moscow Papyrus*，一共 25 題，約成書於西元前 1850)，都是在香波里昂成就的基礎上，解讀且編譯出來，使我們對古埃及文明的數學有深刻的了解。

習　題

2. 請列出你心目中最重要或最漂亮的 23 個數學公式，或 23 個定理，或 23 條物理定律。(按全局、某個範圍或某個科目)

23. **德國數學家克萊因 (Felix Klein, 1849～1925) 在 23 歲時，提出著名的 "Erlanger programm"（1872 年）。**

在當時，幾何學有歐氏幾何、非歐幾何、反演幾何、保角幾何、射影幾何、平直幾何、微分幾何、以及正在萌芽的拓撲學，甚至還有含有限多點與線之幾何。在這麼豐富與混亂的局面下，克萊因指出：一種幾何學就是研究在一個特定的變換群之下不變的性質。他利用群論 (group theory) 將幾何學統合起來，並且給與分類。

結語：上帝喜好 23！

每個人都有經驗，記一件事物難，記一堆相關的事物容易。事實上，孤立的知識片段，不但沒有用，而且只是徒增記憶上的負擔。因此，我們要講究知識的連貫與掌握的要領。

這有各式各樣的方法，並且每個人所採用的可能都不一樣。最上策是自己想出來或重新發現；其次是利用基本原理，透過邏輯鏈條，將知識貫穿起來；再來是透過類推、比較、推廣、同質性、觀點、方法論、……將知識結合起來；也可用自己熟知的知識，編織成網，以吸納新知，捕捉未知，……等等。本文我們以 23 為黏著劑，將 23 件事物黏合在一起，這是筆者的第一次嘗試。

萊布尼茲在 1674 年發現 π 的級數展開公式

$$\frac{\pi}{4}=\frac{1}{1}-\frac{1}{3}+\frac{1}{5}-\frac{1}{7}+\cdots$$

對這麼美妙的結果，他驚叫道：「上帝喜好奇數！」(God delights in odd numbers!) 看了上述 23 的 23 則奇趣，我們情不自禁要補充說：「上帝不止喜好奇數，更愛好 23 這個數！」

哲學之旅

有一個哲學家說了如下的故事：

有一個朝聖者來到大河的岸邊，眼望著遙遠的彼岸。雖然遠處朦朧，但是透過河上的霧氣，他可以感覺到不可言喻的美。對岸的山坡翠綠，草木開花。

於是他對自己說：「我要到彼岸那邊去。」在岸邊繫著一張渡筏，他解開纜繩，開始划向彼岸。

這趟旅程漫長且危險。因為水流湍急，激烈的波濤震動且翻滾著。他必須全力以赴，以保持平衡。當他划到河流的中間時，兩岸皆消失不見，並且一度迷失方向。但是他繼續划著划著，終於抵達彼岸。

他跳下渡筏說：「啊，我終於如願。這真是一趟驚險之旅，現在我已抵達樂園。」他環顧四周，山坡依舊翠綠，草木依舊開花，但河流消失，渡筏也不見。

Because I longed	因為我渴望
to comprehend the infinite	了解無窮
I drew a line	所以我畫一條線
between the known and unknown.	在已知和未知之間。

——Elizabeth Bartlett——

3　神奇的 142857

萬有皆整數，有數就有美，這分別是畢達哥拉斯與 Proclus 的名言。數的神祕是數學吸引人的理由之一。

佛家說，眾生平等；同樣地，眾數應該也平等。然而，發展出來的實情是，有些數偏偏就比較有深度，內涵豐富，擁有許多有趣的性質，並且背後涉及一些美妙的數學理論，例如 π, $\frac{1+\sqrt{5}}{2}$, e, 142857 等等。本章就來談 142857 這個神奇的數。

驚 奇

在一個偶然的機緣下，筆者觀察到下面的乘法演算：

$$
\begin{array}{ll}
142857\times 1=142857 & 142857\times 2=285714 \\
142857\times 3=428571 & 142857\times 4=571428 \\
142857\times 5=714285 & 142857\times 6=857142 \\
142857\times 7=999999 &
\end{array}
\tag{1}
$$

這裡出現了奇妙的規律：在右項中的首六個數呈現循環輪迴 (cyclic permutation)，而最後一數突然出現一連六個 9。因此，我們稱 142857 為一個輪迴數 (a cyclic number)。

顯然，在自然數中，上述規律是稀有現象。這使得 142857 在眾自然數之中，鶴立雞群，令人驚奇。

柏拉圖說：哲學始於驚奇。(Philosophy begins in wonder.) 因此，哲學是「驚奇的藝術」(the art of wondering)。因為對於周遭的驚奇，所以提出問題，而問題才是思考與探索的出發點。數學當然也不例外。

對於上述的驚奇，我們自然要問：142857 是怎麼來的？它為何會有這般規律？還有沒有其他的輪迴數？

探索這些問題，我們可以將背後一些抽象的數論與代數結果連貫起來，不但有趣而且值得。

緣 起

142857 作為一個自然數來出現，這是一個平凡的事實。比較深刻的理由是，它從除法的演算中蹦跳出來。

考慮 $1 \div 7$ 的長除法，我們仿照多項式的綜合除法，將其演算精簡如下：

$$\begin{array}{r} 0.1\ 4\ 2\ 8\ 5\ 7\ \cdots \\ 7\overline{)\,1.0_3 0_2 0_6 0_4 0_5 0_1\ \cdots} \end{array} \quad \leftarrow \text{餘數} \tag{2}$$

循環

於是得到無窮循環小數：

$$\frac{1}{7} = 0.142857142857\cdots = 0.\overline{142857}$$

因此，142857 恰好是 $\frac{1}{7}$ 的小數展開的一個循環節，其長度為 6 $(= 7 - 1)$。

由(2)式的除法演算過程，我們看到餘數有六個，按序為 3, 2, 6, 4, 5, 1，然後就不斷地循環，用盡了比分母 7 還小的所有數字（0 除外)，所以我們不必再計算就可以直接讀出下面的(3)式，例如 $\frac{5}{7} = ?$ 這只要在(2)式中觀察到餘數為 5 的所在，然後在商數中往右移一位再向右讀取到 714285，於是

$$\begin{array}{ll} \frac{1}{7} = 0.\overline{142857} & \frac{2}{7} = 0.\overline{285714} \\ \frac{3}{7} = 0.\overline{428571} & \frac{4}{7} = 0.\overline{571428} \\ \frac{5}{7} = 0.\overline{714285} & \frac{6}{7} = 0.\overline{857142} \\ \frac{7}{7} = 0.\overline{999999}\ (\text{即 } 1 = 0.\overline{9}) & \end{array} \tag{3}$$

比較(1)與(3)兩式，我們看出(1)式分別就是 $\frac{1}{7}, \frac{2}{7}, \cdots, \frac{7}{7}$ 的小數展開的一個循環節。

原來(1)式起源於 7 的除法演算！

我們可以將(3)式中的首六式之循環節加以圖解，採順時針方向來讀，見圖 3–1；也可以作出如圖 3–2 之對稱圖。這兩個圖解都具有對稱性的規律，對稱就是美！

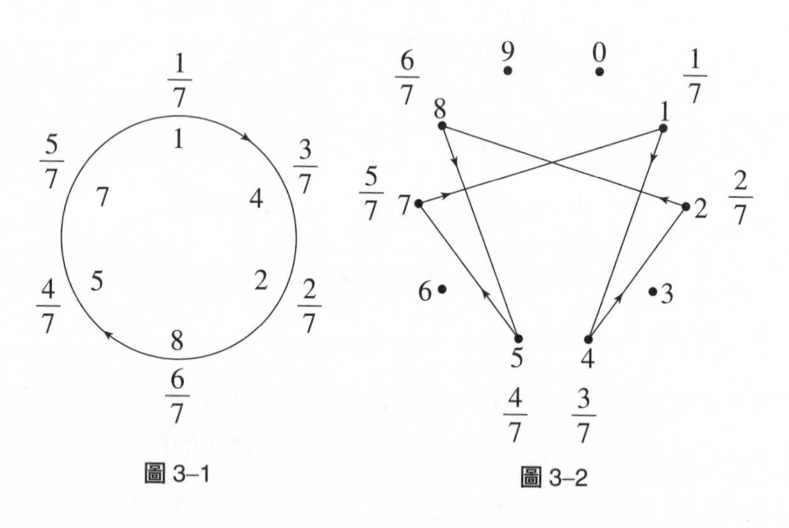

圖 3–1　　圖 3–2

規律的解釋

為何會有(1)式的規律？或等價地，為何會有(3)式的規律？如果回答說，這是硬算出來的 (by brute force)，通常我們會覺得「未盡妙理」。下面我們提出另一種更具結構性的解釋，適合於推展到一般情況。

首先，我們觀察到：

$10^0\times\frac{1}{7}=0.\overline{142857}=\frac{1}{7}$ $\quad$ $10^1\times\frac{1}{7}=1.\overline{428571}=1\frac{3}{7}$

$10^2\times\frac{1}{7}=14.\overline{285714}=14\frac{2}{7}$ $\quad$ $10^3\times\frac{1}{7}=142.\overline{857142}=142\frac{6}{7}$

$10^4\times\frac{1}{7}=1428.\overline{571428}=1428\frac{4}{7}$ $\quad$ $10^5\times\frac{1}{7}=14285.\overline{714285}=14285\frac{5}{7}$

$$10^6\times\frac{1}{7}=142857.\overline{142857}=142857\frac{1}{7} \tag{4}$$

棄掉整數部分，就得到(3)式。

進一步，我們抽取(4)式中的「本質」，即 10 的冪次方除以 7 的演算。為此，我們引進同餘 (congruence) 的概念。

定義

設 a, b, m 皆為整數。若 $a-b$ 可被 m 整除，則稱 a 與 b 在模 m 之下同餘，記成 $a=b \pmod m$

換言之，$a=b \pmod m$ 的意思是，a 與 b 用 m 除之，餘數相同。例如 $23=16 \pmod 7$，23 與 16 被 7 除之，餘數皆為 2。

顯然，我們有下面的結果：

定理 1

設 a, b, c, d, m 皆為整數，那麼就有：

(i)若 $a=b \pmod m$ 且 $c=d \pmod m$，則

$$ac=bd \pmod m$$

(ii)若 $a=b \pmod m$ 且 $b=c \pmod m$，則

$$a=c \pmod m \quad （遞移律）$$

利用同餘的概念，我們抽取出(4)式的演算本質：

$$
\begin{array}{ll}
10^0 \equiv 1 \pmod 7 & 10^1 \equiv 3 \pmod 7 \\
10^2 \equiv 2 \pmod 7 & 10^3 \equiv 6 \pmod 7 \\
10^4 \equiv 4 \pmod 7 & 10^5 \equiv 5 \pmod 7 \\
10^6 \equiv 1 \pmod 7 &
\end{array}
\tag{5}
$$

(4)式之於(5)式，又有點像是多項式的長除法之於綜合除法。

在(5)式中，例如 $10^3 \equiv 6 \pmod 7$，可以解讀為 10^3 被 7 除之，餘數是 6；其餘的情形類推。

我們看到，在(5)式中，餘數是：1, 3, 2, 6, 4, 5，由定理 1 知，往下開始循環。因此 142857 依次的循環輪迴分別就是：$\frac{1}{7}, \frac{3}{7}, \frac{2}{7}, \frac{6}{7}, \frac{4}{7}, \frac{5}{7}$ 的小數展開的一個循環節。

總之，利用 10 的冪次方在 mod 7 之下的同餘規律，就可以輕易地解釋(3)式，從而解釋(1)式。

注意到，因為我們使用 10 進位法，所以考慮 10 的冪次方。如果採用 *b* 進位法，只需改用 *b* 的冪次方即可。

再看一個例子

考慮 $1 \div 17$ 的綜合除法演算：

$$
\begin{array}{r}
0.0\ 5\ 8\ 8\ 2\ 3\ 5\ 2\ 9\ 4\ 1\ 1\ 7\ 6\ 4\ 7 \\
17\overline{)1.0_{10}0_{15}0_{14}0_{4}0_{6}0_{9}0_{5}0_{16}0_{7}0_{2}0_{3}0_{13}0_{11}0_{8}0_{12}0_{1}} \leftarrow \text{餘數}
\end{array}
\tag{6}
$$

循環

從而，我們得到

$$
\begin{aligned}
\frac{1}{17} &= 0.\overline{0588235294117647} \\
\frac{2}{17} &= 0.\overline{1176470588235294} \\
\frac{3}{17} &= 0.\overline{1764705882352941} \\
&\vdots \\
\frac{15}{17} &= 0.\overline{8823529411764705} \\
\frac{16}{17} &= 0.\overline{9411764705882352} \\
\frac{17}{17} &= 0.\overline{9999999999999999}
\end{aligned} \tag{7}
$$

因此，$C = 0588235294117647$ 也是一個輪迴數（首位的 0 不可去掉）：

$$
\begin{aligned}
C\times 1 &= 0588235294117647 & C\times 2 &= 1176470588235294 \\
C\times 3 &= 1764705882352941 & C\times 4 &= 2352941176470588 \\
C\times 5 &= 2941176470588235 & C\times 6 &= 3529411764705882 \\
C\times 7 &= 4117647058823529 & C\times 8 &= 4705882352941176 \\
C\times 9 &= 5294117647058823 & C\times 10 &= 5882352941176470 \\
C\times 11 &= 6470588235294117 & C\times 12 &= 7058823529411764 \\
C\times 13 &= 7647058823529411 & C\times 14 &= 8235294117647058 \\
C\times 15 &= 8823529411764705 & C\times 16 &= 9411764705882352 \\
C\times 17 &= 9999999999999999 & &
\end{aligned} \tag{8}
$$

在(6)式的演算中，餘數有 16 個（比除數 17 正好少 1），按序為 10, 15, 14, 4, 6, 9, 5, 16, 7, 2, 3, 13, 11, 8, 12, 1，從而不必計算就可以直接讀出(7)式。我們稱 $\frac{1}{17}$ 的週期 (period) 為 16，這是 $\frac{1}{17}$ 的循環節之長度。這是 $\frac{1}{17}$ 最長的可能週期，因為 $\frac{1}{17}$ 的可能週期為 $1, 2, \cdots, 16$。

埃及分數 $\frac{1}{p}$ 的小數展開，除了 $p=7, 17$ 是最長週期之外，還有 $p=19, 23, 29, 47, 59, 61, 97$ 等情形也都是，它們的循環節皆為輪迴數。

註：所謂埃及分數是指分子為 1 的分數。

另類的例子

除了 $\frac{1}{7}$ 與 $\frac{1}{17}$ 具有相同的輪迴模式之外，還有其他的輪迴模式，我們再看幾個例子。

考慮 $1 \div 13$ 的演算：

$$\begin{array}{r} 0.0\ \ 7\ 6\ \ 9\ 2\ 3 \\ 13 \overline{)\,1.0_{10}0_{9}0_{12}0_{3}0_{4}0_{1}} \end{array} \leftarrow \text{餘數} \quad (9)$$

（循環：由第一個 1 至最後餘數 1）

我們看到 $\frac{1}{13}$ 的週期為 6，而不是最長可能週期 12。而餘數按序為 10, 9, 12, 3, 4, 1，所以由(9)式，立即讀得：

$$\begin{aligned} &\frac{1}{13}=0.\overline{076923} \qquad \frac{3}{13}=0.\overline{230769} \qquad \frac{4}{13}=0.\overline{307692} \\ &\frac{9}{13}=0.\overline{692307} \qquad \frac{10}{13}=0.\overline{769230} \qquad \frac{12}{13}=0.\overline{923076} \end{aligned} \quad (10)$$

漏掉的 $\frac{2}{13}, \frac{5}{13}, \frac{6}{13}, \frac{7}{13}, \frac{8}{13}, \frac{11}{13}$ 只好另算，例如：

$$\begin{array}{r} 0.1\ 5\ 3\ \ 8\ 4\ 6 \\ 13 \overline{)\,2.0_{7}0_{5}0_{11}0_{6}0_{8}0_{2}} \end{array} \leftarrow \text{餘數} \quad (11)$$

（循環：由第一個 2 至最後餘數 2）

由此我們看出：

$$\frac{2}{13}=0.\overline{153846} \qquad \frac{5}{13}=0.\overline{384615} \qquad \frac{6}{13}=0.\overline{461538}$$
$$\frac{7}{13}=0.\overline{538461} \qquad \frac{8}{13}=0.\overline{615384} \qquad \frac{11}{13}=0.\overline{846153} \tag{12}$$

將(10)與(12)兩式圖解，見圖 3–3，一個圓就是一個輪圈 (cycle)。

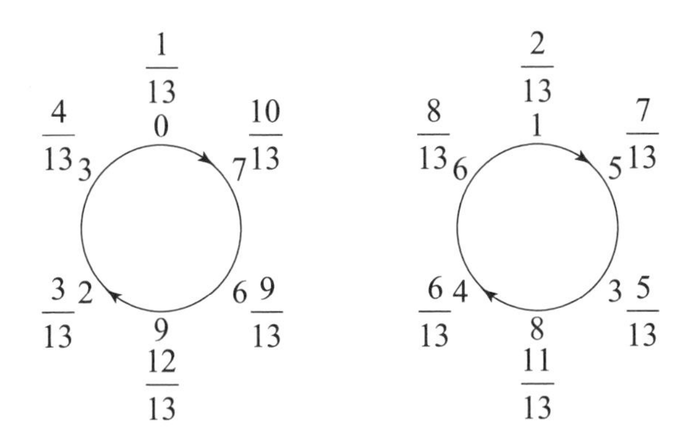

圖 3–3

比較起來，我們看到 7 與 17 的除法都只有一個輪圈，其週期分別為 6 與 16；而 13 的除法卻有兩個輪圈，其週期都是 6。

再看幾個例子。因為 $\frac{1}{3}=0.\overline{3}$, $\frac{2}{3}=0.\overline{6}$，所以 3 的除法有兩個不同的輪圈，其週期都是 1。又因為

(i) $\frac{1}{11}=0.\overline{09}$, $\frac{10}{11}=0.\overline{90}$　　(ii) $\frac{2}{11}=0.\overline{18}$, $\frac{9}{11}=0.\overline{81}$

(iii) $\frac{3}{11}=0.\overline{27}$, $\frac{8}{11}=0.\overline{72}$　　(iv) $\frac{4}{11}=0.\overline{36}$, $\frac{7}{11}=0.\overline{63}$

(v) $\frac{5}{11}=0.\overline{45}$, $\frac{6}{11}=0.\overline{54}$

所以 11 的除法有五個不同的輪圈，其週期都是 2。

特別地，我們看 $1 \div 13$ 的例子。因為

$$10^0 = 1 \pmod{13} \qquad 10^1 = 10 \pmod{13}$$
$$10^2 = 9 \pmod{13} \qquad 10^3 = 12 \pmod{13}$$
$$10^4 = 3 \pmod{13} \qquad 10^5 = 4 \pmod{13}$$
$$10^6 = 1 \pmod{13} \qquad \vdots\text{（循環）}$$

所以，對應地，我們就有

$$\frac{1}{13} = 0.\overline{076923} \qquad \frac{10}{13} = 0.\overline{769230} \qquad \frac{9}{13} = 0.\overline{692307}$$
$$\frac{12}{13} = 0.\overline{923076} \qquad \frac{3}{13} = 0.\overline{230769} \qquad \frac{4}{13} = 0.\overline{307692}$$

對應地又有

$$076923 \times 1 = 076923 \qquad 076923 \times 10 = 769230$$
$$076923 \times 9 = 692307 \qquad 076923 \times 12 = 923076$$
$$076923 \times 3 = 230769 \qquad 076923 \times 4 = 307692$$

另外，因為

$$2 \times 10^0 = 2 \pmod{13} \qquad 2 \times 10^1 = 7 \pmod{13}$$
$$2 \times 10^2 = 5 \pmod{13} \qquad 2 \times 10^3 = 11 \pmod{13}$$
$$2 \times 10^4 = 6 \pmod{13} \qquad 2 \times 10^5 = 8 \pmod{13}$$
$$2 \times 10^6 = 2 \pmod{13} \qquad \vdots\text{（循環）}$$

所以，我們就有

$$\frac{2}{13} = 0.\overline{153846} \qquad \frac{7}{13} = 0.\overline{538461} \qquad \frac{5}{13} = 0.\overline{384615}$$
$$\frac{11}{13} = 0.\overline{846153} \qquad \frac{6}{13} = 0.\overline{461538} \qquad \frac{8}{13} = 0.\overline{615384}$$

從而

$$153846\times 1=153846 \qquad 153846\times 3.5=538461$$

$$153846\times 2.5=384615 \qquad 153846\times 5.5=846153$$

$$153846\times 3=461538 \qquad 153846\times 4=615384$$

值得注意的是，在上述各例子中，對於一個質數 p 的除法，產生出來的輪圈，其週期皆相同，並且都可整除最長的可能週期 $p-1$，得到的商數就是輪圈的個數。這個結果正好就是數論中的費瑪小定理、Euler 定理的結論，而這些定理又都是群論 (group theory) 中的 Lagrange 定理的特例，美妙極了。

數論中的費瑪小定理

我們已看過，埃及分數 $\frac{1}{7}, \frac{1}{11}, \frac{1}{13}, \frac{1}{17}$ 的小數展開之循環規律，其關鍵在於下列的式子：

$$10^{7-1}=1 \pmod 7$$

$$10^{2}=1 \pmod{11} \text{（從而 } 10^{11-1}=1 \pmod{11}\text{）}$$

$$10^{6}=1 \pmod{13} \text{（從而 } 10^{13-1}=1 \pmod{13}\text{）}$$

$$10^{17-1}=1 \pmod{17}$$

這些恰好是費瑪小定理的特例：

定理 2（費瑪小定理）

設 p 為一個質數，a 為一個整數，並且 p 不可整除 a，則

$$a^{p-1}=1 \pmod p \tag{13}$$

事實上，我們有稍微廣泛一點的結果：

定理 3（第二種型式的費瑪小定理）

設 p 為一個質數且 a 為一個整數，則

$$a^p \equiv a \pmod p \tag{14}$$

首先我們注意到，上述兩定理是等價的：若 p 不可整除 a，將(14)式兩邊同除以 a（可設 $a \neq 0$），就得到(13)式；反過來，當 p 不可整除 a 時，將(13)式兩邊同乘以 a，就得到(14)式，而當 p 可整除 a 時，(14)式自動成立。

對於上述定理，費瑪在 1640 年 10 月 18 日寫信給一位朋友說，他已發現了一個證明。不幸的是，正如費瑪的許多發現，其證明並未出版或沒有保存下來 。 直到 1735 年歐拉 (Euler, 1707～1783) 才利用二項式定理與數學歸納法證明定理 3：

由二項式定理知 $(a+1)^p = a^p + C_1^p a^{p-1} + \cdots + C_{p-1}^p a + 1$，因為 p 為質數，且 $C_k^p = \dfrac{p(p-1)\cdots(p-k+1)}{k(k-1)\cdots 2\cdot 1}$, $0<k<p$ 為整數，p 與分母的 $k, k-1, \cdots, 2$ 皆互質，故 p 可整除 C_k^p。從而

$$(a+1)^p \equiv a^p + 1 \pmod p \tag{15}$$

接著對(14)式，我們對 a 作數學歸納的證明：

(i)當 $a=0$ 時，(14)式顯然成立

(ii)設 $a=k$ 時，(14)式成立，亦即 $k^p \equiv k \pmod p$，由(15)式知

$$(k+1)^p \equiv k^p + 1 \pmod p \equiv k+1 \pmod p$$

所以(14)式對於 $a=k+1$ 的情形亦成立。又因為每個負整數在 $\bmod p$ 之下都跟某個正整數同餘，所以(14)式對所有負整數 a 也都成立。定理 3 證畢。

例　題

1. 若 n 與 7 互質，則由定理 2 知 n^6-1 可被 7 整除。

注意到，在數論中，除了上述定理之外，費瑪還有兩個更美妙而深刻的定理：

定理 4（費瑪兩平方和定理）

任何形如 $4n+1$ 的質數皆可表成兩整數的平方和。

例　題

2. $5=1^2+2^2$, $13=2^2+3^2$,

$17=1^2+4^2$, … 等等。

定理 5（費瑪最後定理）

若 n 為自然數，且 $n\geq 3$，則方程式 $x^n+y^n=z^n$ 沒有正整數解。

註：定理 5 經歷三百五十年，直到 1994 年才由 A. Wiles 給出證明。

數論中的 Euler 定理

設 n 為一個自然數，考慮集合 $\{k \mid 1 \le k \le n$，n 與 k 互質 $\}$，令 $\varphi(n)$ 表示此集合的元素個數，叫做 Euler phi 函數 (Euler phi function)。

例　題

3. $\varphi(6)=2, \varphi(7)=6$。我們規定 $\varphi(1)=1$。又當 p 為質數時，$\varphi(p)=p-1$。

利用這個函數，歐拉將費瑪定理推廣如下：

定理 6（Euler 定理）

設 a 與 n 互質，則 $a^{\varphi(n)} \equiv 1 \pmod n$

例　題

4. 因為 $\varphi(26)=12$，所以 Euler 定理知

$3^{12} \equiv 1 \pmod{26}, \ 11^{12} \equiv 1 \pmod{26}$

群論中的 Lagrange 定理

費瑪小定理推廣成 Euler 定理，而 Euler 定理又可推廣為群論中的 Lagrange 定理。由此我們可以看到數學的生長。

定理 7（Lagrange 定理）

設 G 為一個有限群 (finite group)，H 為 G 的一個子群 (subgroup)，則 H 的秩可以整除 G 的秩。

註：一個群的元素個數叫做群的秩 (order)。Lagrange 定理是有限群的理論中最重要的定理之一。

推論

若群 G 的秩為 n，且 $a \in G$，則 $a^n = 1$。

註：此地的 1 是指群的單位元素。

特別地，對於 $n \in \mathbb{N}$（自然數集），令 G_n 表示小於 n 且跟 n 互質的所有自然數之集合。在 mod n 的乘法演算之下，G_n 成為一個群，其秩為 $\varphi(n)$。於是，由上述的推論就立得 Euler 定理。

輪迴數的刻劃

我們先給一個概念：

定義

設 a 與 n 互質，若 k 為滿足 $a^k = 1 \pmod{n}$ 的最小正整數，則稱 k 為 $a \pmod{n}$ 的秩。

例　題

5. 因為 $10^6 \equiv 1 \pmod 7$, $10^2 \equiv 1 \pmod{11}$, $10^6 \equiv 1 \pmod{13}$, $2^3 \equiv 1 \pmod 7$，並且 6, 2, 6, 3 皆為滿足這些式子之最小正整數，故 $10 \pmod 7$ 的秩為 6，$10 \pmod{11}$ 的秩為 2，$10 \pmod{13}$ 的秩為 6，$2 \pmod 7$ 的秩為 3。

假設 10 與 n 互質，考慮埃及分數 $\frac{1}{n}$ 展開成循環小數，令 $10 \pmod n$ 的秩為 d，亦即 $10^d \equiv 1 \pmod n$，今若 $a^m \equiv 1 \pmod n$，由除法原理知 $m = kd + r,\ 0 \le r < d$，於是

$$10^m = (10^d)^k \cdot 10^r \equiv 10^r \equiv 1 \pmod n$$

若 $r \neq 0$，這就跟 d 之最小性互相矛盾。因此，$r = 0$，亦即 m 可被 d 整除。

定理 8

設 10 與 n 互質，d 為 $10 \pmod n$ 的秩，若 $10^m \equiv 1 \pmod n$，則 d 可整除 m。特別地，d 可整除 $\varphi(n)$。

例　題

6. $\frac{1}{7} = 0.\overline{142857}$ 的週期為 6，而 $10 \pmod 7$ 的秩為 6，並且 $\varphi(7) = 6$。週期與秩皆可整除 $\varphi(7)$。

7. $\frac{1}{13} = 0.\overline{076923}$ 的週期為 6，而 $10 \pmod{13}$ 的秩為 6，並且 $\varphi(13) = 12$。週期與秩皆可整除 $\varphi(13)$。

假設 10 與 n 互質，那麼埃及分數 $\frac{1}{n}$ 的週期，事實上就是 $10 \pmod{n}$ 的秩，並且可整除 $\varphi(n)$。

在什麼條件下，$\frac{1}{n}$ 的一個循環節會是一個輪迴數，亦即週期為 $n-1$？答案就是下面的定理。

定理 9

假設 10 與 n 互質，則 $\frac{1}{n}$ 的週期為 $n-1$ 之充要條件為

(i) n 為質數

(ii) $10 \pmod{n}$ 的秩為 $\varphi(n)$

這個刻劃定理漂亮是漂亮，但美中不足的是，它中看不中用！因為我們對於 $10 \pmod{n}$ 的秩為 $\varphi(n)$ 之質數 n 所知不多，甚至我們也不知道這種質數是有限多個或無限多個。

例　題

8. 考慮 $n=23$，顯然 $\varphi(23)=22$。由 Euler 定理知 $10^{22} \equiv 1 \pmod{23}$，又 $10 \pmod{23}$ 的秩只可能是 1, 2, 11, 22，驗證的結果，知道秩為 22，所以 $\frac{1}{23}$ 的週期為 22。事實上 $\frac{1}{23}=0.\overline{0434782608695652173913}$ 從而 0434782608695652173913 為一個輪迴數。

9. 觀察 $\frac{1}{243}$ 的小數展開 $\frac{1}{243}=0.\overline{004,115,226,337,448,559,670,781,893}$ 從左至右每三位小數之間皆非常有規律，只有最後三位小數的規律稍微破壞。我們不妨稱此數為費曼 (Feynman) 妙數，相關故事請見參考資料 85 的第 143 頁。

更多 142857 的性質

現在我們再回到 142857 這個妙數，它還有許多有趣的性質，我們舉出一些讓讀者欣賞：

$$
\begin{gathered}
1\times 7+3=10\\
14\times 7+2=100\\
142\times 7+6=1000\\
1428\times 7+4=10000\\
14285\times 7+5=100000\\
142857\times 7+1=1000000\\
1428571\times 7+3=10000000\\
14285714\times 7+2=100000000\\
142857142\times 7+6=1000000000\\
1428571428\times 7+4=10000000000\\
14285714285\times 7+5=100000000000\\
142857142857\times 7+1=1000000000000
\end{gathered}
$$

$142857^2=20408{,}122449$，$20408+122449=142857$，

$\dfrac{1}{142857}=0.\overline{000007}$，$1+4+2+8+5+7=27$，

$2+7=9$，$14+28+57=99$，$142+857=999$，

$142857=999\times 143$，$\dfrac{142857}{999999}=\dfrac{1}{7}=0.\overline{142857}$，

$142857=14{,}28{,}56+1$，142857 可被 11 與 111 整除，

$333\times 444=147852$，$666\times 777=517482$，$333\times 777=258741$，

阿基米德估算 π 為 $3\dfrac{10}{71}<\pi<3\dfrac{1}{7}=3.\overline{142857}$。

結　語

在數學史上，對於數具有高敏感度的人，除了畢達哥拉斯（Pythagoras，約西元前 569～前 475）與 Proclus 之外，最著名的要推印度天才數學家 Ramanujan (1887～1920)，他被譽為「深懂無窮的人」(a man who knew infinity)。有一次 Ramanujan 生病住院，數學家哈第 (Hardy, 1877～1947) 坐計程車去看他。哈第說：「我搭的計程車之車號是 1729，這似乎是一個無趣的數。」Ramanujan 立即回答說：「不，哈第！不！哈第！這是一個非常有趣的數。它是最小的數，可以用兩種不同的方式表為兩個數的立方和。」事實上，$1729 = 1^3 + 12^3 = 9^3 + 10^3$。英國數學家 Littlewood 說，每個數都是 Ramanujan 的好朋友，他對此瞭若指掌。

本章由 142857 這個數引出輪迴數，進而探尋埃及分數的小數展開之循環規律，發現背後的理論基礎是費瑪小定理與 Euler 定理，乃至更一般的 Lagrange 定理。一步一步地推廣、抽象化，這恰好印證了法國數學家 A. Weil (1906～1998) 所說的：

> 更普遍與更簡潔結伴同行。
>
> (Greater generality and greater simplicity go hand in hand.)

這又是數學的一種妙趣。

後記：長庚大學楊謹榕同學來信提到 142857 這個數的有趣性質（即(1)式），並且問為什麼會有這種巧合？本文是給她的回答。筆者要謝謝她的提問，才促成本文的誕生，特此誌因緣。

coffee hours

琴　詩　◎蘇東坡

若言琴上有琴聲，
放在匣中何不鳴？
若言聲在指頭上，
何不於君指上聽？

哲學是最上乘的音樂

哲學是一種愛智之學，畢達哥拉斯說。哲學是一種驚奇的藝術，柏拉圖如是說。哲學之路就是對生命的驚奇：關於對與錯、愛恨與寂寞、戰爭與死亡，關於上帝是否存在，幸福的生活是什麼，自由、真善美、時間……還有成千上萬的其它東西。

哲學之路就是探索生命之路：沒有禁忌地提出問題，並且不輕易地屈服於輕易的答案。哲學之路就是自我追尋之路，勇敢地探索痛苦的問題，並且讓胡說八道現原形。

哲學是最上乘的音樂，畢達哥拉斯說。哲學是懷著固有的鄉愁，在這個世界上到處去尋找家園——心靈永遠的故鄉和精神的樂園。

貝多芬說：

音樂是比一切智慧與哲學更高的天啟。

(Music is a higher revelation than all wisdom and philosophy.)

將這句話中的「音樂」改為「數學」似乎也可通。

4 談算幾平均不等式

一個結果不論是多麼微不足道或古人早已發現，但只要我們是獨立地探索，我們仍然會得到「發現的喜悅」，會經歷「神采飛揚的感覺」，這是數學能夠提供給我們的最寶貴與最美妙的經驗。

每到學期末，當老師的人都要為改考卷與結算成績而忙碌。在大學裡，一學期有兩次考試（期中考與期末考），甲生的分數為 56 與 84，問老師要如何給他學期成績？

這有各種「平均」的算法：

(i)**算術平均 (arithmetic mean)**：$\frac{56+84}{2}=70$

(ii)**幾何平均 (geometric mean)**：$\sqrt{56\times 84}=68.6$

(iii)**調和平均 (harmonic mean)**：$\frac{2\times 56\times 84}{56+84}=67.2$

(iv)**二次平均 (quadratic mean)**：$\sqrt{\frac{56^2+84^2}{2}}=71.4$

(v)**取大法**：$\max\{56,\ 84\}=84$

(vi)**取小法**：$\min\{56,\ 84\}=56$

另外還有所謂的加權平均 (weighted mean)，例如期中考占 40%，期末考占 60%，則得 $0.4\times 56+0.6\times 84=72.8$。

如果全班成績太差，為了調節分數，又可以再作加分或開平方乘以 10 的操作。

上述六種算法，哪一種對學生最有利？

經由觀察，我們發現：

$$\max\{56,\ 84\}>\sqrt{\frac{56^2+84^2}{2}}>\frac{56+84}{2}>\sqrt{56\times 84}>\frac{2\times 56\times 84}{56+84}>\min\{56,\ 84\} \tag{1}$$

因此，取大法最有利，其次是二次平均法，取小法最不利。

(1)式會不會只是偶然？讓我們再看乙生的情形。假設乙生兩次的成績為 73 與 65，那麼按六種算法我們得到

$$\frac{73+65}{2}=69, \qquad \sqrt{73\times 65}=68.9, \qquad \frac{2\times 73\times 65}{73+65}=68.8$$

$$\sqrt{\frac{73^2+65^2}{2}}=69.1, \qquad \max\{73,\ 65\}=73, \qquad \min\{73,\ 65\}=65$$

我們仍然發現(1)式的模式 (pattern) 成立，亦即

$$\max\{73,\ 65\}>\sqrt{\frac{73^2+65^2}{2}}>\frac{73+65}{2}>\sqrt{73\times 65}$$
$$>\frac{2\times 73\times 65}{73+65}>\min\{73,\ 65\} \tag{2}$$

注意：如果某生兩次的成績相同，那麼六種算法所得的結果都一樣，亦即上述的不等式全部變成等式。

習 題

1. 丙生兩次的成績為 35 與 78，請你按六種算法求其學期成績並且看看(1)式與(2)式的模式是否成立？

這些例子都顯示出共同的模式，敏銳的人就開始警覺起來，問這會不會是一個普遍的真理？甚至提出大膽的假設說這是對的，然後再小心求證。

猜測

對於任意兩個非負實數 a, b，恆有

$$\max\{a,\ b\}\ge\sqrt{\frac{a^2+b^2}{2}}\ge\frac{a+b}{2}\ge\sqrt{ab}\ge\frac{2ab}{a+b}\ge\min\{a,\ b\} \tag{3}$$

並且等號成立的充要條件為 $a=b$。

注意：在(3)式中的各種平均，只有幾何平均 $\sqrt{ab}$ 須要求 $a, b\ge 0$，其

他的平均之定義，a 與 b 可為任意實數。因為若 a 與 b 有一個為負，則 $\sqrt{ab}$ 變成虛數，不能比較大小；若 a 與 b 皆為負數，則雖然可以定義 $\sqrt{ab}$，但是稱正數 $\sqrt{ab}$ 為兩個負數的幾何平均是一件奇怪的事情。

面對(3)式的猜測，通常我們會用更多的例子去檢驗它。如果都通得過檢驗（真金不怕火煉），那麼我們對(3)式就更具信心，但是並沒有證明，因為 a 與 b 有無窮多的可能性，無論如何我們是檢驗不完的。如果我們可以找到一個例子，使得(3)式不成立，那麼我們就否證了(3)式，這樣的例子叫做(3)式的反例 (counter example)。

再舉一個例子，我們觀察了許多天鵝都是白色的，於是就大膽地猜測：凡是天鵝都是白色的。以後若再看到白天鵝，都只是驗證了猜測而已，並沒有證明。然而，只要出現一隻黑天鵝（反例），我們的猜測就被否證了。

因為我們很難找到反例來否證(3)式，所以我們就嘗試證明它。我們只證明算術平均大於等於幾何平均，即

$$\frac{a+b}{2} \geq \sqrt{ab} \tag{4}$$

其餘的同理可證，就當作習題。

我們先作分析（倒行逆施）：因為 $a, b \geq 0$，所以

$$\begin{aligned} \frac{a+b}{2} \geq \sqrt{ab} &\Leftrightarrow a+b \geq 2\sqrt{ab} \\ &\Leftrightarrow (a+b)^2 \geq 4ab \\ &\Leftrightarrow (a-b)^2 \geq 0 \end{aligned} \tag{5}$$

Aha！我們知道怎樣證明了！

接著是綜合，即證明：因為對於任何實數 x，恆有

$$x^2 \geq 0 \tag{6}$$

並且等號成立的充要條件為 $x=0$ （負負得正的結論），所以令 $x=a-b$，代入(6)式，得知 $(a-b)^2\geq 0$ 成立，再按(5)式逆推上去，就證明了(4)式。☆

定理 1（算幾平均不等式）

對於任意兩個非負實數 a 與 b，恆有

$$\frac{a+b}{2}\geq\sqrt{ab} \tag{7}$$

並且等號成立的充要條件為 $a=b$。

註：數學追尋數與形的規律，(7)式就是數的一條規律，它涉及無窮可能性，因為 a 與 b 可以在非負實數中變化。

習　題

2. 證明(3)式。

對於一個如(7)式的美妙不等式，值得我們從各種角度加以觀照與推導。一個定理具有多種證法，表示它的內涵豐富，跟周邊有許多接觸點，是知識網的中心。下面我們就對上述定理再提九種證法。

證法 1

以 $a+b$ 為邊作一個正方形，並且作如圖 4–1 之分割，立即看出

$$(a+b)^2\geq 4ab \tag{8}$$

開平方，再除以 2，就得證(4)式。

在(8)式中，等號成立的充要條件為圖 4–1 中間的小正方形消失掉，即 $a=b$。☆

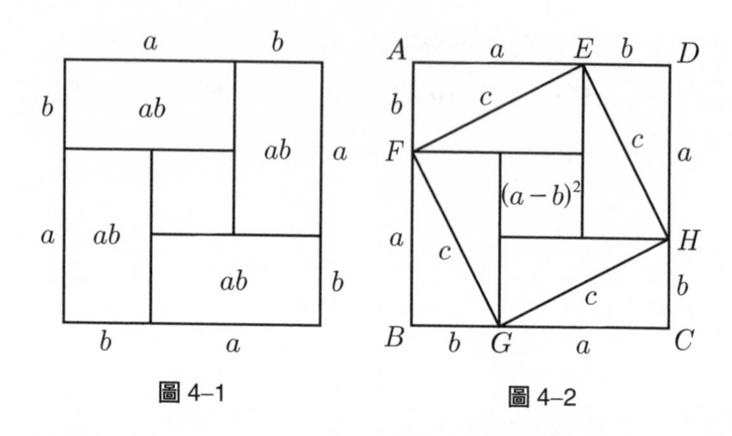

圖 4–1 圖 4–2

值得順便一提，在圖 4–1 中多加四條線段，變成圖 4–2，就可施展畢氏定理（即直角三角形斜邊的平方等於兩股的平方和）的兩種「漂亮的」(elegant) 證法：

(i)考慮正方形 $ABCD$ 面積的兩種算法（一魚兩吃），得到

$$(a+b)^2 = 4\cdot\frac{1}{2}ab + c^2 \tag{9}$$

(ii)考慮正方形 $EFGH$ 面積的兩種算法，得到

$$c^2 = 4\cdot\frac{1}{2}ab + (a-b)^2 \tag{10}$$

將(9)，(10)兩式展開且化簡，就得到

$$c^2 = a^2 + b^2 \tag{11}$$

證法 2

以 $\overline{AB} = a+b$ 為直徑作一圓，如圖 4–3，令 $\overline{AC} = a, \overline{BC} = b$，則 $\overline{OD} = \dfrac{a+b}{2}, \overline{CD} = \sqrt{ab}$。由三角形的大角對大邊定理知 $\overline{OD} \geq \overline{CD}$，亦即(7)式成立。又當 $a=b$ 時，$\overline{OD}$ 與 $\overline{CD}$ 重合，從而(7)式的等號成立。

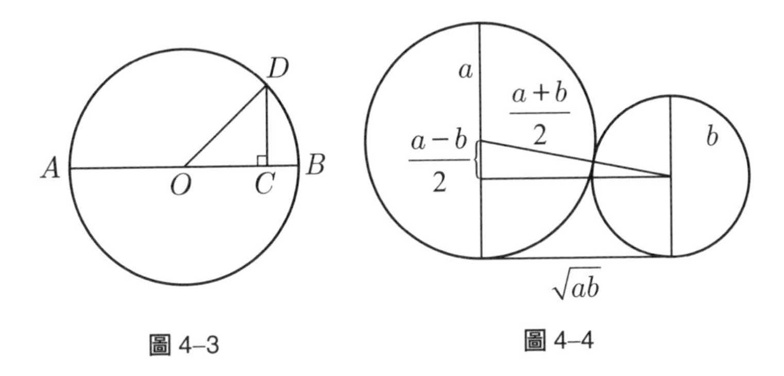

圖 4–3　　圖 4–4

證法 3

如圖 4–4，作兩個相切的圓，直徑分別為 a 與 b，則連心線之長為算術平均 $\dfrac{a+b}{2}$，公切線之長為幾何平均 $\sqrt{ab}$，由此立即看出(7)式成立。☆

證法 4

如圖 4–5，設 $\overline{PB}=b, \overline{PC}=a$，則 $\overline{OP}=\dfrac{a+b}{2}$，由圓冪定理知 $\overline{AP}=\sqrt{ab}$，再由大角對大邊定理知 $\overline{OP}\geq\overline{AP}$，亦即(7)式成立。☆

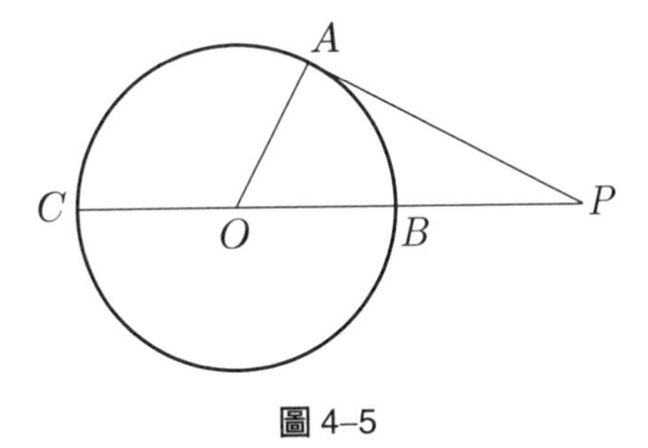

圖 4–5

證法 5

以 a 為邊作一個正方形 $ABCD$，取 $\overline{BE}=b$，見圖 4–6，則

$$\square EBCF \leq \triangle BEG + \triangle BCD$$

亦即 $ab \leq \dfrac{a^2+b^2}{2}$，此式等價於(7)式。

註：圖 4–6 的對角線 $\overline{BD}$，幾乎可以改為任何曲線，而得到其它的不等式。例如改為拋物線 $y=x^2$，見圖 4–7，我們用微積分算出兩個「三角形」的面積為 $\dfrac{a^3}{3}$ 與 $\dfrac{2}{3}b\sqrt{b}$，因此我們得到不等式

$$ab \leq \frac{a^3}{3}+\frac{2}{3}b\sqrt{b} \tag{12}$$

其中 a 與 b 為任意兩個非負實數。

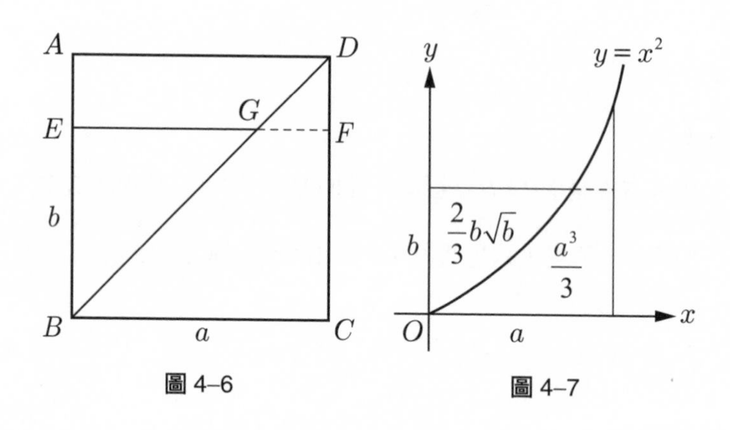

圖 4–6　　　圖 4–7

證法 6

以 $\overline{AB}=a+b$ 為直徑作一個半圓，令 $\overline{AC}=a$, $\overline{BC}=b$，如圖 4–8，則 $\overline{CD}=\sqrt{ab}$, $\overline{OE}=\dfrac{a+b}{2}$，顯然 $\overline{OE}\geq\overline{CD}$，亦即(7)式成立。

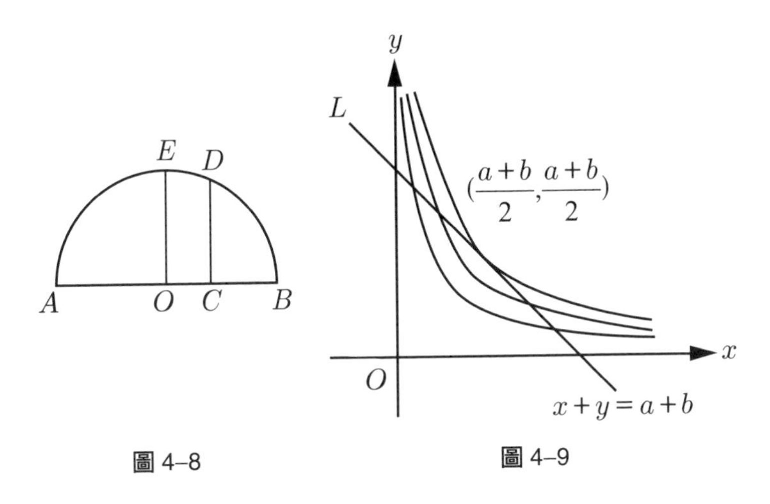

圖 4–8

圖 4–9

證法 7

如圖 4–9，令直線 L 的方程式為 $x+y=a+b$，並且考慮一族雙曲線 $xy=c$（讓 c 變動）。當 c 越大時，雙曲線往右上方變動。我們要探討 (x, y) 在 L 上變動時，c 之最大值。我們立即看出，當雙曲線右上方變動到與直線 L 相切時，切點的坐標 $(\frac{a+b}{2}, \frac{a+b}{2})$ 會使得 c 為最大值，從而 $(\frac{a+b}{2})^2 \geq ab$ (13) ☆

註：這在微積分中就是 Lagrange 乘子法求極值的例子。

證法 8

如圖 4–10，作出拋物線 $y=x^2$ 的圖形，考慮圖形上的兩點 (a, a^2) 與 (b, b^2)，連結成割線段 $\overline{AB}$，則 $\overline{PM} \geq \overline{MN}$，亦即

$$\frac{a^2+b^2}{2} \geq (\frac{a+b}{2})^2 \tag{14}$$

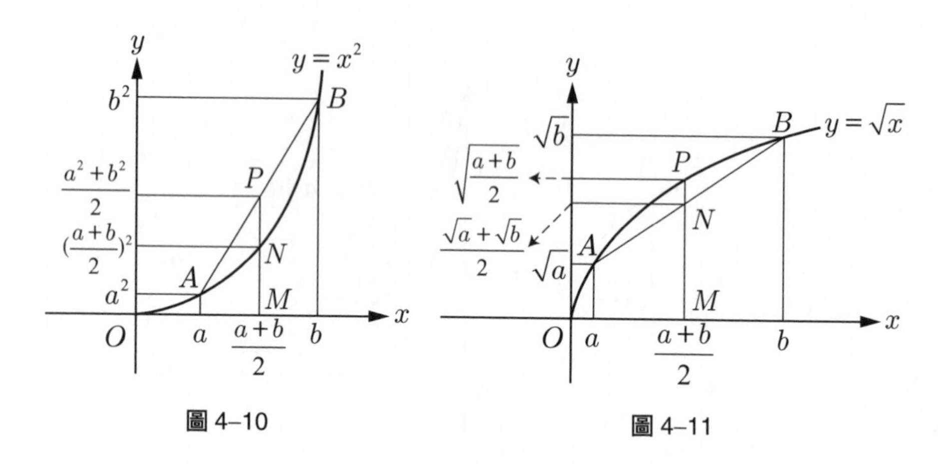

圖 4–10

圖 4–11

換言之，二次平均大於等於算術平均，這又等價於算術平均大於幾何平均。

證法 9

如圖 4–11，作出 $y=\sqrt{x}$ 的圖形，同理我們可以證明

$$\sqrt{\frac{a+b}{2}} \geq \frac{\sqrt{a}+\sqrt{b}}{2} \tag{15}$$

這也等價於(7)式。

註：上述證法 8 與證法 9 可以推廣成凸函數 (convex function) 的方法，得到一些更豐富更深刻的不等式。

除了以上 9 種證法之外，當然還有其它證法，不過都要用到較高等的微分法，我們就不再談下去。

習 題

3.(i)設 $a, b>0$，試證 $\frac{a}{b}+\frac{b}{a}\geq 2$，又等號何時成立？

(ii)試證 $x+\frac{1}{x}\geq 2$ 對任何正數 x 皆成立，等號何時成立？

最後，我們用一個圖來作為(3)式的「無言的證明」：

$$\overline{AB}=a,\ \overline{BC}=\overline{DG}=b,\ \overline{BD}=\sqrt{ab}$$

$$\overline{OD}=\overline{OF}=\frac{a+b}{2},\ \overline{DE}=\frac{2ab}{a+b},\ \overline{BF}=\sqrt{\frac{a^2+b^2}{2}}$$

$$\overline{AB}\geq\overline{BF}\geq\overline{OF}\geq\overline{OD}\geq\overline{BD}\geq\overline{DE}\geq\overline{DG}\geq\overline{BC}$$

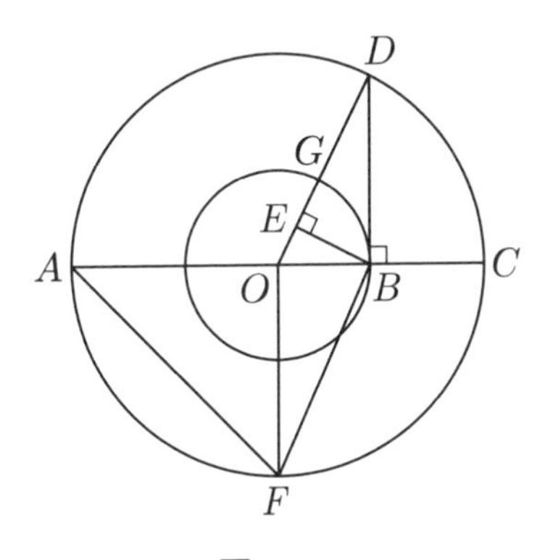

圖 4–12

只要利用「大角對大邊定理」，由圖 4–12 我們就可「看出」(3)式成立，「一個圖勝過千言萬語。」(A picture is worthy of a thousand words.) 從而「猜測」上昇為「定理」。

定理 2

對於任意非負實數 a 與 b，下式恆成立：

$$\max\{a, b\} \geq \sqrt{\frac{a^2+b^2}{2}} \geq \frac{a+b}{2} \geq \sqrt{ab} \geq \frac{2ab}{a+b} \geq \min\{a, b\}$$

並且等號成立的充要條件是 $a=b$。

這真是一個美麗的定理，值得像藝術品一般，仔細欣賞與品味。從一些特例 $\frac{56+84}{2} \geq \sqrt{56\times 84}$, $\frac{73+65}{2} \geq \sqrt{73\times 65}$ 的觀察，猜測出一般規律

$$\frac{a+b}{2} \geq \sqrt{ab},\ \forall a,\ b \geq 0$$

然後再提出證明，這好比是由浮在海面上冰山的一角發現整座冰山，或由線索發現真相，都含有「創造」或「發現」的要素。

俳句欣賞，松尾芭蕉的作品（英譯）：

（一）

I wish to wash
by way of experiment,
the dust of this world
in the droplets of dew.

（二）

Your song caresses
the depth of loneliness
O high mountain bird.

5　圓周角定理

透過直角三角形的兩元化，再配合動態觀點，我們可以將許多幾何定理連貫起來。本章先從圓周角定理談起。

歐氏幾何是由尺規（直尺與圓規）所建構出來的圖形王國。根據歐氏 (Euclid) 的說法，在這個王國之中，「沒有皇家大道。」(There is no royal road to geometry.) 意指學習幾何沒有捷徑。

在三角形這個州裡，有個直角三角形的小村落，占有很特殊而重要的地位。最主要的理由是，直角三角形擁有美麗的畢氏定理，不但是三角學的出發點，而且初等幾何的計算也永遠離不開它！見圖 5–1。

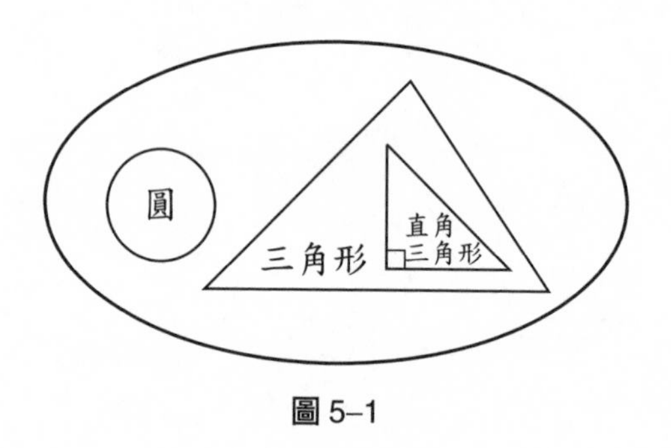

圖 5–1

另一個理由是，我們可以模仿素樸的原子論 (atomism)，把直角三角形看成是「原子」(即基本要素)，並且「以簡馭繁」地來建構幾何學，使其成為有機知識的整體。這就好像是由原子組成分子，再由分子發展出物質，最後由物質形成萬物。原子論大師德莫克利特說（約西元前 410)：「給我原子與虛空，我就可以建構出一個宇宙。」

在歐氏幾何學裡，由直角三角形出發，我們也可以開拓出許多條幾何路徑，條條皆是曲徑通幽。本章我們要採取「兩元化」與「動態觀點」，探索圓周角定理這一條小徑，作一次知性之旅。至於其餘的路徑，我們以後會陸續介紹。

兩元化的觀點

給一個直角三角形，我們再作出完全相同的另一個，然後將兩者合成一個長方形，這個過程就叫直角三角形的兩元化，見圖 5–2。

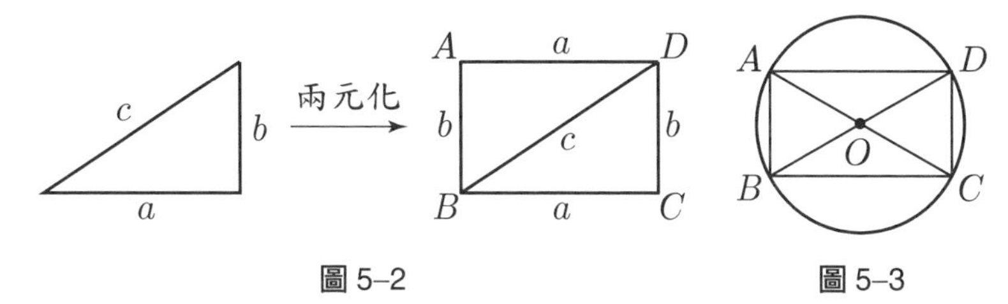

圖 5–2　　圖 5–3

接著我們作出長方形的另一條對角線。因為長方形的兩條對角線相等並且互相平分，所以取交點 O 為圓心，$\overline{OA}$ 為半徑，作一圓，就得到長方形的外接圓，見圖 5–3。

泰利斯定理

將圖 5–3 中的長方形抹掉一半，得到圖 5–4，立即看出下面的結果。

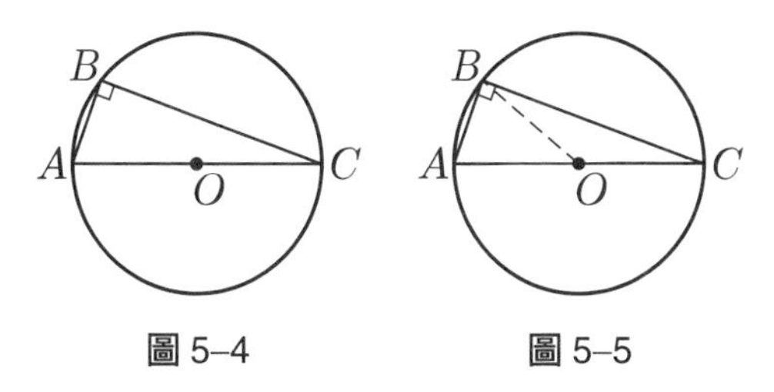

圖 5–4　　圖 5–5

定理 1（泰利斯定理）

半圓的內接角為直角，即 $\angle B = 90°$。

定理 2（泰利斯逆定理）

若 $\angle B$ 為直角，則 B 點必落在以 $\overline{AC}$ 為直徑的圓周上，亦即對 $\overline{AC}$ 張出直角的所有點共圓，見圖 5–6。

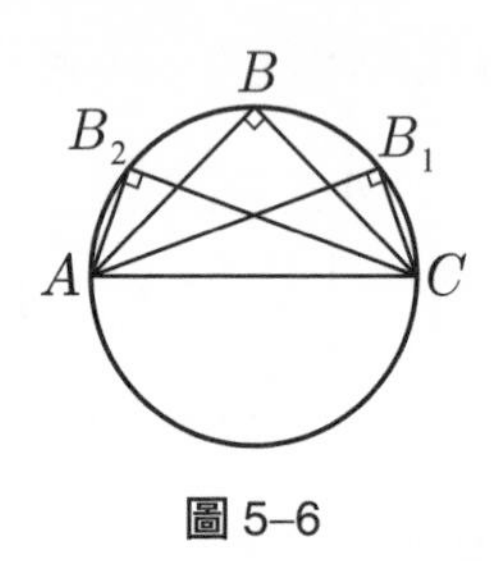

圖 5–6

由泰利斯定理出發，我們可以走到圓周角定理，弦切角定理等等，這一條路徑的探索就是本章的主題。

由圖 5–5 我們立即看出

定理 3

直角三角形斜邊的中點與三頂點等距。

定理 4

對於三個內角為 30°-60°-90° 的直角三角形，其三邊的比值為

$$\overline{AC} : \overline{AB} : \overline{BC} = 1 : 2 : \sqrt{3}\text{（見圖 5–7）}$$

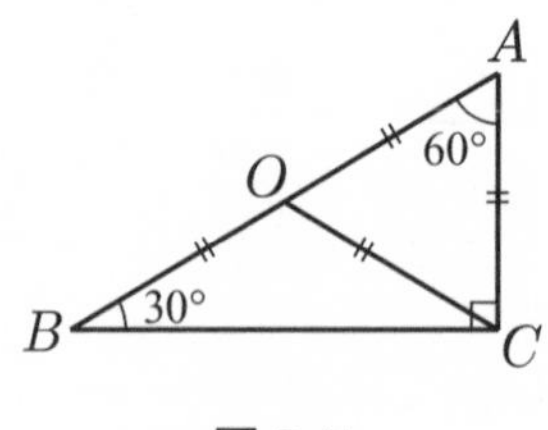

圖 5–7

泰利斯（Thales，約西元前 624～前 547）是古希臘七賢之首，曾經遊學埃及，測量金字塔的高度，並且將幾何學帶回希臘。他的主要貢獻是：

⑴提出萬有皆水 (All is water.) 的理論。在神話觀盛行的古希臘時代，他提倡以自然的（物理的）原因來解釋自然現象，將獨斷讓位給理性 (Let dogma give way to reason.)，並且鼓勵批判 (critical) 精神，不斷尋求更好的理論，因而被後人尊稱為科學之祖。

⑵開演繹幾何的先河。對於古埃及的經驗式幾何知識，他首倡必須再經過邏輯證明的錘煉，才是真確可靠的。追求知識不僅是「要知道什麼」，還要講究是「如何知道的」。

數學史家將下列六個結果歸功於泰利斯：

1. 半圓的內接角為直角（即定理 1）。
2. 直徑將圓分成兩半。
3. 等腰三角形的兩底角相等（驢橋定理）。
4. 兩直線相交所成的對頂角相等。
5. 兩個三角形若具有兩個角夾一邊對應相等，則全等 (A.S.A.)。
6. 兩個三角形若三個角對應相等，則相似 (A.A.A.)。

動態的觀點

由泰利斯定理出發，利用動態觀點，我們就可以得到一連串的關於圓心角與圓周角的定理。詳言之，在圖 5–8 (a) 中，將 O 點看成是固定的軸心，線段 $\overline{OA}$, $\overline{OB}$, $\overline{AC}$, $\overline{BC}$ 都是活動的，但是 A, B, C 三點都限定在圓周上變動，見下圖 5–8。

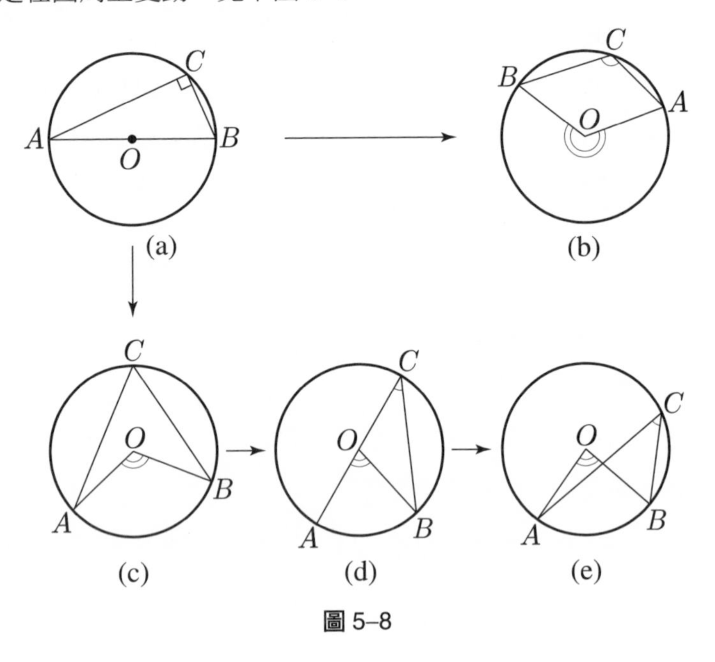

圖 5–8

定理 5（圓周角定理）

圓內的同弧（或同弦）所對應的圓周角是同側圓心角的一半。

註：泰利斯定理是圓周角定理的特例，通常都將前者看作是後者的註腳。然而，我們的觀點正好反過來，將泰利斯定理看作是生出圓周角定理的胚芽 (germ) 或線索 (clue)。

推論 1（舞臺定理）

圓內同一弧（或弦）所對應的任何兩個圓周角，若在同側則相等，若在異側則互補，亦即在圖 5–9 中，$\angle C = \angle D$, $\angle C + \angle E = 180°$。

註：$\overline{AB}$ 是舞臺，$\angle C$, $\angle D$, $\angle E$ 是觀眾的視角。

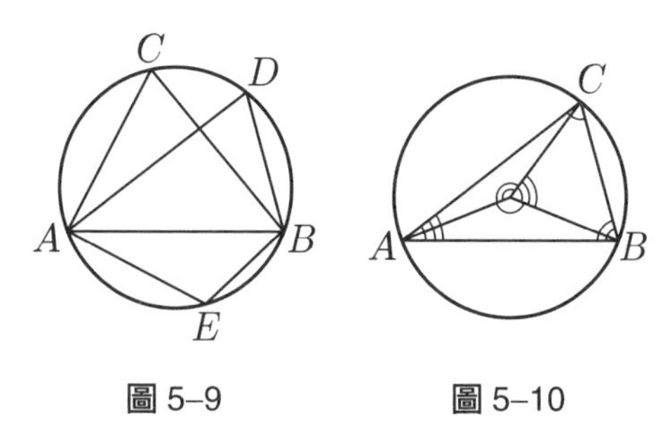

圖 5–9　圖 5–10

推論 2（舞臺定理之逆定理）

具有相同底邊且在同側的兩個三角形，若兩個頂角相等，則此兩個三角形內接於同一個圓。

推論 3（180° 定理）

三角形三內角和為 180°，見圖 5–10。

推論 4（四點共圓的充要條件）

若四邊形的四頂點共圓，則一雙對角互補，反之亦然。

習　題

1. 在圖 5–11 中，已知 $ABCD$ 為一個正方形，且 $\angle PAC = \angle PCB = 20°$，試求 $\angle ADP$ 的度數。

將圖 5–8 (d) 的 C 點趨近於 B 點，則 BC 趨近於過 B 點的切線，從而得到下面結果：

定理 6

在圖 5–12 中，$\angle C = \frac{1}{2}\angle AOB = \angle ABD$，即同弧所對應的弦切角等於圓心角的一半。

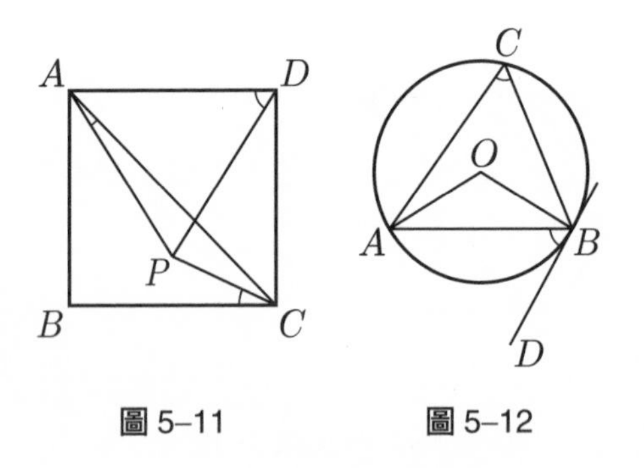

圖 5–11　　圖 5–12

再將圖 5–8 (d) 中的 C 點沿著圓周移動至弧 $\overset{\frown}{AB}$ 之上，則得到：

推論 5

在圖 5–13 中，$\angle C = 180° - \frac{1}{2}\angle AOB$。特別地，$AB$ 變成直徑時，$\angle C = 90°$，這又回到泰利斯定理，恰好一循環。

推論 6

如圖 5–14，設 $ABCD$ 為圓內接四邊形，則其外角等於不相鄰的內角，即 $\angle ADE = \angle B$，反之亦然。

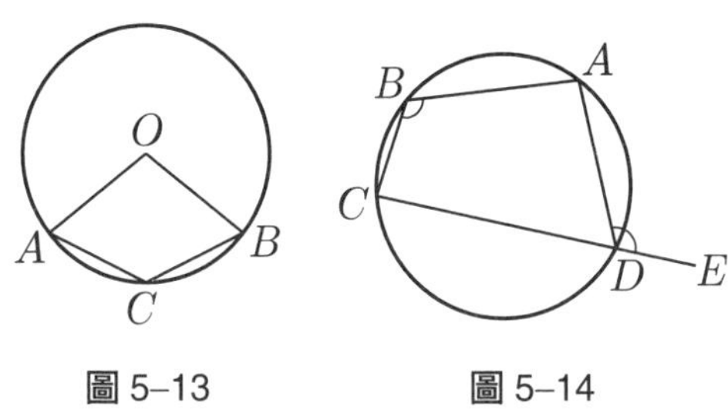

圖 5–13　　圖 5–14

習　題

2.（幾何作圖）在平面上給定三條平行線 L_1, L_2, L_3，見圖 5–15，試在各直線上取一點 P_1, P_2, P_3，使得 $\triangle P_1P_2P_3$ 成為一個正三角形。

提示：利用分析法，假設 $\triangle P_1P_2P_3$ 是所求，然後作其外接圓，再透過舞臺定理的眼光來觀察，就可以發現要如何作圖了。

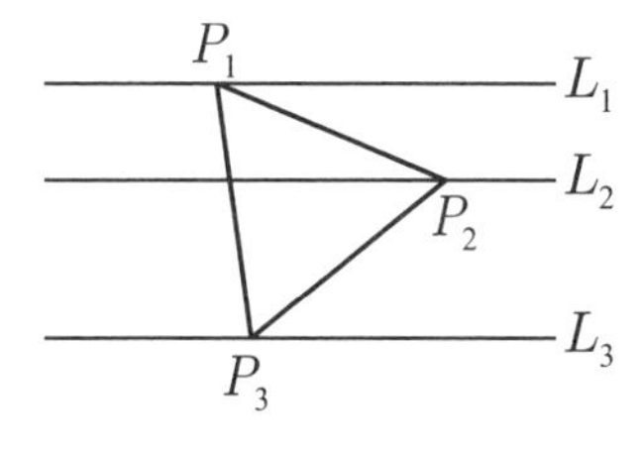

圖 5–15

3. Euler 的九點圓定理：

三角形三個高的垂足點，三邊的中點，垂心至三頂點的中點，試證這九個點共圓，見圖 5–16。

註：平面不共線的相異三點必共圓；但是四點就不易共圓。今九點居然共圓，就好像九大行星共線一樣地罕見，我們只能用「神奇」與「美妙」來形容。

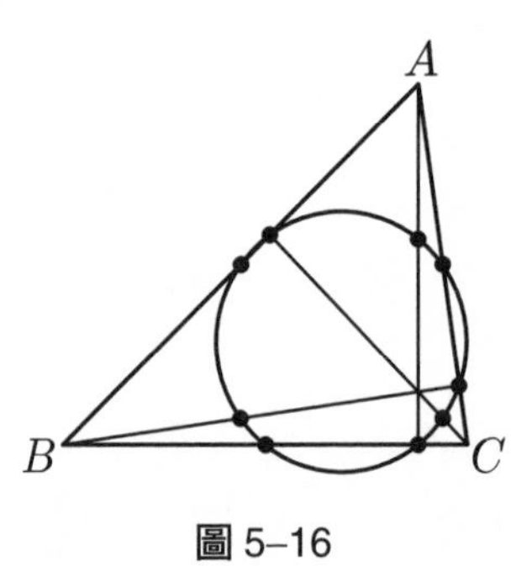

圖 5–16

4. 若兩弦 $\overline{AB}$ 與 $\overline{CD}$ 在圓內相交於 P 點，則 $\angle APC$ 等於弧 $\overset{\frown}{AC}$ 與 $\overset{\frown}{BD}$ 之和所對應的圓周角，見圖 5–17；若 P 點在圓外時，見圖 5–18，則 $\angle APC$ 等於弧 $\overset{\frown}{BD}$ 與弧 $\overset{\frown}{AC}$ 之差所對應圓周角。

註：這個結果叫做 Alhazen 定理。

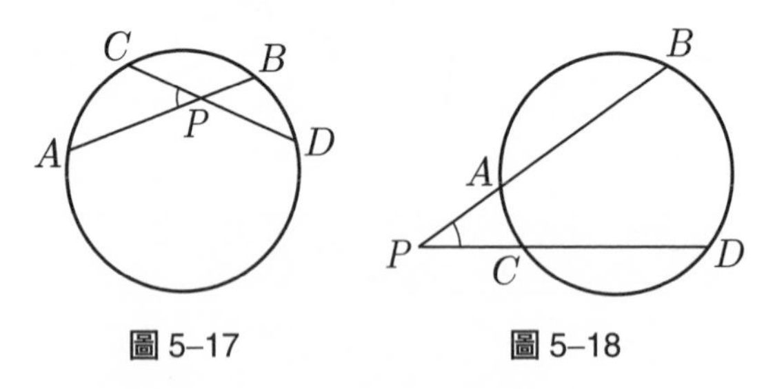

圖 5–17　　圖 5–18

變化中的不變 

我們可以將上述諸定理，用一圖形統合起來，見圖 5–19，達到「變化中的不變」：

$$\angle P=\angle P_1=\angle P_2=\angle P_3=\frac{1}{2}\angle AOB$$

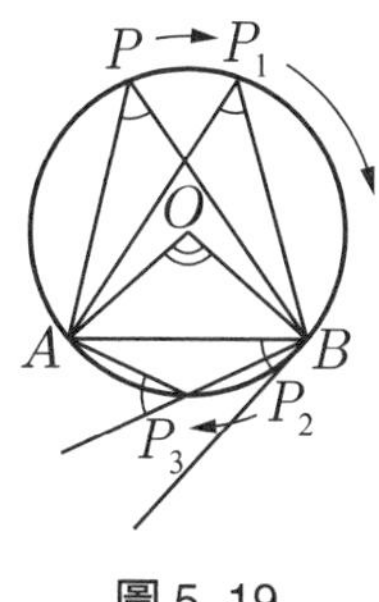

圖 5–19

我們再舉幾個例子：

例　題

1. 在圖 5–20 中，有各種不同的三角形，但都具有相同的底 $\overline{AB}$ 與高，故它們的面積都相等（一定或不變）：

$$\triangle APB=\triangle AP_1B=\triangle AP_2B$$

2. 在圖 5–21 中，$\triangle ABC$ 為正三角形，過底邊一點 P 作 $\overline{PQ}//\overline{AC}$, $\overline{PR}//\overline{AB}$，則 $\overline{PQ}+\overline{PR}=\overline{AB}$（定長）。

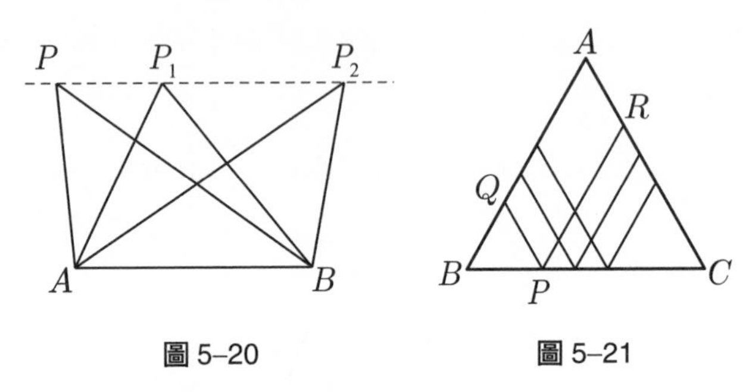

圖 5–20　　圖 5–21

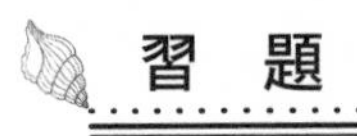

習　題

5. 在圖 5–22 中，設 $\overline{PA}$ 為圓的切線，線段 PR 為割線，試證 $\overline{PQ}\cdot\overline{PR}=\overline{PA}^2$（一定）。

6. 在圖 5–23 中，考慮正方形 $ABCD$，中心點為 O。另一個相同的正方形，其一頂點固定在 O 點上作旋轉。試證陰影部分的面積不變，並且求之。

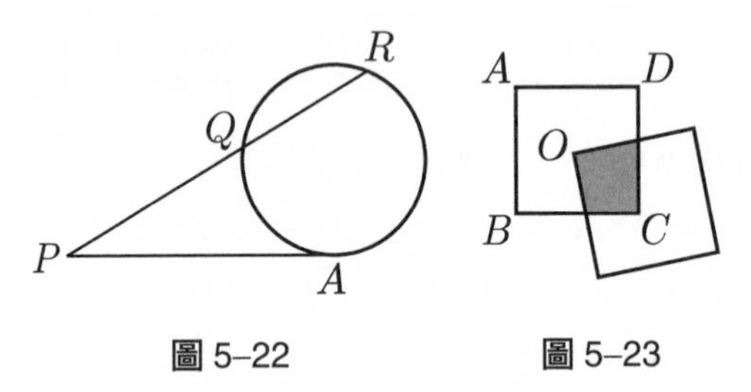

圖 5–22　　圖 5–23

結　語

在本章中，所有的定理與推論都沒有附上證明，筆者認為這些都很容易，就請讀者自己補上，當作練習。

數學是先有發現，然後才有證明。歷來只重視後者，而輕忽前者。本章我們反其道而行，我們強調定理的發現過程及其連貫成有機整體。有了內在的連繫，知識才容易掌握與「了悟」(understanding)，進一步才有可能講究欣賞與品味。

將知識編織成網，向四面八方伸展開來，使得具有眾多的接點，這不但方便於吸納新知，而且也可作為鍾煉舊知的根據地。

There is nothing more practical than a good theory.
（沒有什麼東西會比一個好的理論更實在的了。）

——Boltzmann——

You cannot understand a theory unless you know how it was discovered.

——E. Mach——

A mathematician, like a painter or a poet, is a maker of patterns.

The mathematician's patterns like the painter's or the poet's must be beautiful; the ideas, like the colours or the words, must fit together in a harmonious way.

Beauty is the first test, there is no permanent place in the world for ugly mathematics.

——G. H. Hardy——

The real voyage of discovery consists not in seeking new landscapes but in having new eyes.（真正的發現之旅不在於找尋新的風景山水，而是在於具有新的眼光。）

——Marcel Proust——

We live on an island of knowledge surrounded by a sea of ignorance. As our island of knowledge grows, so does the shore of our ignorance.
（我們住在一個知識島，四面被無知的大海環繞著。當知識島生長擴大時，無知的海岸亦然。）

——John A. Wheeler（車輪子，費曼的老師）——

Reserve your right to think, for even to think wrongly is better than not to think at all.

——第一位女數學家 Hypatia——

6　圓內兩交弦定理

本章我們透過直角三角形的兩元化與動態觀點，將圓內兩交弦定理及其周邊的結果連結在一起，期望達到沒有一片知識是孤立的境地。

歐氏的《幾何原本》(*Elements*) 一共有十三卷，其中第一卷最後兩個命題 (命題 47 與 48) 分別就是鼎鼎著名的畢氏定理及其逆定理。

命題 47（畢氏定理）

設 $\triangle ABC$ 的三邊分別為 a, b, c，若 $\angle C = 90°$，則 $c^2 = a^2 + b^2$。

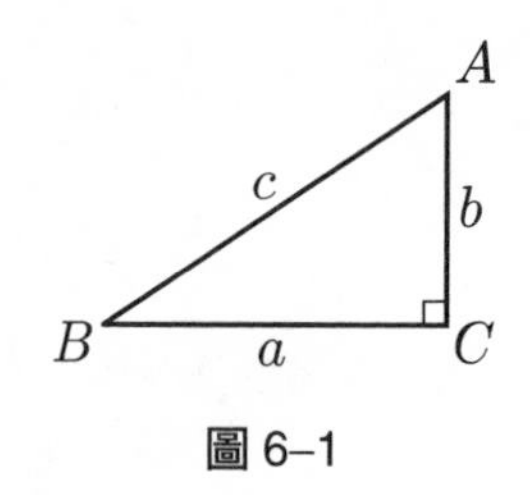

圖 6–1

命題 48（畢氏逆定理）

設 $\triangle ABC$ 的三邊分別為 a, b, c，若 $c^2 = a^2 + b^2$，則 $\angle C = 90°$，即 $\triangle ABC$ 為一個直角三角形。

本章我們要由直角三角形的畢氏定理出發，透過兩元化與動態觀點，將圓內兩交弦的一系列定理連貫起來，並且展示它們的發現過程與各種有趣的應用。

令人驚奇的是，最後我們又回歸到畢氏定理，形成一條迴路。在路途中，我們也拾取到一些美妙的結果，並且欣賞到一些奇花異草。

圓內兩相交直徑 

考慮直角三角形的兩元化，得到一個長方形，再作外接圓，然後將長方形抹掉，剩下圓內兩條交弦，見圖 6–2。

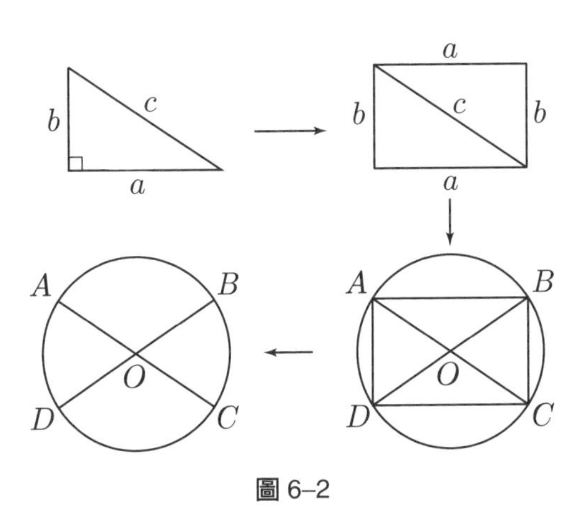

圖 6–2

因為 $\overline{AC}$ 與 $\overline{BD}$ 都是直徑，故有

$$\overline{AO}\times\overline{CO}=\overline{BO}\times\overline{DO} \tag{1}$$

這是圓內兩交弦定理的特例。我們要強調：「特例」是生出「普遍」的胚芽。德國偉大數學家希爾伯特說得好：

做數學的要訣在於找到那個特例，它含有生出普遍的所有胚芽。(The art of doing mathematics consists in finding that special case which contains all the germs of generality.)

動態觀點

接著將圖 6–2 裡最後一圖兩弦的交點 O 移動（當然兩弦也跟著變動），得到圖 6–3，那麼(1)式仍然成立。

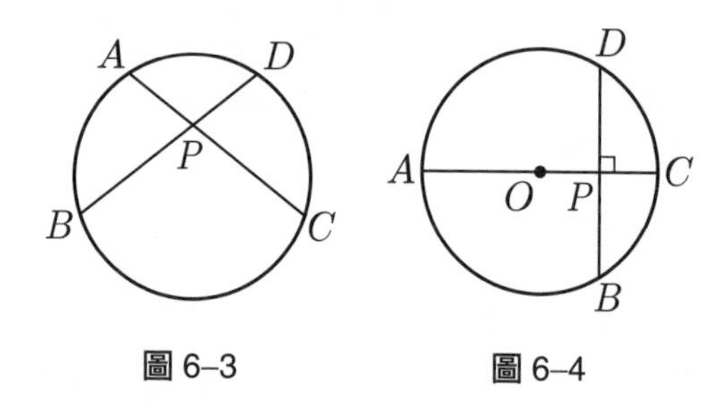

圖 6–3　　圖 6–4

定理 1（圓內兩交弦定理）

設 $\overline{AC}$ 與 $\overline{BD}$ 為圓內兩條相交的弦，交點為 P，則

$$\overline{PA}\times\overline{PC}=\overline{PB}\times\overline{PD} \tag{2}$$

特別地，我們有下面的結果。

推論

在圖 6–4 中，設 $\overline{AC}$ 為直徑且 $\overline{BD}\perp\overline{AC}$，則

$$\overline{PD}^2=\overline{PA}\times\overline{PC} \tag{3}$$

註：這個推論可以用來刻劃圓，並且再推廣到圓錐曲線的刻劃，這需另文介紹。

定理 2（定理 1 的逆定理）

若兩線段 $\overline{AC}$ 與 $\overline{BD}$ 相交於 P 點，滿足(2)式，則 A, B, C, D 四點共圓。

習　題

1. 給一個長方形，邊長為 a 與 b，試作一正方形，使其面積等於長方形的面積。

在圖 6–5 中，設 $\overline{AC}$ 為直徑，$\overline{DP} \perp \overline{AC}, \overline{PE} \perp \overline{OD}$，令 $\overline{AP} = a$, $\overline{PC} = b$；則由上個推論知 $\overline{PD} = \sqrt{ab}$ 為 a 與 b 的幾何平均 (geometric mean)。又 $\overline{OD} = \dfrac{a+b}{2}$ 與 $\overline{DE} = \dfrac{2ab}{a+b}$ 分別為 a 與 b 的算術平均 (arithmetic mean) 與調和平均 (harmonic mean)。由三角形的大角對大邊定理立得下面的美妙結果，並且等號成立的充要條件是 $a = b$。

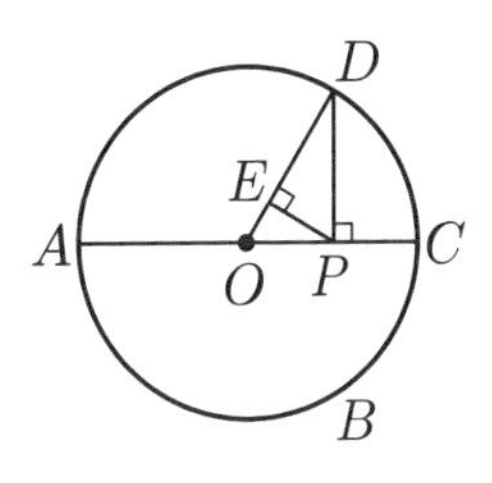

圖 6–5

定理 3（算幾調平均不等式）

設 a, b 為兩個正數，則 $\dfrac{a+b}{2} \geq \sqrt{ab} \geq \dfrac{2ab}{a+b}$　　(4)

回到圖 6–3，想像 P 點移動至圓周上，使得 P, A, B 三點重合，得到圖 6–6，此時 $\overline{PA}=\overline{PB}=0$，所以(2)式仍然成立。

再移動 P 點至圓外，得到圖 6–7，那麼圓內兩交弦定理就變成下面美麗的結果。

定理 4

在圖 6–7 中，設 $\overline{AC}$ 與 $\overline{BD}$ 為兩弦，交於圓外的 P 點，則

$$\overline{PA}\times\overline{PC}=\overline{PB}\times\overline{PD} \tag{5}$$

註：當 $\overline{AC}$ 與 $\overline{BD}$ 為兩條平行弦時，如何解釋(5)式呢？

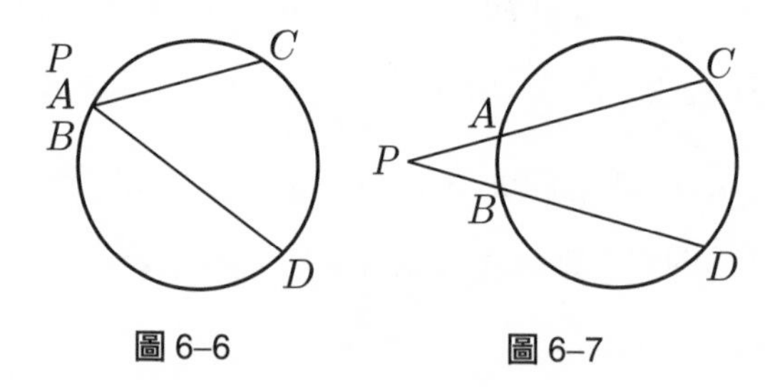

圖 6–6　　圖 6–7

其次，在圖 6–7 中，將 $\overline{PD}$ 往下旋轉，直到 B 與 D 兩點重合，$\overline{PD}$ 也變成圓的切線，於是得到圖 6–8。

定理 5（圓冪定理）

在圖 6–8 中，設 P 為圓外一點，過 P 點作切線 $\overline{PB}$ 與割線 $\overline{PC}$，則

$$\overline{PB}^2=\overline{PA}\times\overline{PC} \tag{6}$$

註：$\overline{PB}$ 是 $\overline{PA}$ 與 $\overline{PC}$ 的幾何平均。

最後，在圖 6–8 中，將 $\overline{PC}$ 往上旋轉（P 點不動），直到 A 與 C 兩點重合，$\overline{PA}$ 變成圓的切線，於是得到圖 6–9。從而，(6)式變成

$$\overline{PB}^2 = \overline{PA}^2$$

亦即

$$\overline{PB} = \overline{PA} \tag{7}$$

換言之，由圓外一點向圓作兩切線，則兩條切線段相等，這是另一極端的特例。

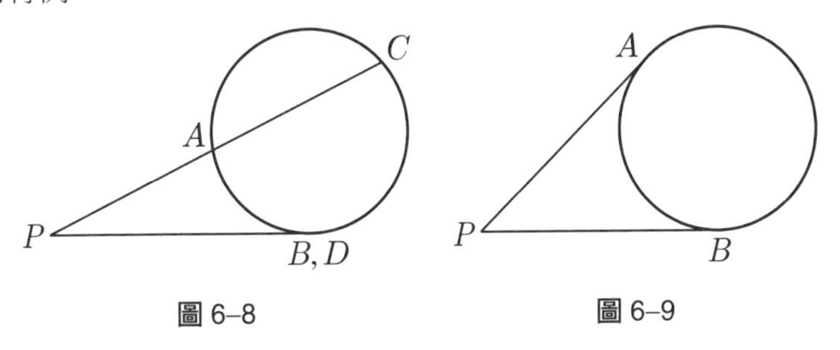

圖 6–8　　圖 6–9

習題

2. 如圖 6–10，考慮 $\triangle ABC$ 的內切圓，切點為 D, E, F，試證 $\overline{AD}$, $\overline{BE}$, $\overline{CF}$ 相交於一點。

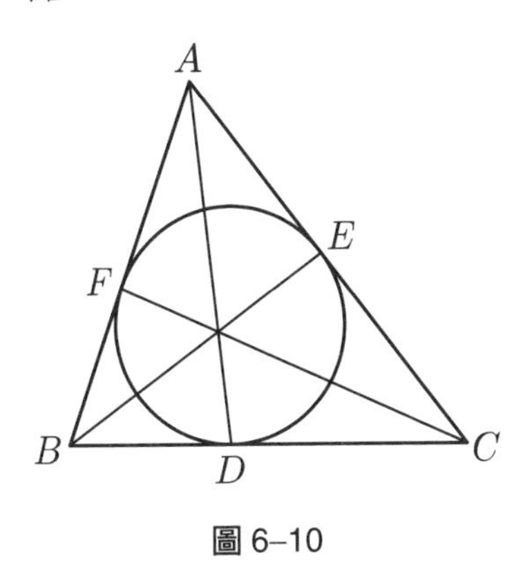

圖 6–10

3. 四邊形要內接於一個圓之內的充要條件是一雙對角互補，另一方面，任何三角形都存在有內切圓，而四邊形則不必然。試證一個四邊形存在有內切圓的充要條件是 $\overline{AB}+\overline{CD}=\overline{AD}+\overline{BC}$，見圖 6–11。

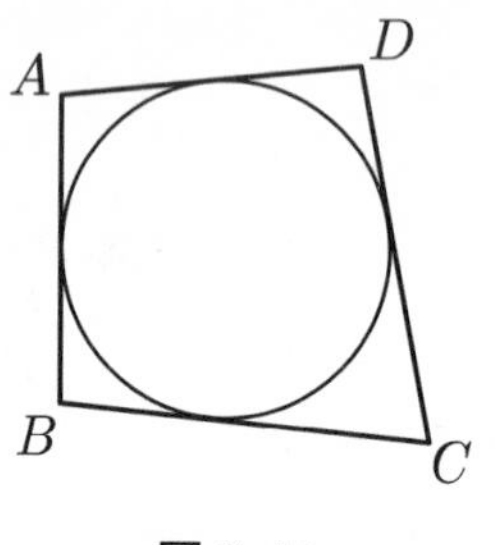

圖 6–11

再將圖 6–9 的 P 點（看成是半徑為 0 的圓點）膨脹成一個圓，於是切線 $\overline{PA}$ 與 $\overline{PB}$ 就變成兩圓的內公切線，見圖 6–12，則 $\overline{P_1A}=\overline{P_2B}$ 且 $\overline{P_3B_1}=\overline{P_4A_1}$。

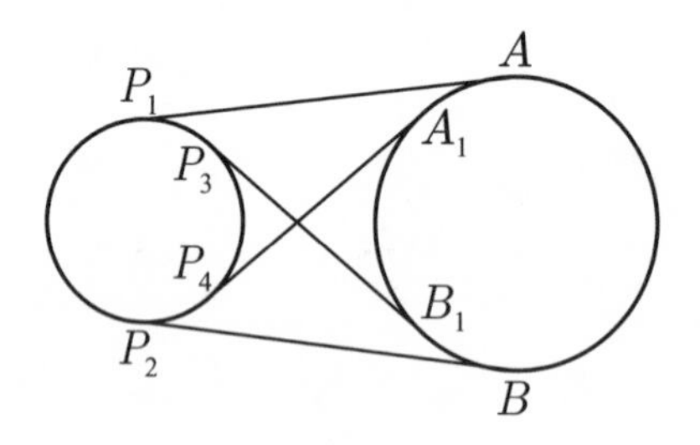

圖 6–12

畢氏定理的一個證明

在所有數學定理中，要以畢氏定理的證明方法最多種，超過 370 種，一天實行一種證法，一年都無法做完。下面我們要利用圓冪定理輕巧地來證明它。

考慮直角三角形 ABC，$\angle C = 90°$。以 A 點為圓心，$\overline{AC}$ 為半徑作一個圓。$\overline{AB}$ 及其延長線交圓於 D, E 兩點，見圖 6–13，則由圓冪定理知

$$\overline{BC}^2 = \overline{BD} \times \overline{BE} \tag{8}$$

今因 $\overline{AB} = c$, $\overline{BD} = c - b$, $\overline{BE} = c + b$，所以(8)式就變成 $a^2 = (c-b)(c+b)$，從而 $c^2 = a^2 + b^2$，這就證明了畢氏定理。

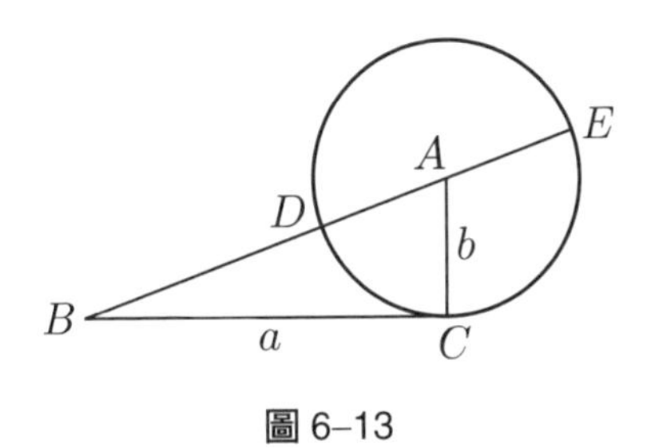

圖 6–13

註：畢氏定理又叫做商高定理、陳子定理、勾股定理、巴比倫定理、三平方定理等等。

算幾平均不等式

我們也可以利用圓冪定理來證明算幾平均不等式。不妨假設 $a \geq b \geq 0$，如圖 6–14 所示，取 $\overline{PC} = a$, $\overline{PB} = b$，則 $\overline{PA} = \sqrt{ab}$ 且 $\overline{PO} = \frac{a+b}{2}$。今因 $\overline{PO} \geq \overline{PA}$，故得 $\frac{a+b}{2} \geq \sqrt{ab}$，並且等號成立的充要條件是圓縮為一點，即 $a = b$。

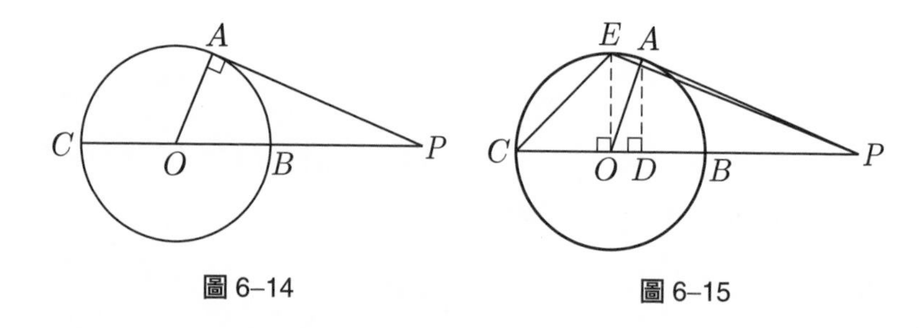

圖 6–14　　圖 6–15

進一步，如圖 6–15，過 A 點作 $\overline{AD} \perp \overline{PO}$，則由相似三角形定理知 $\overline{PD} = \frac{2ab}{a+b}$，這是 a 與 b 的調和平均。再過 O 點作 $\overline{OE} \perp \overline{BC}$，連結 $\overline{PE}$ 與 $\overline{CE}$，則由畢氏定理知 $\overline{PE} = \sqrt{\frac{a^2+b^2}{2}}$，這叫做 a 與 b 的二次平均 (quadratic mean)。由圖 6–15，配合三角形的大角對大邊定理，就得到一條美麗的不等式：

$$\max\{a, b\} \geq \sqrt{\frac{a^2+b^2}{2}} \geq \frac{a+b}{2} \geq \sqrt{ab} \geq \frac{2ab}{a+b} \geq \min\{a, b\} \tag{9}$$

並且等號全部成立的充要條件是 $a = b$。

餘弦定律及其證明

當 $\triangle ABC$ 不是直角三角形時，畢氏定理的結論 $c^2=a^2+b^2$ 當然不成立，此時我們可以利用畢氏定理證明：

定理 6

在 $\triangle ABC$ 中，

(i)若 $\angle C>90°$，則 $c^2>a^2+b^2$

(ii)若 $\angle C<90°$，則 $c^2<a^2+b^2$

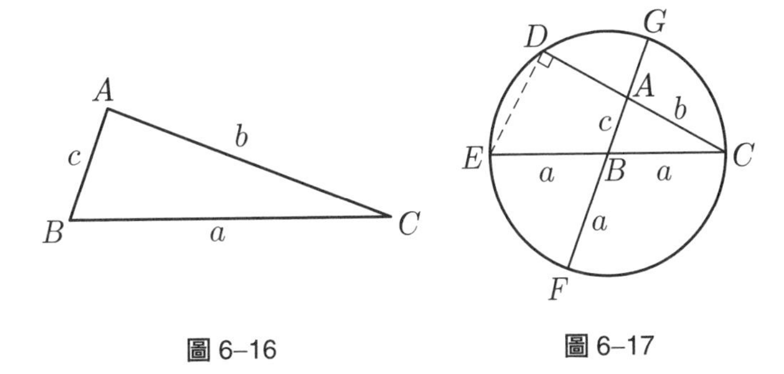

圖 6–16　　圖 6–17

所得到的結果是不等號的關係。為了求得精確的等號關係，我們利用圓內兩交弦定理，將圖 6–16 的 $\triangle ABC$ 安置於圓內，如圖 6–17，使得 $\overline{BC}=a$ 為半徑。因為 $\overline{CD}=2a\cos C$，所以 $\overline{AD}=2a\cos C-b$，又因為 $\overline{AG}=a-c$，由圓內兩交弦定理得知

$$\overline{AG}\times\overline{AF}=\overline{AC}\times\overline{AD}$$

於是 $(a-c)(a+c)=b\cdot(2a\cos C-b)$ 展開且整理後就得到下面的漂亮結果：

定理 7（餘弦定律，the law of cosine）

在圖 6–16 中，設 a, b, c 為 $\triangle ABC$ 的三邊，則

$$c^2 = a^2 + b^2 - 2ab\cos C \tag{10}$$

或

$$\cos C = \frac{a^2 + b^2 - c^2}{2ab} \tag{11}$$

對稱地，我們也有

$$a^2 = b^2 + c^2 - 2bc\cos A \tag{12}$$

$$b^2 = c^2 + a^2 - 2ca\cos B \tag{13}$$

註：⑽至⒀式都叫做餘弦定律。

我們觀察到，由⑽式立即得到畢氏定理及其逆定理：

$$\angle C = 90° \Leftrightarrow c^2 = a^2 + b^2 \tag{14}$$

因此，餘弦定律不但是畢氏定理的推廣，而且還具有「一箭雙鵰」的功效。另一方面，由⑾式知，若知道三角形的三邊也可以求其內角。

習　題

4. 設 L 為平面上一直線，P 與 Q 為 L 同側相異的兩點（不在 L 上），見圖 6–18。試用尺規作一圓使其通過 P, Q 兩點，並且與 L 相切。提示：利用圓冪定理。

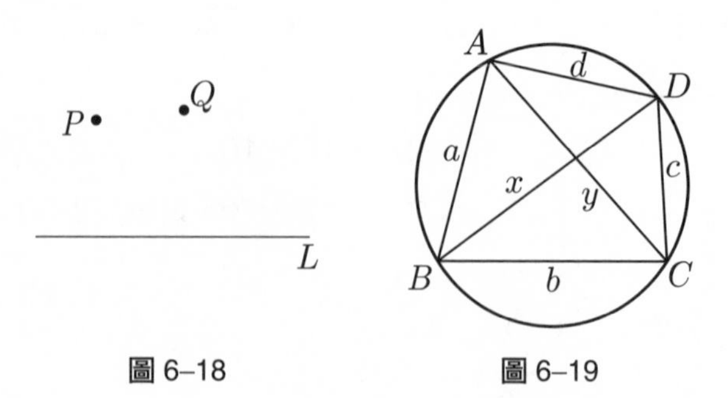

圖 6–18　　圖 6–19

5. 在圖 6–19 中，$ABCD$ 為圓的內接四邊形，x 與 y 為對角線，試證

$$x^2 = \frac{(ab+cd)(ac+bd)}{ad+bc} \tag{15}$$

$$y^2 = \frac{(ad+bc)(ac+bd)}{ab+cd} \tag{16}$$

註：這兩式叫做 Brahmagupta 公式，注意其對稱性。

6. 笛卡兒圖解一元二次方程式 $x^2+ax=b^2$。如圖 6–20，作線段 $\overline{AB}=b$，過 A 點作垂直線 AC，並且 $\overline{AC}=\frac{a}{2}$，以 C 為圓心，$\overline{AC}$ 為半徑作一圓，交直線 BC 於 D 與 E 兩點。

試證線段 $\overline{BE}$ 就是 $x^2+ax=b$ 的一個解答。

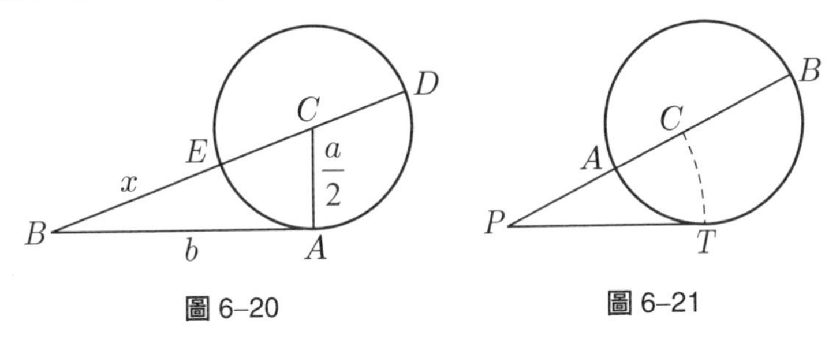

圖 6–20　　圖 6–21

7. （黃金分割）如圖 6–21，過圓外一點 P 作切線 PT，取一弦 PAB 使得 $\overline{PT}=\overline{AB}$，再作一點 C 使得 $\overline{PC}=\overline{PT}$，試求比值 $\overline{PA}:\overline{AB}$ 與 $\overline{CB}:\overline{CA}$。

結　語

在數學中，我們經常是從一個顯明的事實（特例）出發，然後推導出較不顯明的結果，由此再推導出較深刻的結果，如此這般不斷地進行下去。這是一個永不止息的探索過程，「登高山復有高山，出瀛海復有瀛海」。

The rationality of our universe is best suggested by the fact that we can discover more about it from any starting point, as if it were a fabric that will unravel from any thread.

——George Zebrowski——

When an electron vibrates, the universe shakes.

——Sir James Jean（英國物理學家）——

Mathematics is a war between the finite and infinite.

——Dr. Francis Googol——

The brain is a three-pound mass you can hold in your hand that can conceive of a universe a hundred-billion light-years across.

——Marian Diamond——

God gave us the darkness so we could see the stars.

——Johnny Cash——

If we wish to understand the nature of the Universe we have an inner hidden advantage: we are ourselves little portions of the universe and so carry the answer within us.

——Jacques Boivin——

7　平行四邊形定律

畢氏定理是幾何學的寶藏，它有許多方向的發展與推廣。本章我們選取平行四邊形定律這個方向來切入，我們要強調定理的生長過程以及經由類推、特殊化與推廣的連貫性。

校園的草地經常會出現一條人行路徑（君子行必由徑），這是因為三角形的兩邊之和大於第三邊，兩邊之差小於第三邊（三角不等式）。

對於三角形的三個邊若要進一步得到精確的結果，通常是把三角形稍作侷限，那麼我們就有畢氏定理：直角三角形斜邊的平方等於其兩股的平方和。

新瓶裝舊酒

由畢氏定理出發，透過直角三角形的兩元化，見圖 7–1，得到一個長方形，再將畢氏定理的結果重新解釋，賦予新義。

我們發現了新的規律 (pattern)：

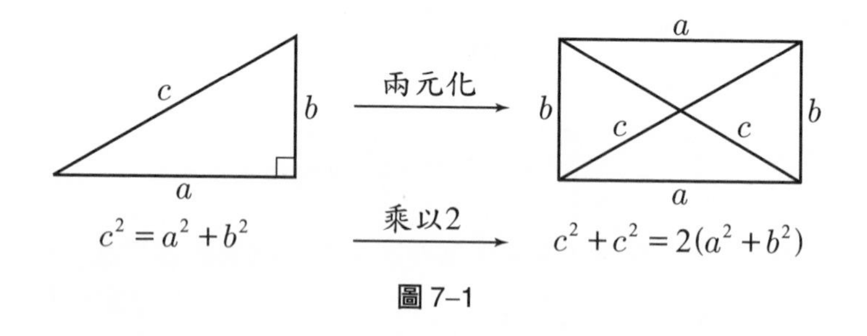

圖 7–1

長方形四邊的平方和等於兩條對角線的平方和，即

$$c^2 + c^2 = 2(a^2 + b^2)$$

這是以長方形的新瓶裝畢氏定理的舊酒，但卻給我們帶來思考的新契機。

投石問路

首先我們馬上可以問：上述規律可以從長方形推廣到更廣泛的四邊形嗎？

正方形是長方形的特殊化，而長方形的推廣是多樣的，可以從平行四邊形到梯形，再到任意凸四邊形。我們舉幾個例子來檢驗上述的規律是否成立。

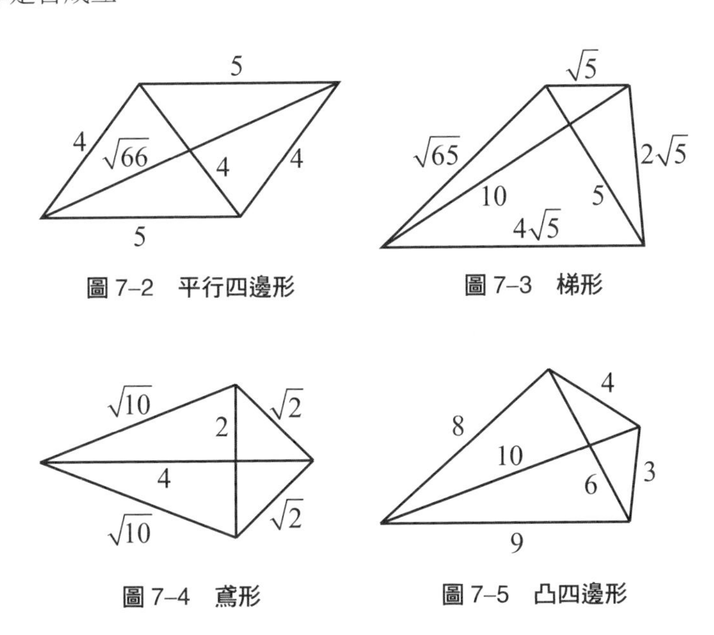

圖 7–2　平行四邊形

圖 7–3　梯形

圖 7–4　鳶形

圖 7–5　凸四邊形

經過計算我們發現：

(i)對於圖 7–2 的平行四邊形

$$4^2+(\sqrt{66})^2=2(4^2+5^2)$$

(ii)對於圖 7–3 的梯形

$$5^2+10^2<(\sqrt{5})^2+(2\sqrt{5})^2+(4\sqrt{5})^2+(\sqrt{65})^2$$

(iii)對於圖 7–4 的鳶形

$$2^2+4^2<2\ [(\sqrt{2})^2+(\sqrt{10})^2]$$

(iv)對於圖 7–5 的凸四邊形

$$6^2+10^2<4^2+3^2+9^2+8^2$$

由此我們猜測：對於平行四邊形上述規律成立；但是對於其它四邊形則不成立，此時四邊的平方和大於兩條對角線的平方和。

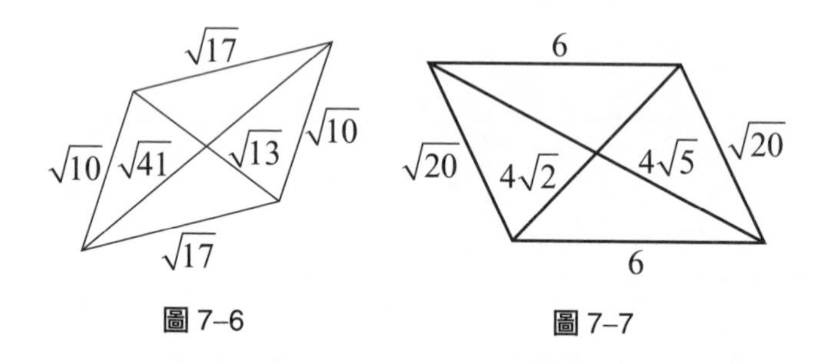

圖 7–6　　圖 7–7

讓我們再用兩個平行四邊形來檢驗：在圖 7–6 中，

$$(\sqrt{13})^2+(\sqrt{41})^2=2\ [(\sqrt{10})^2+(\sqrt{17})^2]$$

在圖 7–7 中，

$$(4\sqrt{2})^2+(4\sqrt{5})^2=2\ [6^2+(\sqrt{20})^2]$$

這些證據更讓我們相信：將長方形斜壓扁為平行四邊形，原來長方形所具有的規律仍然成立，見圖 7–8。不過，在還未提出證明或反例之前，上述的猜測可能對，也可能錯。

在這裡我們用到了歸納法。所謂歸納法就是從有限多個例子的觀察，猜測出一般規律，即從「有涯」飛躍到「無涯」的創造或發現過程，它跟演繹法合稱科學求知的兩大方法。

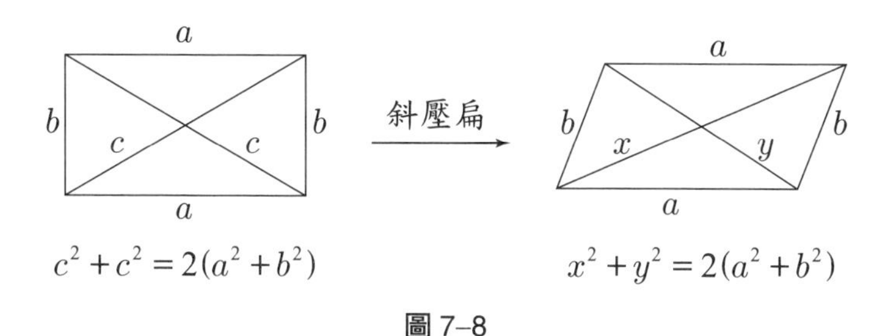

圖 7–8

習 題

1. 要找四邊形使得其四邊與對角線的長度皆為已知，並不那麼容易，需要經過一番的計算（最好利用方格紙）。請你自己找幾個四邊形，來檢驗上述的規律。

平行四邊形定律

到目前為止，我們知道四邊形的「兩條對角線的平方和等於四邊的平方和」這個猜測，對於平行四邊形（長方形是特例）似乎是成立的，但是對於其它四邊形就不成立了。

我們無法檢驗所有的平行四邊形，因為它們有無窮多。人生有涯，無法一一驗證無涯的事情。在反例似乎難覓的情況下，我們嘗試尋求證明。

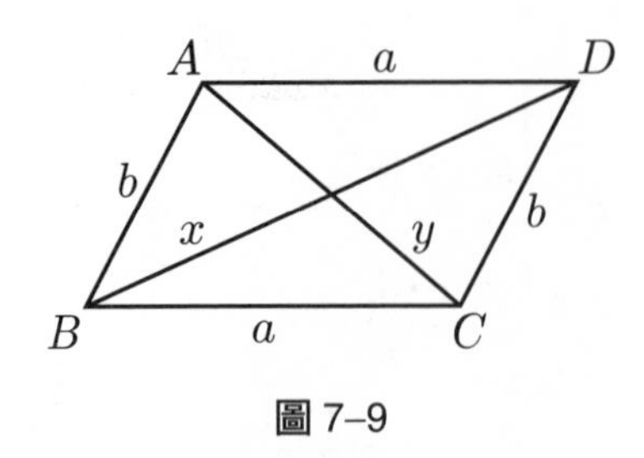

圖 7–9

考慮平行四邊形 $ABCD$，見圖 7–9，其相鄰兩邊的長為 a 與 b，兩條對角線的長為 x 與 y，我們要證明

$$x^2+y^2=2(a^2+b^2) \tag{1}$$

對於 $\triangle ABD$ 與 $\triangle ABC$ 使用餘弦定律得到

$$x^2=a^2+b^2-2ab\cos A$$

$$y^2=a^2+b^2-2ab\cos B$$

兩式相加得到

$$x^2+y^2=2(a^2+b^2)-2ab(\cos A+\cos B) \tag{2}$$

因為 $\angle A+\angle B=180°$，所以

$$\cos A=\cos(180°-B)=-\cos B$$

再配合(2)式，我們就證明了下面的結果：

定理 1（平行四邊形定律，the parallelogram law）

對於任意平行四邊形，見圖 7–9，恆有兩條對角線的平方和等於四邊的平方和，亦即(1)式成立。

將平行四邊形沿一條對角線切開，得到 $\triangle ABC$（不妨叫做一元化），其中 $\overline{BM}$ 為中線，見圖 7–10：因為 $x=2\overline{BM}$, $y=2\overline{CM}$，代入(1)式，我們就得到下面的結果：

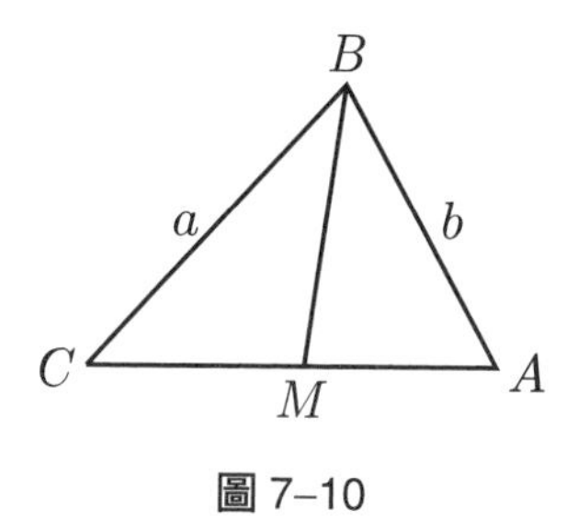

圖 7–10

定理 2（三角形的中線定理）

在 $\triangle ABC$ 中，假設線段 BM 為中線，則

$$a^2+b^2=2(\overline{BM}^2+\overline{CM}^2) \tag{3}$$

或

$$2(a^2+b^2)=\overline{AC}^2+4\overline{BM}^2$$

注意：由(3)式我們也可以推導出(1)式。換言之，中線定理等價於平行四邊形定律。

推論（三角形的中線長的公式）

設 $\triangle ABC$ 三邊之長為 a, b, c，並且 c 邊上的中線為 m_c，則

$$m_c=\frac{1}{2}\sqrt{2(a^2+b^2)-c^2} \tag{4}$$

更上一層樓

平行四邊形已有明確的結果，我們自然想要推廣到一般的凸四邊形。

根據前述一些例子的觀察，對於一般凸四邊形的結論是：四邊的

平方和大於兩條對角線的平方和。更明確地說，對於平行四邊形以外的凸四邊形，如圖 7–11，我們猜測

$$x^2+y^2<a^2+b^2+c^2+d^2 \tag{5}$$

此式可以證明嗎？進一步，兩邊相差多少？差額可否精確表達？

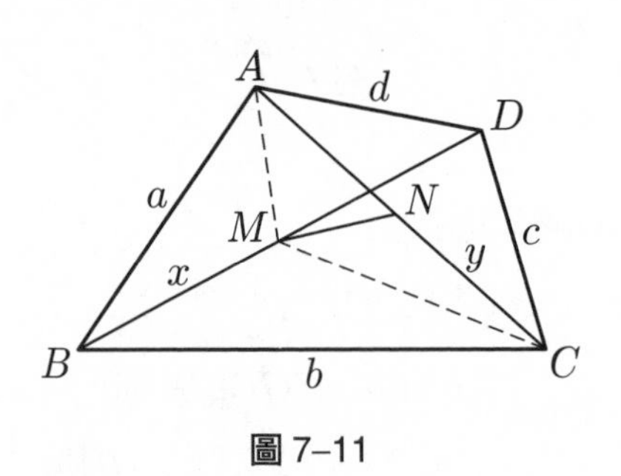

圖 7–11

為了利用三角形的中線定理，令 M 與 N 分別為對角線 $\overline{BD}$ 與 $\overline{AC}$ 的中點，連結 $\overline{MN}$，再作輔助線 $\overline{AM}$ 與 $\overline{CM}$，那麼在 $\triangle AMC$ 中，我們有

$$\overline{AM}^2+\overline{CM}^2=2(\overline{MN}^2+\overline{AN}^2)=2\overline{MN}^2+\frac{1}{2}y^2 \tag{6}$$

同理在 $\triangle ABD$ 與 $\triangle BCD$ 中，我們有

$$a^2+d^2=2(\overline{AM}^2+\overline{BM}^2)=2\overline{AM}^2+\frac{1}{2}x^2 \tag{7}$$

$$b^2+c^2=2(\overline{CM}^2+\overline{BM}^2)=2\overline{CM}^2+\frac{1}{2}x^2 \tag{8}$$

解出 $\overline{AM}^2$ 與 $\overline{CM}^2$，再代入(6)式，就得到下面美妙的結果：

定理 3（推廣的平行四邊形定律）

對於任意的四邊形，恆有

$$a^2+b^2+c^2+d^2=x^2+y^2+4\overline{MN}^2 \tag{9}$$

習 題

2. 對於凹四邊形(見圖 7–12)與交叉四邊形(見圖 7–13),相應的(9)式也成立,請讀者補足證明。

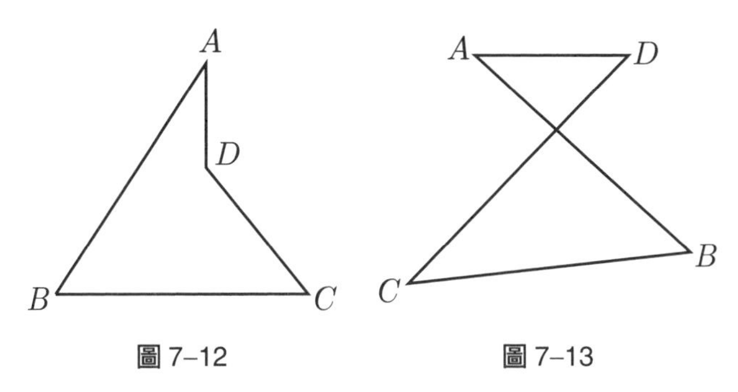

圖 7–12　　圖 7–13

上述定理 3 的一般結果,讓我們站在高點,視野寬廣,看得更清楚。我們知道平行四邊形兩條對角線的中點重合;反過來若四邊形的兩條對角線之中點重合(此時 $\overline{MN}=0$),則為平行四邊形。這就是下面的結果:

定理 4(平行四邊形的刻劃)

一個四邊形為平行四邊形的充要條件是四邊的平方和等於兩條對角線的平方和。

推論

對於任意四邊形,恆有

$$a^2+b^2+c^2+d^2 \geq x^2+y^2 \tag{10}$$

並且等號成立的充要條件是四邊形為平行四邊形。

我們再把問題推廣到三維空間的四面體，類似於推廣的平行四邊形定律之結果也成立：

定理 5

在圖 7–14 中，設 $ABCD$ 為空間中的四面體，M 與 N 分別為 $\overline{BD}$ 與 $\overline{AC}$ 的中點，則

$$\overline{AB}^2+\overline{BC}^2+\overline{CD}^2+\overline{DA}^2=\overline{AC}^2+\overline{BD}^2+4\overline{MN}^2 \tag{11}$$

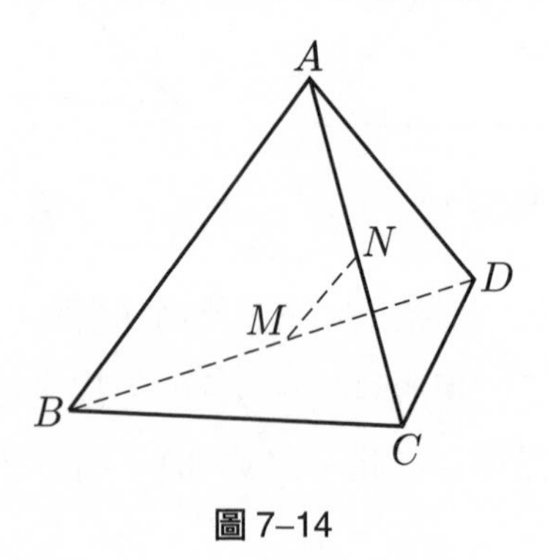

圖 7–14

習 題

3. 上述定理的證明與定理 3 類似，請讀者加以完成。

寧低勿高

任何數學結果都不是孤立的，它有推廣的一面，也有類推的一面，更有特殊化的一面，跟周圍有許多接點。

現在我們就來觀察平行四邊形定律的特殊化情形。

在圖 7–15 中，想像 D 點移動至與 A 點重合，此時 $\overline{AD}$ 退化為 0，$\overline{CD}$ 與 $\overline{AC}$ 重合，$\overline{BD}$ 與 $\overline{AB}$ 也重合，於是四邊形 $ABCD$ 化約為 $\triangle ABC$（見圖 7–16），並且 $\overline{MN}$ 變成 $\triangle ABC$ 的兩邊中點連線。相應地，(9)式就化約為

$$\overline{AB}^2+\overline{BC}^2+\overline{CA}^2=\overline{AB}^2+\overline{AC}^2+4\overline{MN}^2$$

從而，$\overline{BC}=2\overline{MN}$

另外我們還可以證明 $\overline{MN}$ 平行於 $\overline{BC}$

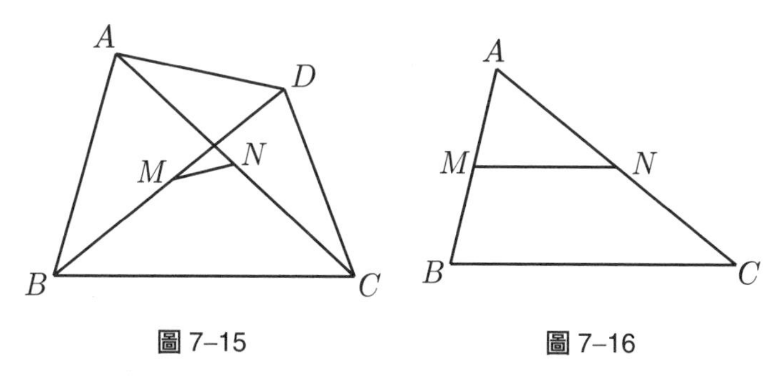

圖 7–15　圖 7–16

定理 6（三角形兩邊中點連線定理）

三角形兩邊中點的連線等於底邊的一半並且平行於底邊。

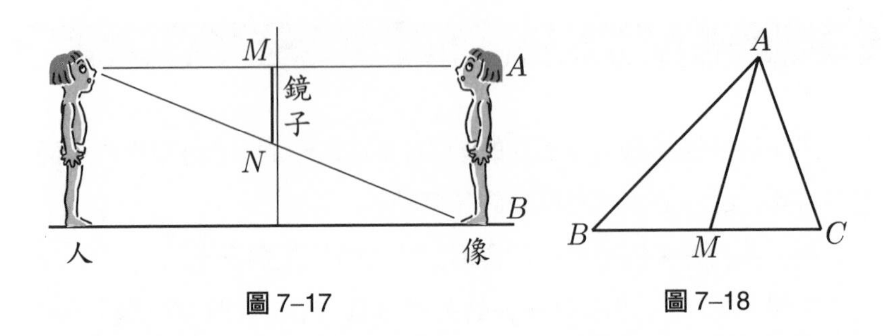

圖 7–17

圖 7–18

為了使牆壁上的鏡子能夠照出全身，這個定理可以用來決定鏡子的長度：只需鏡子的長度是身高的二分之一就夠了，見圖 7–17。

其次，我們考慮三角形退化為一直線的情形。在圖 7–18 中，M 為 $\overline{BC}$ 的中點，想像 A 點移動至落在底邊 $\overline{BC}$ 上，得到圖 7–19 的四種情形，無論如何中線的結果都成立：

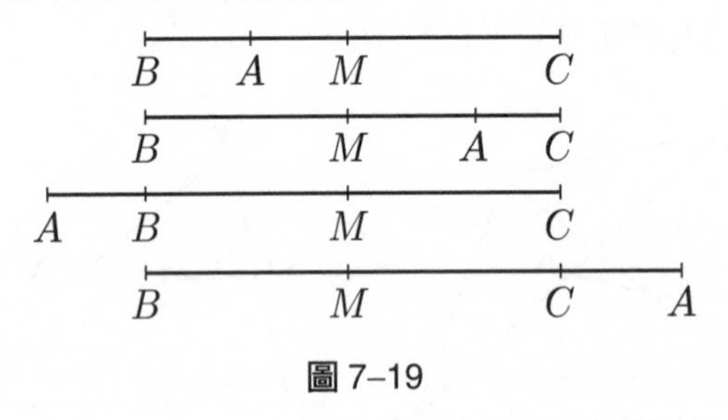

圖 7–19

定理 7

在圖 7–19 中，假設 M 為 $\overline{BC}$ 的中點，並且 A 為 $\overline{BC}$ 上任一點，則

$$\overline{AB}^2+\overline{AC}^2=2(\overline{AM}^2+\overline{BM}^2) \tag{12}$$

接著考慮四邊形退化為一直線的情形。在圖 7–20 中，想像 A 與 D 點移動至落在底邊 $\overline{BC}$ 直線上，我們只列出其中的一種情形，見圖 7–21，那麼推廣的平行四邊形定律的結果仍然成立：

定理 8

在圖 7–21 中，假設 M 與 N 分別為 $\overline{BD}$ 與 $\overline{AC}$ 的中點，則

$$\overline{AB}^2+\overline{BC}^2+\overline{CD}^2+\overline{DA}^2=\overline{AC}^2+\overline{BD}^2+4\overline{MN}^2 \tag{13}$$

習 題

4. 試證明定理 7 與定理 8。

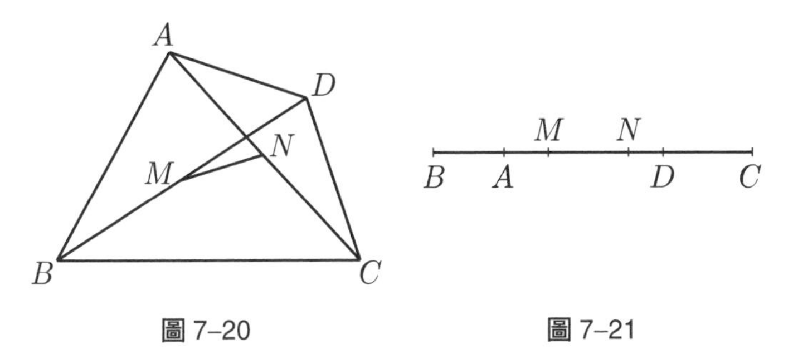

圖 7–20　　圖 7–21

向量幾何

在向量幾何學裡有兩種形式的平行四邊形法則：其一是兩個向量（或兩個作用力）的相加按平行四邊形法則來操作，見圖 7–22；其二是本章所述的平行四邊形定律

$$\|\vec{a}+\vec{b}\|^2+\|\vec{a}-\vec{b}\|^2=2(\|\vec{a}\|^2+\|\vec{b}\|^2) \tag{14}$$

見圖 7–23，其中 $\|\vec{a}\|$ 表示向量 $\vec{a}$ 的長度（或範數，norm）。

牛頓力學有三大運動定律：第一定律是慣性定律；第二定律是 $\vec{F}=m\vec{a}$（$\vec{F}$ 為作用力，$\vec{a}$ 為加速度）；第三定律是作用與反作用定律，每一作用力都伴隨有一個反作用力，大小相同，方向相反。筆者曾見

過一本力學的書，將「兩個作用力相加的平行四邊形法則」列為第四定律。這是有道理的，因為人類要認清作用力與運動之間的正確關係以及兩力作用一物體的合成規律，都是相當困難的，費去人類約兩千餘年的時間。當人類正確掌握這兩件事情，就是力學建立完成的時候。

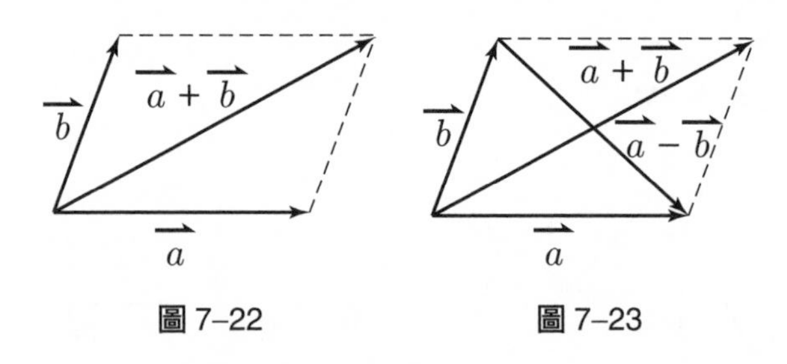

圖 7–22　圖 7–23

另一方面，在高等數學（泛函分析）中，平行四邊形定律扮演著一個很重要的角色。一個具有範數結構的向量空間，如果範數滿足平行四邊形定律，那麼我們就可以定義一個內積 (inner product)，使得原向量空間成為一個內積空間。事實上，內積空間是研究幾何學與分析學的絕佳場地，甚至也是量子力學的數學基礎。

俯視山河足底生

由畢氏定理出發，居然可以走出一條清幽小徑，值得我們整理成下面的圖 7–24。

雖然了解無止境，但是我們可以經由不斷地加深拓廣，不斷地錘煉連結，而達到達文西 (da Vinci, 1452～1519) 所說的「無上妙趣，了悟之樂」，這是做數學經常可以得到的報酬。

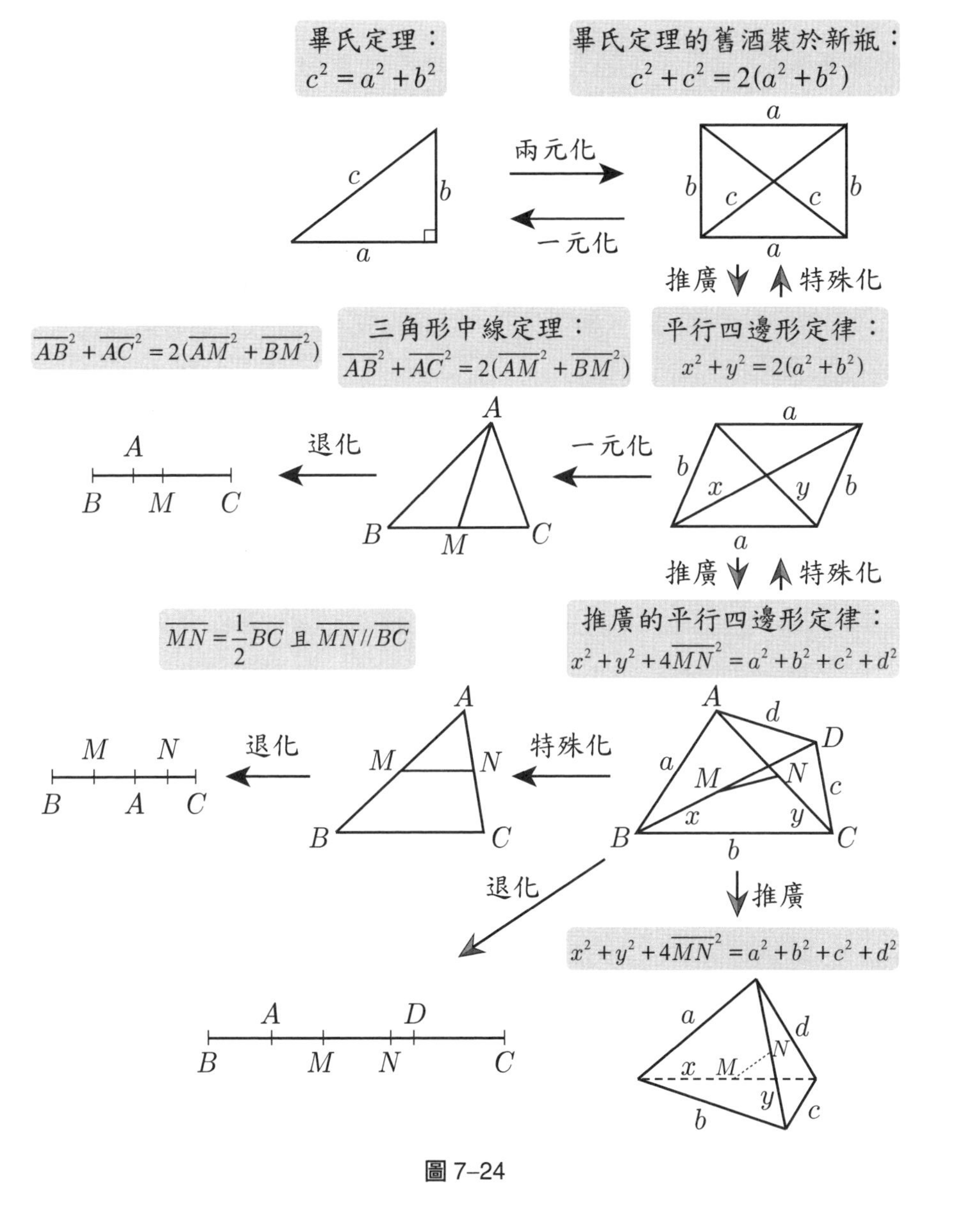

畢氏定理：
$c^2 = a^2 + b^2$
畢氏定理的舊酒裝於新瓶：
$c^2 + c^2 = 2(a^2 + b^2)$
兩元化
一元化
推廣
特殊化
三角形中線定理：
$\overline{AB}^2 + \overline{AC}^2 = 2(\overline{AM}^2 + \overline{BM}^2)$
平行四邊形定律：
$x^2 + y^2 = 2(a^2 + b^2)$
$\overline{AB}^2 + \overline{AC}^2 = 2(\overline{AM}^2 + \overline{BM}^2)$
退化
一元化
推廣
特殊化
$\overline{MN} = \frac{1}{2}\overline{BC}$ 且 $\overline{MN} // \overline{BC}$
推廣的平行四邊形定律：
$x^2 + y^2 + 4\overline{MN}^2 = a^2 + b^2 + c^2 + d^2$
退化
特殊化
退化
推廣
$x^2 + y^2 + 4\overline{MN}^2 = a^2 + b^2 + c^2 + d^2$

圖 7–24

coffee hours

人只是如一枝蘆葦，是自然界最脆弱的東西，但是人是會思想的蘆葦。

我們可以想像一個人沒有手，沒有腳，沒有頭，但是我不能想像一個人沒有思想；否則他只是石頭、草木或獸類。讓我們善用思想吧！思想讓人獲得尊嚴。思想構成人的偉大。直覺與理性是人的天性之兩種標記。

——巴斯卡——

詠蘆葦

哦，蘆葦
會思想的蘆葦！

會詠嘆的蘆葦，
可製成蘆笛的蘆葦，
柔弱勝剛強的蘆葦。

全身都是纖維，
只有一條脊椎，
滿頭是灰白，
在星空下熠熠生輝。

聽潘恩 (Pan) 蘆笛吹奏，
山泉水邊傳清音。

8　餘弦定律的一個推廣

平面的三角形與空間的四面體具有特殊與普遍的關係。三角形擁有餘弦定律，如何將它推廣到四面體的情形？

假設 $\triangle ABC$ 的三邊為 a, b, c（圖 8–1），由餘弦定律知：

$$a^2 = b^2 + c^2 - 2bc\cos A \tag{1}$$

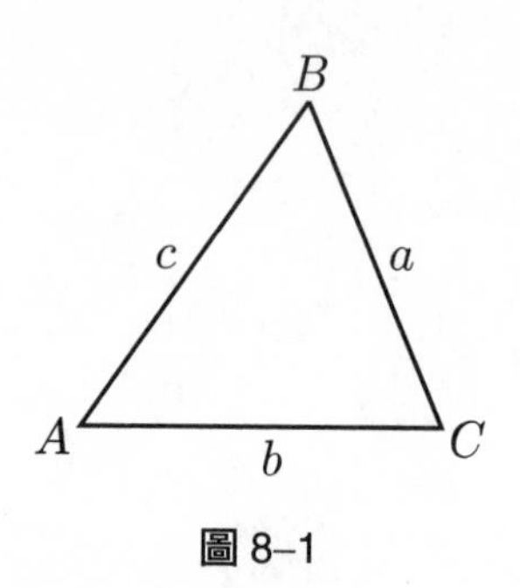

圖 8–1

改用向量的記號來表達就是

$$\left\|\overrightarrow{BC}\right\|^2 = \left\|\overrightarrow{AC}\right\|^2 + \left\|\overrightarrow{AB}\right\|^2 - 2\left\|\overrightarrow{AC}\right\|\cdot\left\|\overrightarrow{AB}\right\|\cos A \tag{2}$$

或者

$$2\left\|\overrightarrow{AC}\right\|\cdot\left\|\overrightarrow{AB}\right\|\ \cos A = \left\|\overrightarrow{AC}\right\|^2 + \left\|\overrightarrow{AB}\right\|^2 - \left\|\overrightarrow{BC}\right\|^2 \tag{3}$$

其中 $\left\|\overrightarrow{AB}\right\|$ 表示向量 $\overrightarrow{AB}$ 的長度。

根據內積的定義

$$\vec{u}\cdot\vec{v} = \left\|\vec{u}\right\|\cdot\left\|\vec{v}\right\|\cos\theta$$

其中 θ 為 $\vec{u}$ 與 $\vec{v}$ 之夾角，那麼(3)式又可寫成

$$2\overrightarrow{AC}\cdot\overrightarrow{AB} = \left\|\overrightarrow{AC}\right\|^2 + \left\|\overrightarrow{AB}\right\|^2 - \left\|\overrightarrow{BC}\right\|^2 \tag{4}$$

注意：當 $\overrightarrow{AC}\perp\overrightarrow{AB}$ 時，(4)式化約為

$$\left\|\overrightarrow{AC}\right\|^2 + \left\|\overrightarrow{AB}\right\|^2 = \left\|\overrightarrow{BC}\right\|^2 \tag{5}$$

這是畢氏定理的結論。

從特殊產生普遍

接著，我們考慮空間中的四面體 $ABCD$（圖 8–2 (b)），這可以看作是平面三角形 ABC 的推廣（圖 8–2 (a)），因為當 D 漸漸靠近 A，最後重合時，四面體 $ABCD$ 就退化為 $\triangle ABC$。

問題

如何將適用於 $\triangle ABC$ 的(4)式推廣到四面體 $ABCD$ 的情形？

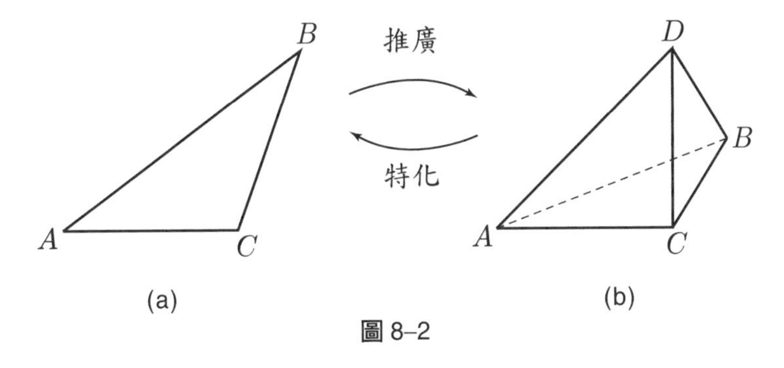

圖 8–2

在四面體 $ABCD$ 中，當 $D=A$ 時，$\overline{AD}=0$, $\overline{DB}=\overline{AB}$, $\overline{DC}=\overline{AC}$；反過來，在 $\triangle ABC$ 中，若由 A 點分裂出 D 點，則生出線段 $\overline{AD}$，並且 $\overline{AB}$ 與 $\overline{AC}$ 分別生出 $\overline{DB}$ 與 $\overline{DC}$。因此，若要探討(4)式的推廣，那麼我們應將(4)式的左項 $2\overrightarrow{AC}\cdot\overrightarrow{AB}$ 修改為 $2\overrightarrow{AC}\cdot\overrightarrow{DB}$。

現在我們就嘗試來計算 $2\overrightarrow{AC}\cdot\overrightarrow{DB}$。在圖 8–2 (b) 中，任取一點 O，當作原點，則

$$\overrightarrow{AC}=\overrightarrow{OC}-\overrightarrow{OA},\ \overrightarrow{DB}=\overrightarrow{OB}-\overrightarrow{OD}$$

於是由內積的運算律得

$$
\begin{aligned}
&2\overrightarrow{AC}\cdot\overrightarrow{DB}\\
&=2(\overrightarrow{OC}-\overrightarrow{OA})\cdot(\overrightarrow{OB}-\overrightarrow{OD})\\
&=2(\overrightarrow{OC}\cdot\overrightarrow{OB}+\overrightarrow{OA}\cdot\overrightarrow{OD}-\overrightarrow{OC}\cdot\overrightarrow{OD}-\overrightarrow{OA}\cdot\overrightarrow{OB})\\
&=\left\|\overrightarrow{OB}-\overrightarrow{OA}\right\|^2+\left\|\overrightarrow{OD}-\overrightarrow{OC}\right\|^2-\left\|\overrightarrow{OC}-\overrightarrow{OB}\right\|^2-\left\|\overrightarrow{OD}-\overrightarrow{OA}\right\|^2\\
&=\left\|\overrightarrow{AB}\right\|^2+\left\|\overrightarrow{CD}\right\|^2-\left\|\overrightarrow{BC}\right\|^2-\left\|\overrightarrow{AD}\right\|^2
\end{aligned}
$$

定理（餘弦定律的一種推廣）

設 A, B, C, D 為空間四點，則有

$$2\overrightarrow{AC}\cdot\overrightarrow{DB}=\left\|\overrightarrow{AB}\right\|^2+\left\|\overrightarrow{CD}\right\|^2-\left\|\overrightarrow{BC}\right\|^2-\left\|\overrightarrow{AD}\right\|^2 \qquad (6)$$

注意：當 $D=A$ 時，(6)式就化約為(4)式，亦即(6)式是餘弦定律的推廣。

另一方面，在圖 8–2 的推廣與特化中，相應的面積與體積公式也值得互相對照：

三角形的面積……………………四面體的體積

$$S=\frac{1}{2}b\cdot h \qquad\qquad V=\frac{1}{3}B\cdot h$$

其中 b 為底邊長，B 為底面積，h 為高。

從普遍觀照特殊

由畢氏定理推廣到餘弦定律已是「更上一層樓」；又從餘弦定律推廣到(6)式，這是「更更上一層樓」。

一般而言，當我們站在更高點時，視野變寬廣了，可以看到更多有趣的特例。

推論 1

在四面體 $ABCD$ 中，恆有

$$\overline{AC} \perp \overline{DB} \Leftrightarrow \overline{AB}^2 + \overline{CD}^2 = \overline{BC}^2 + \overline{AD}^2$$

推論 2

在梯形 $ABCD$ 中（圖 8–3），恆有

$$e^2 + f^2 = b^2 + d^2 + 2ac \tag{7}$$

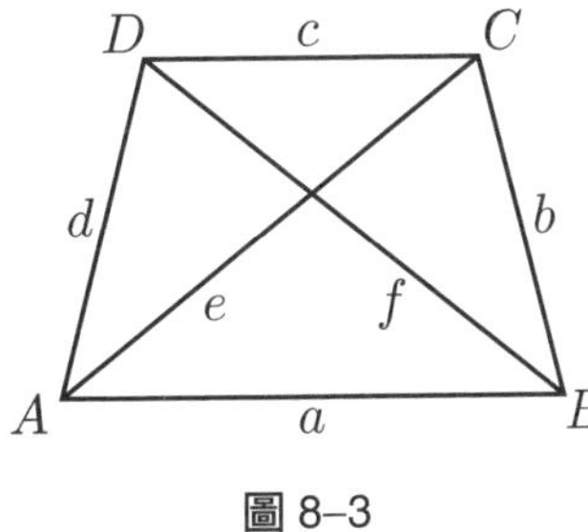

圖 8–3

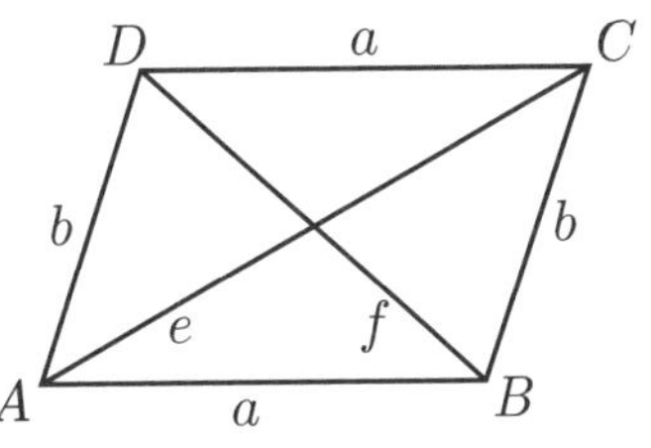

圖 8–4

推論 3（平行四邊形定律）

在平行四邊形 $ABCD$ 中（圖 8–4），恆有

$$e^2 + f^2 = 2(a^2 + b^2) \tag{8}$$

推論 4（三角形的中線定理）

在 $\triangle ABC$ 中，設 m_a 為 $\overline{BC}$ 邊上的中線（圖 8–5），則

$$a^2 + 4m_a^2 = 2(b^2 + c^2) \tag{9}$$

或

$$m_a^2 = \frac{1}{4}(2b^2 + 2c^2 - a^2) \tag{10}$$

注意：同理我們也有

$$m_b^2=\frac{1}{4}(2a^2+2c^2-b^2) \tag{11}$$

$$m_c^2=\frac{1}{4}(2a^2+2b^2-c^2) \tag{12}$$

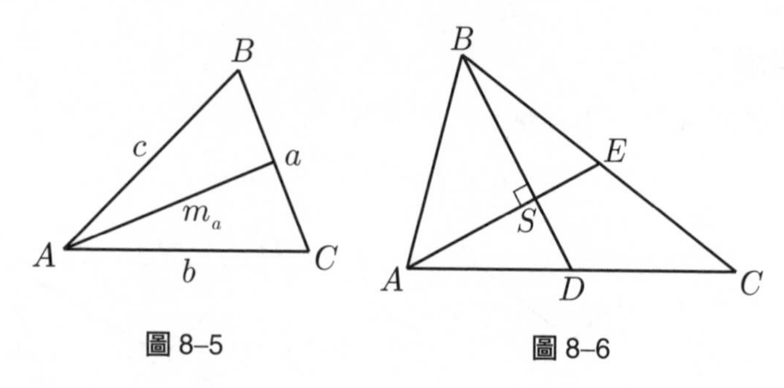

圖 8–5　　圖 8–6

推論 5

在 $\triangle ABC$ 中，假設 S 為重心（圖 8–6），則

$$\overline{AS}\perp\overline{BS}\Leftrightarrow a^2+b^2=5c^2$$

證明

由推論 1 知

$$\overline{AS}\perp\overline{BS}\Leftrightarrow\overline{BE}^2+\overline{AD}^2=\overline{AB}^2+\overline{DE}^2$$

$$\Leftrightarrow(\frac{1}{2}a)^2+(\frac{1}{2}b)^2=c^2+(\frac{1}{2}c)^2$$

$$\Leftrightarrow a^2+b^2=5c^2$$

習　題

設 $\vec{u},\vec{v}$ 為兩個向量，試證

$$\vec{u}\cdot\vec{v}=\frac{1}{4}(\|\vec{u}+\vec{v}\|^2-\|\vec{u}-\vec{v}\|^2)$$

結　語

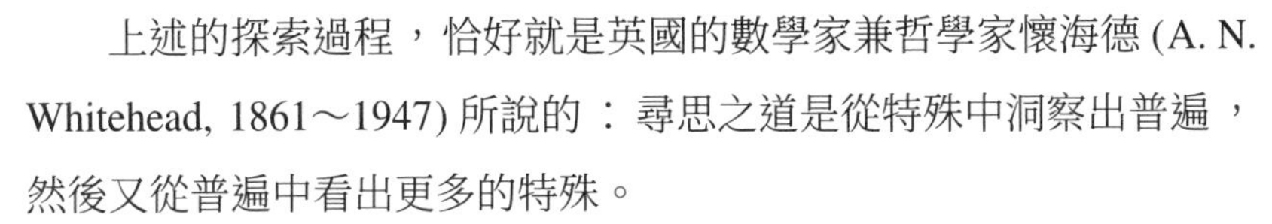

上述的探索過程，恰好就是英國的數學家兼哲學家懷海德 (A. N. Whitehead, 1861～1947) 所說的：尋思之道是從特殊中洞察出普遍，然後又從普遍中看出更多的特殊。

換言之，我們從一棵樹出發，見出一片林，再從一片林之中，認識各別的每一棵樹，達到「見樹也見林」的境地。

coffee hours

英國數學家 Augustus De Morgan (1806～1871) 有許多美妙的話語，讓我們欣賞其中三則：

1. The moving power of mathematical invention is not reasoning but imagination.
（推動數學進展的力量不是推理，而是想像力。）
2. I have expressed my wish to have a thermometer of probability, with impossibility at one end, as 2 and 2 make 5, and necessity at the other as 2 and 2 make 4...
（De Morgan 夢想要有機率溫度計，可隨時測量隨機事件、甚至人間的命運，真好玩！不過只有上帝才有這支溫度計吧。）

3. Great fleas have little fleas upon their backs to bite'em,
   And little fleas have lesser fleas, and so ad infinitum.
   And the great fleas themselves, in turn have greater fleas to go on;
   While these again have greater still, and greater still, and so on.
   大跳蚤的背上有小跳蚤在咬牠們，
   小跳蚤的背上又有更小的跳蚤，如此永不止息。
   大跳蚤騎在更大的跳蚤身上，又有更更大的跳蚤繼續下去；
   大中還有更大，再大，再再大，永不止息。
   （這要表達數學的無窮小與無窮大這兩個極端）

以無窮大或天文尺度（當分母）來看任何事物（當分子），結果都會變成 0 或無窮小，微不足道。反過來，以 0 或無窮小的尺度（當分母）來看任何事物（當分子），結果會變成無窮大，或任何可能。這兩個極端的眼光都要謹記在心。

9　弦音飄飄話正弦

三角學有三個核心結果：和角公式、正弦定律與餘弦定律。本章我們要來談正弦定律的尋思過程。

三角形的邊與角的關係，大家最熟悉的有正弦定律、餘弦定律與正切定律。本章將由正弦定律切入，考察它的周邊數學，尤其我們要強調思索的理路以及相關結果的連貫。

每個數學定理（或公式）都生長而且開花在邏輯網路 (logical net) 中的某一個交會點，而不是孤立的，這是數學的美妙處之一。

正弦定律：設 a, b, c 為 $\triangle ABC$ 的三邊，R 為其外接圓的半徑，則我們有

$$\frac{a}{\sin A}=\frac{b}{\sin B}=\frac{c}{\sin C}=2R \tag{1}$$

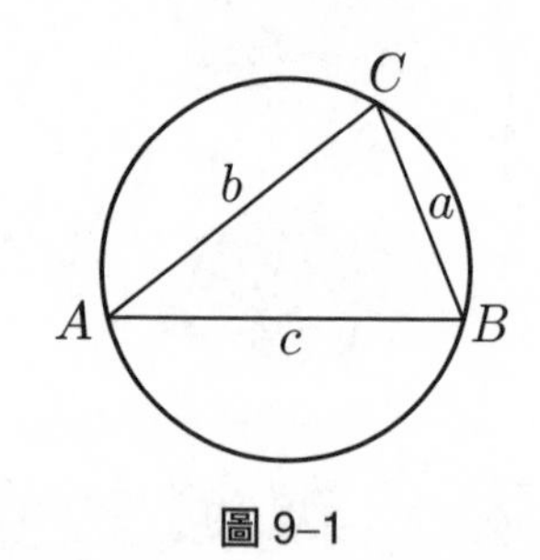

圖 9–1

這個結果告訴我們：三角形的邊越大，則對角也越大；兩邊相等，則兩個對角也相等。這讓我們來到了歐氏平面幾何的驢橋定理，我們就由此出發，作一番尋幽探徑吧。

從驢橋到正弦定律

定理 1（驢橋定理）

在 $\triangle ABC$ 中，若 $a=b$，則 $\angle A=\angle B$。

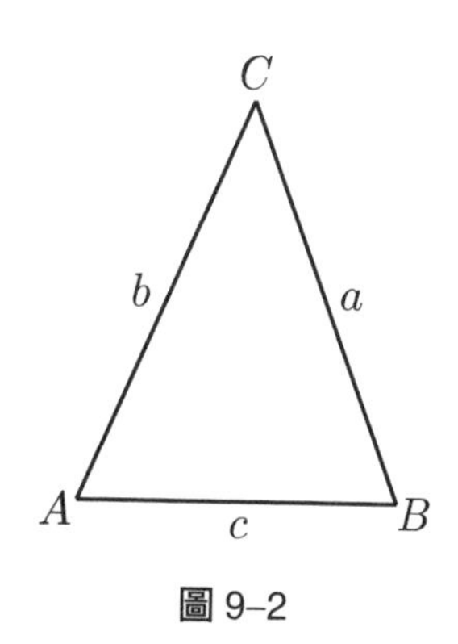

圖 9–2

這是歐幾里德《幾何原本》第一卷的第五命題。由於歐氏將此定理放在這麼前面，故證明時能夠使用的工具就非常少。從而，我們可以想像得到，歐氏所給出的證明相當「麻煩」，令許多初學幾何的人，讀到第五命題就遇到難關，像一頭笨驢過不了一座橋一樣，因此這個定理被後人稱之為「驢橋定理」(the bridge of asses)。

上述定理的逆定理也成立：

定理 2

在 $\triangle ABC$ 中，若 $\angle A=\angle B$，則 $a=b$。

將定理 1 與定理 2 結合起來就是：

定理 3

在 $\triangle ABC$ 中，$a=b \Leftrightarrow \angle A=\angle B$。

等價地，我們有：

定理 4

在 $\triangle ABC$ 中，$a\neq b \Leftrightarrow \angle A\neq\angle B$。

更細緻地說，我們就有：

定理 5（大邊對大角與大角對大邊定理）

在 $\triangle ABC$ 中，$a>b \Leftrightarrow \angle A>\angle B$。

有了定理 5 的結果，我們自然會猜測，三角形的邊與對角成比例：

$$\frac{a}{\angle A}=\frac{b}{\angle B}=\frac{c}{\angle C} \tag{2}$$

但是這個猜測是錯的，這只需用一個特例 30°-60°-90° 的直角三角形檢驗一下就知道了。大邊對大角是對的，但是邊與對角並不成比例！什麼是對的呢？由角度的弧度定義立知：

定理 6（弧角定律）

如圖 9–1，我們有

$$\frac{\overset{\frown}{AB}}{\angle C}=\frac{\overset{\frown}{BC}}{\angle A}=\frac{\overset{\frown}{CA}}{\angle B}=2R \tag{3}$$

原來是弧與對角才成比例，而且比值為外接圓的直徑。更進一步，我們看出，在(3)式中，將弧改為弦，並且將對角改為對角的正弦，就得到正弦定律：

$$\frac{\overline{AB}}{\sin C}=\frac{\overline{BC}}{\sin A}=\frac{\overline{CA}}{\sin B}=2R \tag{4}$$

反過來，將 sin 去掉，再將弦改為弧，就得到弧角定律，即(3)式。這使我們對正弦定律，尤其是正弦 sin 的作用，有更深刻的認識：弧之於角就相當於弦之於角的正弦。這我們不妨稱之為正弦的弦音！

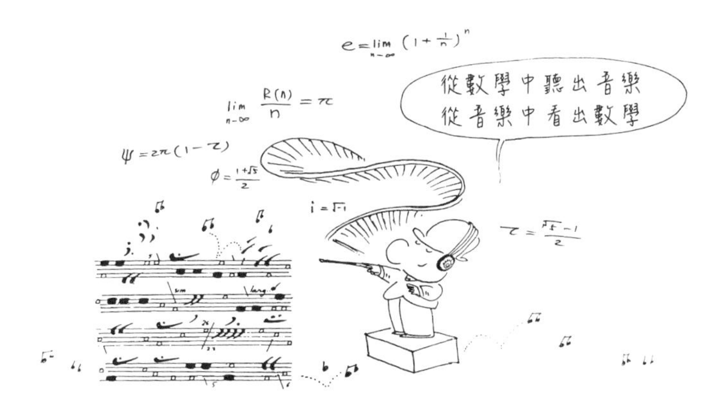

另一形式的「大邊對大角」

定理 7

在 $\triangle ABC$ 與 $\triangle A'B'C'$ 兩個三角形中，若 $a=a'$ 且 $b=b'$，則

$$c=c' \Leftrightarrow \angle C=\angle C'$$

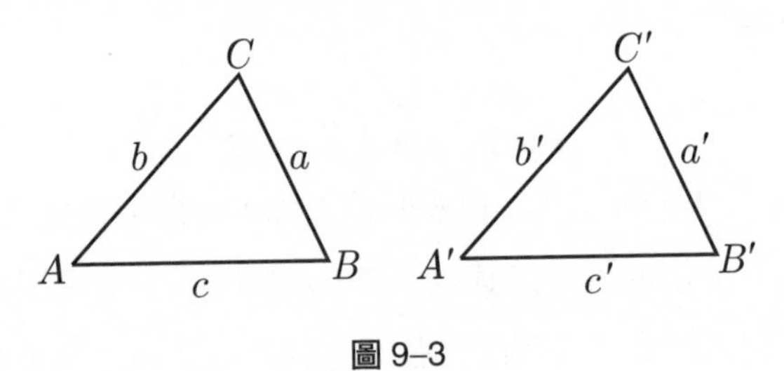

圖 9–3

顯然 “$\Rightarrow$” 就是三角形的 S.S.S. 全等定理，而 “$\Leftarrow$” 則是三角形的 S.A.S. 全等定理。

推論

在 $\triangle ABC$ 與 $\triangle A'B'C'$ 兩個三角形中，若 $a=a'$ 且 $b=b'$，則

$$c\neq c' \Leftrightarrow \angle C\neq\angle C'$$

更精確地說，我們有：

定理 8（大邊對大角定理）

設 $\triangle ABC$ 與 $\triangle A'B'C'$ 為兩個三角形，若 $a=a'$ 且 $b=b'$，則

(i) $c>c' \Leftrightarrow \angle C>\angle C'$

(ii) $c<c' \Leftrightarrow \angle C<\angle C'$

更進一步，我們要問：在 $\triangle ABC$ 中，當 a 與 b 兩邊固定時，c 邊與 $\angle C$ 的關係是什麼？

我們有如下精確的定量 (quantitative) 結果：

$$c = 2R\sin C \text{（正弦定律）}$$

或

$$c^2 = a^2 + b^2 - 2ab\cos C \text{（餘弦定律）}$$

從畢氏定理到餘弦定律

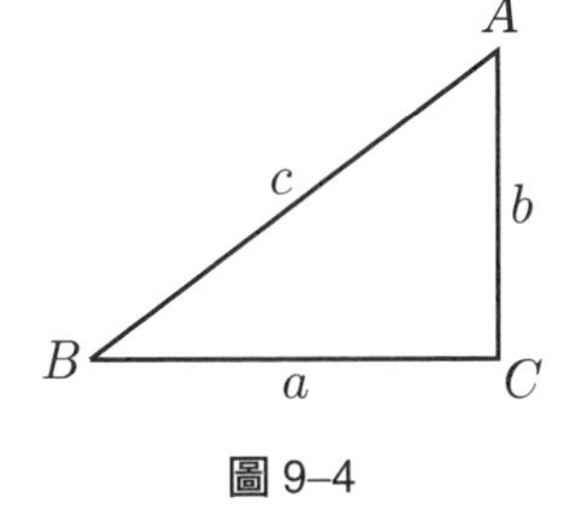

圖 9–4

定理 9（畢氏正逆定理）

在 $\triangle ABC$ 中，設 a, b, c 為其三邊，則

$$\angle C = 90^\circ \Leftrightarrow c^2 = a^2 + b^2$$

推論

在 $\triangle ABC$ 中，設 a, b, c 為其三邊，則

$$\angle C \neq 90^\circ \Leftrightarrow c^2 \neq a^2 + b^2$$

定理 10

在 $\triangle ABC$ 中，設 a, b, c 為其三邊，則

(i) $\angle C > 90^\circ \Leftrightarrow c^2 > a^2 + b^2$

(ii) $\angle C < 90^\circ \Leftrightarrow c^2 < a^2 + b^2$

接著，我們自然會問：對於一般的 $\triangle ABC$（$\angle C \neq 90°$ 者），c^2 與 a^2+b^2 相差多少？

顯然，$c^2-(a^2+b^2)$ 跟 $\angle C$ 有關，正確答案就是：

定理 11（餘弦定律）

設 $\triangle ABC$ 為任意三角形，則

$$c^2=a^2+b^2-2ab\cos C$$

同理，由對稱性的考慮，我們也有：

$$a^2=b^2+c^2-2bc\cos A$$

$$b^2=c^2+a^2-2ca\cos B$$

就這樣，餘弦定律一舉通吃了畢氏正逆定理以及定理 10。

力學的平行類推

值得順便一提的是，類似於上述的思路過程，在力學中也有異曲同工之妙的發展。

(1)古希臘的亞里斯多德觀察到一個靜止的物體，用力推它就產生運動，不推它，很快又恢復靜止，所以他歸結出：

$$\text{作用力 } \vec{F}=0 \Leftrightarrow \text{速度 } \vec{v}=0$$

這等價於

$$\vec{F}\neq 0 \Leftrightarrow \text{速度 } \vec{v}\neq 0$$

從而得到亞里斯多德的運動定律

$$\vec{F}=m\vec{v}$$

其中 m 表物體的質量。

⑵兩千年後，伽利略才發現亞里斯多德的結論是錯的。由此可見發現錯誤是多麼困難的一件事！首先伽利略提出正確的慣性定律：

$$\vec{F}=0 \Leftrightarrow \vec{v}\text{ 為常向量 } \Leftrightarrow \text{ 加速度 } \vec{a}=0$$

用白話來說就是：如果一個物體不受外力作用，則靜者恆靜，動者恆以等速度作直線運動。事實上，這等價於

$$\vec{F}\neq 0 \Leftrightarrow \vec{a}\neq 0$$

⑶牛頓進一步將 $\vec{F}$ 與 $\vec{a}$ 以最簡單的成正比的關係連結起來，提出牛頓的第二運動定律：

$$\vec{F}=m\vec{a} \tag{5}$$

此外，牛頓還獨創第三運動定律：一個物體受到一個外力的作用，必產生一個反作用力，大小相同，但方向相反。上述三個運動定律合起來（慣性定律又叫牛頓第一運動定律），就建立了牛頓力學，從而導致十七世紀科學革命之誕生。而亞里斯多德的力學是常識性的力學，是錯的，伽利略和牛頓才真正掌握到運動的祕密。這給我們啟示：理未易察，科學是精煉的常識，數學亦然。

奇妙的 $(\sin\theta/\theta)$ 之出現

現在回到正弦定律。由(3)與(4)兩式得到（見圖 9–5）

$$\frac{\widehat{AB}}{\alpha}=2R=\frac{\overline{AB}}{\sin\alpha}$$

從而

$$\frac{\sin\alpha}{\alpha}=\frac{\overline{AB}}{\widehat{AB}} \tag{6}$$

天文學家托勒密（Claudius Ptolemy，約 85～165）為了天文測量的需要，編製一個弦表（相當於今日的正弦函數表），即對於圓心角 θ，從 0° 開始，以 0.5° 的間隔，到 180°，列出全弦 $\overline{AB}$ 之長，我們記為 $\mathrm{Crd}(\theta)$，見圖 9–5。

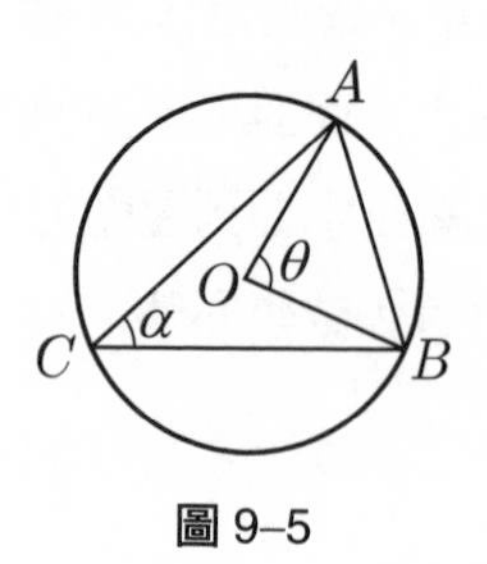

圖 9–5

在做這件工作時，托勒密用到了一個重要的不等式：

定理 12（托勒密的弦弧不等式）

如圖 9–5，若弦 $\overline{AB}$ < 弦 $\overline{AC}$，並且 $\widehat{AB}$ 與 $\widehat{AC}$ 是相應的劣弧，則

$$\frac{\overline{AB}}{\widehat{AB}}>\frac{\overline{AC}}{\widehat{AC}} \tag{7}$$

這個不等式看起來相當直觀自明，見圖 9–5，托勒密稱之為「小小補題」，但有數學史家稱讚它是托勒密最大的成就之一。

1. 托勒密求得 $\mathrm{Crd}(0.75°)=0.0131$ 與 $\mathrm{Crd}(1.5°)=0.0262$，利用(7)式就可以知道 $\mathrm{Crd}(1°)$ 滿足下式：

$$\frac{\mathrm{Crd}(0.75°)}{0.75}>\frac{\mathrm{Crd}(1°)}{1}>\frac{\mathrm{Crd}(1.5°)}{1.5}$$

所以 $\mathrm{Crd}(1°)=0.0175$ (8)

習　題

利用(8)式估計 π 之值。

由(6)式知，定理 12 等價於下面的結果

定理 13

若 $0<\alpha<\beta\leq\frac{\pi}{2}$，則

$$\frac{\sin\alpha}{\alpha}>\frac{\sin\beta}{\beta}$$

這裡出現了一個大名鼎鼎的函數 $\frac{\sin\theta}{\theta}$。上述(7)式表示 $\frac{\sin\theta}{\theta}$ 在 $(0,\frac{\pi}{2}]$ 上是一個嚴格遞減函數。

正弦定律的眼光

正弦定律提供我們更深刻與統合的眼光，可以推導出許多結果，並且看得更清楚。下面我們舉幾個例子（讀者應可找出更多的例子）：

例 題

2. （正切定律）在 $\triangle ABC$ 中，恆有

$$\frac{a+b}{a-b}=\frac{\tan(\frac{A+B}{2})}{\tan(\frac{A-B}{2})} \tag{9}$$

（輪換可得三式）

3. 三角形的大邊對大角定理，即定理 5。
4. 驢橋定理，即定理 1。
5. 圓周角定理，即同弧所對應的圓周角皆相等（又叫做舞臺定理）。
6. 相似三角形定理，即兩個三角形若三個內角對應相等，則三個對應邊成比例。
7. 餘弦定律：$c^2=a^2+b^2-2ab\cos C$。

提示：因為 $c=2R\sin C$ 等等，故只需證明，在 $A+B+C=180°$ 之下，$\sin^2 C=\sin^2 A+\sin^2 B-2\sin A\sin B\cos C$。

事實上，我們進一步可以證明：正弦定律、餘弦定律以及投影定律：

$$\begin{cases} a = c\cos B + b\cos C \\ b = a\cos C + c\cos A \\ c = b\cos A + a\cos B \end{cases}$$

三者是互相等價的。

以上諸例以及本章中的定理，讀者應可自行補上證明。

從前在陽明山往瀑布區有一個觀景臺，入口兩側的石柱上寫著：

笑看星斗樽前落

俯視山河足底生

可惜現在已經消失了。

山徑的落葉

一片蓋著一片

雨打著雨

一瓣落花

飛回它的舊枝？

原來是一隻蝴蝶！

10　$\sqrt{2}$ 為無理數的證明

數學最讓我欣喜的是，事物能夠被證明。

(What delighted me most about mathematics was that things could be proved.)

——羅素——

$\sqrt{2}$ 為無理數，這是古希臘畢氏學派的偉大發現，是歸謬證法的典範。一方面，它震垮了畢氏學派的幾何原子論以及幾何學的算術化研究綱領，導致數學史上的第一次危機。另一方面，它也讓古希臘人發現到連續統 (continuum) 並且直接面對到「無窮」(infinity)，使得往後的數學家、哲學家為了征服無窮而忙碌至今，收穫非常豐富。

對於宇宙、人生之謎，佛家有所謂的 25 證道法門。換言之，一個深刻的事物往往可以從各種角度與觀點來論證。對於「$\sqrt{2}$ 為無理數」，我們一共蒐集了 28 種證法（有些是大同小異），其中的第十二種與第十三種是筆者自己的證法，至少在文獻上不曾見過（也許是筆者孤陋寡聞）。在數量上，雖然比不上畢氏定理的 370 種證法，但是 28 種已夠驚人了（28 是第二個完美數，$28 = 1 + 2 + 4 + 7 + 14$）。這些證法牽涉到數學各方面的概念，弄清楚它們，有助於加深與增廣對於數學的了解，並且可將零散的知識統合在一起。

奇偶論證法

$\sqrt{2}$ 只有兩種情形：有理數 (rational number) 或者不是有理數。不是有理數就叫做無理數 (irrational number)。因此，我們立下正、反兩個假說：

$$H_1：\sqrt{2} \text{ 為有理數}；H_2：\sqrt{2} \text{ 為無理數}。$$

到底是哪一個成立呢？如何證明？

欲證 H_2 成立，我們不易直接著手，所以改由 H_1 切入。

換言之，我們假設「$\sqrt{2}$ 為有理數」，先投石問路一番，看看會得出什麼邏輯結論。

證法 1

假設 $\sqrt{2}$ 為有理數，故 $\sqrt{2}$ 可以寫成

$$\sqrt{2}=\frac{a}{b} \tag{1}$$

其中 a 與 b 為兩個自然數並且互質。將上式平方得

$$a^2=2b^2 \tag{2}$$

所以 a^2 為偶數，從而 a 亦為偶數。令

$$a=2m$$

其中 m 為某一自然數，於是

$$2b^2=a^2=(2m)^2=4m^2$$

或者

$$b^2=2m^2$$

因此，b^2 為偶數，故 b 亦為偶數。這就跟 a 與 b 互質的假設互相矛盾，所以「$\sqrt{2}$ 為有理數」不成立，從而得證「$\sqrt{2}$ 為無理數」。

這是一般教科書上最常見的證法，我們稱之為反證法或歸謬法 (reductio ad absurdum)。

算術基本定理

質數 2, 3, 5, 7, 11, 13, … 相當於自然的「原子」(不可分解之意)，算術基本定理是說：任何大於 1 的自然數都可以唯一分解成質數的乘積。這跟「萬物都是由原子組成的」具有平行的類推。

欲證 $\sqrt{2}$ 為無理數，我們仍然採用歸謬法。假設 $\sqrt{2}$ 為有理數，即 $\sqrt{2}=\frac{a}{b}$，其中 a 與 b 為自然數，則 $a^2=2b^2$。

首先我們注意到：$b>1$ 且 $a>1$。因為若 $b=1$，則 $a^2=2$，但是 2 不是平方數，故 $b=1$ 不成立，於是 $b>1$。又因為 $\sqrt{2}>1$，故 $a>1$。

其次，由算術基本定理知，

$$a=p_1^{\alpha_1}p_2^{\alpha_2}\cdots p_n^{\alpha_n}$$

$$b=q_1^{\beta_1}q_2^{\beta_2}\cdots q_m^{\beta_m}$$

其中 $p_1, \cdots, p_n$ 與 $q_1, \cdots, q_m$ 皆為質數且 $\alpha_1, \cdots, \alpha_n, \beta_1, \cdots, \beta_m$ 皆為自然數。再由 $a^2=2b^2$ 得到

$$p_1^{2\alpha_1}p_2^{2\alpha_2}\cdots p_n^{2\alpha_n}=2q_1^{2\beta_1}q_2^{2\beta_2}\cdots q_m^{2\beta_m} \tag{3}$$

證法 2

觀察(3)式中的 2，左項的 2 為偶次方，但右項的 2 為奇次方，這是一個矛盾。

證法 3

在(3)式中，左項有偶數個質數（計較重複度），右項有奇數個質數，這也是一個矛盾。

無論如何，我們由歸謬法證明了 $\sqrt{2}$ 為無理數。

無窮下降法

這可以有三種變化的證法。

證法 4

假設(1)式成立。因為

$$1<\sqrt{2}=\frac{a}{b}<2$$

所以 $a>b$，故存在自然數 q 使得

$$a=b+q$$

由 $a^2=2b^2$ 得 $\quad 2b^2=a^2=(b+q)^2=b^2+2bq+q^2$

消去 b^2 得 $\quad b^2=2bq+q^2$

所以 $\quad b>q$

於是存在自然數 p 使得 $\quad b=q+p$

從而 $\quad a=b+q=(q+p)+q=2q+p$

又由 $a^2=2b^2$ 得 $\quad (2q+p)^2=2(q+p)^2$

展開化簡得 $\quad p^2=2q^2 \qquad (4)$

至此，我們由兩個自然數 a 與 b 出發，求得另外兩個較小的自然數 p 與 q，滿足

$$a>b>p>q$$

在形式上，(4)式和(2)式完全相同，故可採用上述方法，重複做下去，就得到自然數所成的遞減的無窮數列

$$a>b>p>q>\cdots \qquad (5)$$

但這是不可能的，因為不存在這種數列。 ☆

證法 5

對於第一種證法，筆者遇見過有人不滿意一開始就假設 a 與 b 互質，那麼我們就改為如下的論證。

假設 $\sqrt{2}=\dfrac{a}{b}$ 為有理數，我們得知 a 與 b 皆為偶數。令 $a=2a_1$, $b=2b_1$，則 $\sqrt{2}=\dfrac{a_1}{b_1}$。同理可證 a_1 與 b_1 也都是偶數，令 $a_1=2a_2$, $b_1=2b_2$。如此這般，不斷做下去，我們就得到遞減的自然數列

$$a > a_1 > a_2 > \cdots \text{ 與 } b > b_1 > b_2 > \cdots \tag{6}$$

但這是一個矛盾，因為自然數不能無止境地遞減下去。☆

證法 6

假設 $\sqrt{2} = \frac{a}{b}$，其中 a 與 b 為自然數，代入等式

$$\sqrt{2} + 1 = \frac{1}{\sqrt{2} - 1}$$

得到
$$\frac{a}{b} + 1 = \frac{1}{(\frac{a}{b}) - 1} = \frac{b}{a - b}$$

所以
$$\sqrt{2} = \frac{a}{b} = \frac{b}{a-b} - 1 = \frac{2b - a}{a - b} = \frac{a_1}{b_1} \tag{7}$$

其中 $a_1 = 2b - a$ 且 $b_1 = a - b$。

今因 $1 < \sqrt{2} = \frac{a}{b} < 2$，乘以 b 得

$$b < a < 2b$$

於是
$$0 < 2b - a \quad 且 \quad 2b < 2a$$

從而
$$a_1 = 2b - a < a$$

由(7)式知
$$\sqrt{2} = \frac{a_1}{b_1}$$

並且 $0 < a_1 < a$。重複上述的過程，又可得

$$\sqrt{2} = \frac{a_2}{b_2} \quad 且 \quad a_2 < a_1$$

總之，我們可以得到自然數所成的無窮數列

$$a > a_1 > a_2 > a_3 > \cdots > 0$$

但這是一個矛盾。☆

進位法

利用三進位法，也可以證明 $\sqrt{2}$ 為無理數。

證法 7

假設 $\sqrt{2}$ 為有理數，則 $\sqrt{2}=\frac{a}{b}$，其中 a 與 b 為自然數。於是 $a^2=2b^2$。今將 a 與 b 用三進位法表達時，顯然 a^2 與 b^2 最後一位非零的數字必為 1，但是 $2b^2$ 之最後一位非零數字為 2。因此，a^2 不可能等於 $2b^2$，這是一個矛盾。 ☆

證法 8

假設 $\sqrt{2}$ 為有理數，亦即 $\sqrt{2}=\frac{a}{b}$，其中 a 與 b 為自然數且互質。在三進位記數法中，a 與 b 的個位數字為 0, 1 或 2，所以 a^2 與 b^2 之個位數字必為 0 或 1，從而 $2b^2$ 之個位數字為 0 或 2。由 $a^2=2b^2$ 可知，a^2 與 $2b^2$ 之個位數字必為 0，於是 a 的個位數字為 0。另一方面，b^2 的個位數字也是 0，從而 b 的個位數字為 0。換言之，a 與 b 不互質，這是一個矛盾。 ☆

證法 9

設 $\sqrt{2}=\frac{a}{b}$，且 a 與 b 互質，則 $a^2=2b^2$。a 與 b 的個位數字可能為 0, 1, 2, 3, 4, 5, 6, 7, 8 或 9，於是 a^2 與 b^2 的個位數字可能為 0, 1, 4, 5, 6 或 9，而 $2b^2$ 的個位數字可能為 0, 2 或 8。由 $a^2=2b^2$ 可知，a^2 與 $2b^2$ 的個位數字必為 0，從而 a 的個位數字為 0，且 b^2 的個位數字為 0 或 5，所以 b 的個位數字為 0 或 5。因此，a 與 b 可被 5 整除，這跟 a 與 b 互質的假設矛盾，故 $\sqrt{2}$ 為無理數。 ☆

完全平方數

證法 10

設 $\sqrt{2}$ 為有理數，故 $\sqrt{2}$ 可以寫成 $\sqrt{2}=\frac{a}{b}$，其中 a 與 b 為互質的自然數，於是 $a^2=2b^2$。這表示 b^2 可以整除 a^2，從而 b 可以整除 a。因為 a 與 b 互質，所以只好 $b=1$。因此 $\sqrt{2}=a$，或 $2=a^2$，亦即 2 為一個完全平方數，這是一個矛盾，故 $\sqrt{2}$ 為無理數。☆

注意：當我們推得 $b=1$ 時，就已跟 $b>1$ 矛盾。另一方面，我們仿上述的證法可以證明：若 $\sqrt{n}$ 為有理數，則 n 為完全平方數。

輾轉相除法

求兩個整數之最大公因數最常用輾轉相除法（又叫做歐氏算則）。由此可衍生出一個美妙的結果：

定理 1

若 a, b 的最大公因數為 d，則存在兩個整數 r, s 使得

$$d=ar+bs \tag{8}$$

證法 11

設 $\sqrt{2}=\frac{a}{b}$ 且 a, b 互質，則 $a=\sqrt{2}b,\ \sqrt{2}a=2b$，根據上述定理知，存在兩個整數 m, n，使得 $1=am+bn$。於是

$$\begin{aligned}\sqrt{2}&=\sqrt{2}\cdot 1=\sqrt{2}(am+bn)\\&=(\sqrt{2}a)m+(\sqrt{2}b)n=2bm+an\end{aligned}$$

為一個整數，這是一個矛盾。☆

畢氏三元數公式

我們知道，方程式

$$x^2+y^2=z^2$$

的所有正整數解為

$$\begin{cases} x=\ell(m^2-n^2) \\ y=\ell(2mn) \\ z=\ell(m^2+n^2) \end{cases} \tag{9}$$

其中 ℓ, m, n 皆為自然數且 $m>n$。

$\sqrt{2}$ 起源於等腰直角三角形的斜邊與一股的比值，要證明 $\sqrt{2}$ 為無理數，只需證明不存在正整數邊的等腰直角三角形就好了。

我們仍然利用歸謬法，假設存在有正整數邊的等腰直角三角形，亦即存在自然數 $\ell, m, n, m>n$，滿足

$$\ell(m^2-n^2)=\ell(2mn) \tag{10}$$

證法 12

由(10)式得到

$$m^2-(2n)m-n^2=0$$

解得

$$m=\frac{2n\pm\sqrt{4n^2+4n^2}}{2}=n(1\pm\sqrt{2})$$

負根不合，故

$$m=n(1+\sqrt{2})$$

我們再證明：$n(1+\sqrt{2})$ 永不為自然數。這就得到一個矛盾，而完成證明。令集合

$$S=\{n \mid n(1+\sqrt{2})\in\mathbb{N} \text{ 且 } n\in\mathbb{N}\}$$

如果 S 為空集合，則證明完畢。因此，我們考慮 $S\neq\varnothing$（空集合）的情形。由良序性原理（即任何非空的自然數子集必有一最小元素，這等價於數學歸納法）可知，S 有一最小元素，令其為 u。

由 S 的定義知 u 與 $u(1+\sqrt{2})$ 皆為自然數。考慮 $u(\sqrt{2}-1)$。顯然

$$u(\sqrt{2}-1)<u$$

並且

$$u(\sqrt{2}-1)=u(1+\sqrt{2})-2u\in\mathbb{N}$$

$$u(\sqrt{2}-1)(1+\sqrt{2})=u\in\mathbb{N}$$

再由 S 的定義知，$u(\sqrt{2}-1)\in S$。這跟 u 的最小性矛盾，故 $\sqrt{2}$ 為無理數。☆

證法 13

由(10)式得到

$$(m-n)^2=2n^2,\ m>n \tag{11}$$

因此，$(m-n)^2$ 為偶數，從而 $(m-n)$ 也是偶數。令 $m-n=2p_1$，代入(11)式得到

$$2p_1^2=n^2 \tag{12}$$

故 n^2 為偶數，從而 n 也是偶數。因此，m 與 n 都是偶數。

令 $n=2q_1$，代入(12)式得到

$$p_1^2=2q_1^2$$

於是 p_1^2 為偶數，從而 p_1 也是偶數。按此要領不斷做下去，我們就得到偶數所成的兩個數列

$$m > p_1 > p_2 > \cdots$$

$$n > q_1 > q_2 > \cdots$$

這是不可能的，故 $\sqrt{2}$ 為無理數。

良序性原理

一個分數有無窮多的化身，例如 $\frac{2}{3} = \frac{4}{6} = \frac{6}{9} = \frac{20}{30} = \cdots$ 等等。

今假設 $\sqrt{2}$ 為有理數，即 $\sqrt{2} = \frac{a}{b}$。此時 a 與 b 皆有無窮多個可能值。令 A, B, C 表示分子、分母與 $a+b$ 之全體所成的集合，亦即

$$A = \{a \mid \sqrt{2} = \frac{a}{b}; a, b \in \mathbb{N}\}$$

$$B = \{b \mid \sqrt{2} = \frac{a}{b}; a, b \in \mathbb{N}\}$$

$$C = \{a+b \mid \sqrt{2} = \frac{a}{b}; a, b \in \mathbb{N}\}$$

由良序性原理知，A, B, C 皆有最小元素，分別令其為 $a, b, a+b$。

今因為 $a^2 = 2b^2$，所以 $a^2 - ab = 2b^2 - ab$，亦即 $a(a-b) = b(2b-a)$，從而 $\sqrt{2} = \frac{a}{b} = \frac{2b-a}{a-b}$，故 $\sqrt{2}$ 有新的表示法 $\frac{2b-a}{a-b}$。

但是，由 $1 < \sqrt{2} = \frac{a}{b} < 2$，可知 $b < a < 2b$。從而

$$2b - a < a \tag{13}$$

$$a - b < b \tag{14}$$

$$(2b-a) + (a-b) < a + b \tag{15}$$

證法 14

⒀式與 a 之最小性抵觸，故 $\sqrt{2}$ 為無理數。

證法 15

⒁式與 b 之最小性抵觸，故 $\sqrt{2}$ 為無理數。

證法 16

⒂式與 $a+b$ 之最小性抵觸，故 $\sqrt{2}$ 為無理數。

證法 17

假設 $\sqrt{2}$ 為有理數，則 $\sqrt{2}$ 可表成 $\sqrt{2}=\dfrac{a}{b}$，a 與 b 為自然數。於是 $a=b\sqrt{2}$，亦即 $b\sqrt{2}$ 為自然數。由良序性原理知，存在最小自然數 b_0 使得 $b_0\sqrt{2}$ 為自然數。

因為 $1<\sqrt{2}<2$，所以 $b_0\sqrt{2}-b_0<b_0$，並且

$$(b_0\sqrt{2}-b_0)\sqrt{2}=b_0-b_0\sqrt{2}\in\mathbb{N}$$

這就跟 b_0 的最小性矛盾，故 $\sqrt{2}$ 為無理數。

質因數論證法

利用質數 3 的特性，我們可以證明 $\sqrt{2}$ 為無理數。

補題 1

設 a, b 為自然數，則

$$3\,|\,(a^2+b^2)\Leftrightarrow 3\,|\,a \text{ 且 } 3\,|\,b$$

注意：記號 $a|b$ 表示 b 可被 a 整除。

證明

$\Leftarrow$) 是顯然的。

$\Rightarrow$) 因為 a 與 b 被 3 除的餘數為 0, 1 或 2，故 a^2 與 b^2 被 3 除的餘數為 0 或 1。現在假設 $3|(a^2+b^2)$，則 $3|a^2$ 且 $3|b^2$，從而 $3|a$ 且 $3|b$，證畢。 ☆

證法 18

假設 $\sqrt{2}=\frac{a}{b}$，且 a 與 b 為互質，則 $a^2=2b^2$。於是 $a^2+b^2=3b^2$，亦即 $3|(a^2+b^2)$。由補題知 $3|a$ 且 $3|b$，這跟 a 與 b 互質矛盾，故 $\sqrt{2}$ 為無理數。 ☆

證法 19

假設 $\sqrt{2}=\frac{a}{b}$，且 a 與 b 為互質，則 $a^2=2b^2$，因此 $b|a^2$。今若 $b>1$，由算術基本定理知，存在質數 p 使得 $p|b$，從而 $p|a^2$，故 $p|a$，於是 $\gcd(a,b)\geq p$，這是矛盾。若 $b=1$，則 $\sqrt{2}=a$，於是 $a^2=2$，這也是矛盾的，因為沒有一個自然數的平方會等於 2。 ☆

證法 20

假設 $\sqrt{2}=\frac{a}{b}$ 且 a 與 b 互質，則

$$a^2=2b^2 \text{ 或 } b^2=\frac{a}{2}\cdot a$$

顯然 $b>1$，由算術基本定理知，存在質數 p，使得 $p|b$。於是 $p|b^2$，從而 $p|(\frac{a}{2}\cdot a)$。由此得 $p|\frac{a}{2}$ 或 $p|a$，不論何者皆可得 $p|a$。因此，p 為 a 與 b 之公因數，這跟 a 與 b 互質矛盾，故 $\sqrt{2}$ 為無理數。 ☆

證法 21

假設 $\sqrt{2}=\dfrac{a}{b}$，且 a 與 b 互質，則 $a^2=2b^2$，或

$$b^2=a^2-b^2=(a+b)(a-b)$$

令 p 為 b 的一個質因數，則 $p|b^2$，從而 $p|(a+b)(a-b)$，於是

$$p|(a+b) \text{ 或 } p|(a-b)$$

因為 $p|b$，故 $p|a$。換言之，p 為 a 與 b 的公因數，這就跟 a 與 b 互質矛盾，所以由歸謬法知 $\sqrt{2}$ 為無理數。

方程式論的論證法

補題 2

若 $\dfrac{a}{b}$ 為既約的分數，則 $\dfrac{a^2}{b^2}$ 亦然。

證明

設 $\dfrac{a}{b}$ 為既約分數，則 a 與 b 互質。由算術基本定理知，a^2 與 b^2 亦互質，故 $\dfrac{a^2}{b^2}$ 也是既約分數。

定理 2

代數方程式

$$x^2=2,\ x>0 \tag{16}$$

既無自然數解，也無分數解。

證明

首先我們觀察平方數 1, 4, 9, 16, ⋯ 其中沒有 2，故⑯式沒有自然數解。

其次，設 $x=\frac{a}{b}$ 為⑯式的既約分數解，即 $\frac{a^2}{b^2}=2$。由補題知 $x^2=\frac{a^2}{b^2}$ 也是既約分數。但 $x^2=\frac{a^2}{b^2}=2$ 是自然數，而不是分數，這是一個矛盾，故⑯式沒有分數解。☆

證法 22

$\sqrt{2}$ 為 $x^2=2$ 的一個正數解，但由定理 2 知 $x^2=2$ 既無自然數解，也無分數解，故 $\sqrt{2}$ 為無理數。☆

定理 3（牛頓有理根定理）

整係數多項方程式

$$c_n x^n + c_{n-1}x^{n-1} + \cdots + c_1 x + c_0 = 0, \quad c_n \neq 0 \tag{17}$$

若存在有理根 $\frac{a}{b}$，並且 a 與 b 互質，則 $a|c_0$ 且 $b|c_n$。

證明

在⒄式中，以 $x=\frac{a}{b}$ 代入，再乘以 b^{n-1}。我們注意到 $\frac{c_n a^n}{b}$ 為一個整數。因為 a 與 b 互質，故 $b|c_n$。另一方面，以 $x=\frac{a}{b}$ 代入⒄式並且乘以 $\frac{b^n}{a}$。我們觀察到 $\frac{c_0 b^n}{a}$ 為一個整數，故 $a|c_0$。☆

推論

如果整係數方程式

$$x^n + c_{n-1}x^{n-1} + \cdots + c_1x + c_0 = 0$$

存在非零的有理根，則此根必為可整除 c_0 之整數。

證法 23

設 $\sqrt{2}$ 為有理數，亦即設 $\sqrt{2} = \frac{a}{b}$，a 與 b 互質，且 $b > 1$。考慮方程式 $x^2 - 2 = 0$，那麼 $x = \frac{a}{b}$ 為一個有理根。由定理 3 知 $b|1$ 且 $a|(-2)$，於是 $b = 1$，這跟 $b > 1$ 矛盾，故 $\sqrt{2}$ 為無理數。

補題 3

若存在 $n \in \mathbb{N}$ 使得 $\cos n\theta$ 為整數，則 $\cos\theta = 0, \pm\frac{1}{2}, \pm 1$ 或為無理數。

證明

由三角恆等式

$$2\cos 2\theta = (2\cos\theta)^2 - 2$$

$$2\cos(n+1)\theta = (2\cos\theta)2\cos n\theta - 2\cos(n-1)\theta$$

及數學歸納法可得知：對於每一個自然數 n，恆存在一個整係數 n 次多項式 $f_n(x)$，最高次項的係數為 1，使得 $f_n(2\cos\theta) = 2\cos n\theta$。

因此，若 $\cos n\theta$ 為一個整數，則 $2\cos\theta$ 為整係數多項方程式 $f_n(x) - 2\cos n\theta = 0$ 的一個根。由上述推論知 $2\cos\theta$ 為整數或無理數。因為 $2\cos\theta \le 2$ 故 $\cos\theta = 0, \pm\frac{1}{2}, \pm 1$ 或為無理數。

定理 4

設 $\theta = r\pi$，其中 r 為有理數，則

$$\cos\theta = 0, \pm\frac{1}{2}, \pm 1 \text{ 或為無理數}$$

證明

取 $n \in \mathbb{N}$ 使得 nr 為整數，則 $\cos\theta = \cos nr\pi = \pm 1$。當 nr 為偶數時，$\cos\theta = +1$；當 nr 為奇數時，$\cos\theta = -1$。由補題 3 知，在 $\theta = r\pi$ 之下，$\cos\theta = 0, \pm\frac{1}{2}, \pm 1$ 或為無理數。

證法 24

由定理 4 立知 $\cos(\frac{\pi}{4}) = \frac{\sqrt{2}}{2}$ 為無理數，從而 $\sqrt{2}$ 為無理數。

畢氏學派的弄石法

畢氏學派喜歡將自然數用小石子排成各種形狀，叫做有形數 (figurate numbers)，例如 1, 3, 6, 10, …，是三角形數：

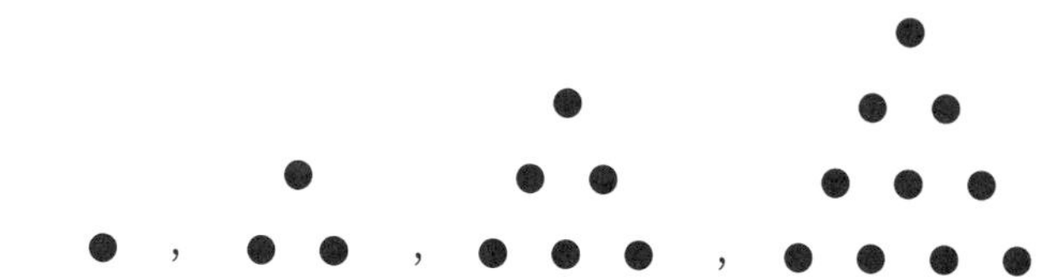

而 1, 4, 9, 16, …，是正方形數：

證法 25

若 $\sqrt{2}$ 為有理數，令 $\sqrt{2}=\frac{a}{b}$，則 $a^2=2b^2=b^2+b^2$，這表示一個較大的正方形數 a^2 必可重排成兩個相同的較小的正方形數 b^2+b^2。

如圖 10–1 所示，中間的正方形數 c^2 可重排成對角的兩個正方形數 d^2+d^2。容易看出

$$c=2b-a,\ d=a-b,\ (2b-a)^2=2(a-b)^2$$

按此要領繼續遞降下去，就會得到矛盾，因為

$$2^2\neq1^2+1^2,\ 3^2\neq2^2+2^2,\ 3^2\neq1^2+1^2$$

$$4^2\neq3^2+3^2,\ 4^2\neq2^2+2^2,\ 4^2\neq1^2+1^2$$

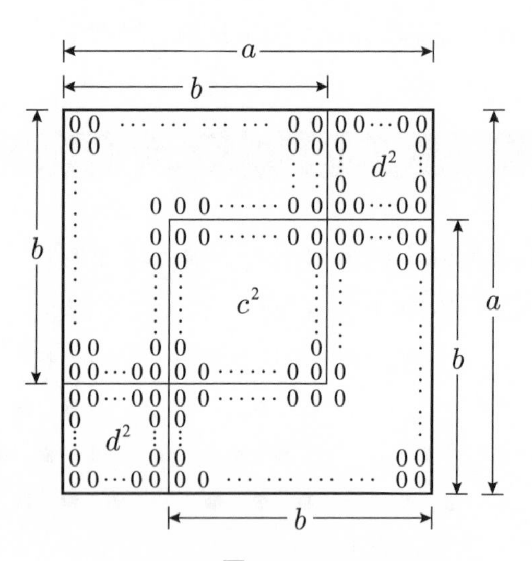

圖 10–1

無窮步驟論證法

兩線段 $\overline{AB}$ 與 $\overline{CD}$ 可共度 (commensurable) 是指，存在一個共度單位 $u>0$ 及自然數 a, b，使得

$$\overline{AB}=a\cdot u, \quad \overline{CD}=b\cdot u$$

最大的這種 u，叫做最大共度單位。共度單位與最大共度單位分別相當於公因數及最大公因數。顯然我們有

定理 5

兩線段 $\overline{AB}$ 與 $\overline{CD}$ 可共度的充要條件是比值 $\dfrac{\overline{AB}}{\overline{CD}}$ 為一個有理數。

給兩條線段 $\overline{AB}$ 或 $\overline{CD}$，假設 $\overline{AB}>\overline{CD}$，所謂輾轉互度法就是，從 $\overline{AB}$ 扣掉 $\overline{CD}$ 的整數倍，使得

$$\overline{CD}>\overline{AB}-m_1\overline{CD}\equiv\overline{A_1B_1}\geq 0$$

如果 $\overline{A_1B_1}=0$，則 $\overline{CD}$ 就是 $\overline{AB}$ 與 $\overline{CD}$ 的最大共度單位；否則，再從 $\overline{CD}$ 扣掉 $\overline{A_1B_1}$ 的整數倍，使得

$$\overline{A_1B_1}>\overline{CD}-m_2\overline{A_1B_1}\equiv\overline{A_2B_2}\geq 0$$

如果 $\overline{A_2B_2}=0$，則 $\overline{A_1B_1}$ 就是 $\overline{AB}$ 與 $\overline{CD}$ 的最大共度單位。按此要領不斷做下去，當求得最大共度單位時，就停止輾轉互度的操作。容易看出

定理 6

$\overline{AB}$ 與 $\overline{CD}$ 可共度的充要條件是經過有窮步驟的輾轉互度就可求得最大共度單位。

注意：輾轉互度法就是輾轉相除法也。

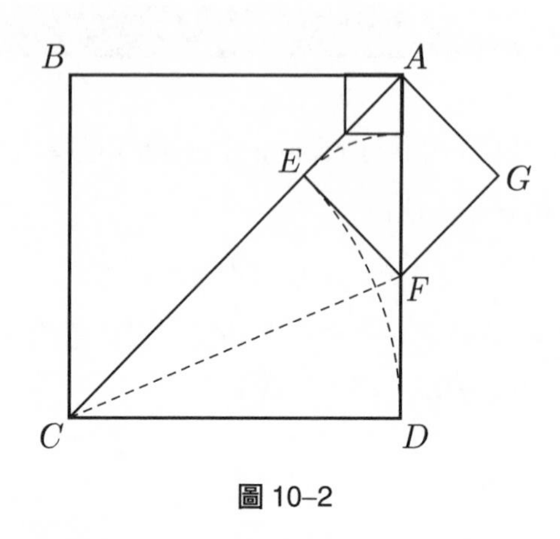

圖 10–2

現在我們考慮正方形 $ABCD$，見圖 10–2，則

$$\sqrt{2}=\frac{\overline{AC}}{\overline{CD}}$$

欲證 $\sqrt{2}$ 為無理數，根據定理 5 及定理 6，我們只需證明 $\overline{AC}$ 與 $\overline{CD}$ 作輾轉互度時，沒完沒了，即會涉及無窮步驟 (infinite processes)。

證法 26

我們作 $\overline{AC}$ 與 $\overline{CD}$ 的輾轉互度操作。在 $\overline{AC}$ 上取一點 E，使得 $\overline{CE}=\overline{CD}$。過 E 點作 $\overline{EF}$，垂直於 $\overline{AC}$ 並且交 $\overline{AD}$ 於 F 點。由作圖知 $\triangle CDF$ 與 $\triangle CEF$ 全等，故 $\overline{DF}=\overline{EF}$。又 $\triangle AEF$ 為等腰直角三角形，故 $\overline{AE}=\overline{EF}=\overline{DF}$。以 $\overline{AE}$ 為一邊作正方形 $AEFG$，則 $\overline{AE}=\overline{AC}-\overline{CD}$。再用 $\overline{AE}$ 去度 $\overline{CD}$，就是用 $\overline{DF}$ 去度 $\overline{AD}$，得到 $\overline{AD}-\overline{DF}=\overline{AF}$。接著變成 $\overline{AF}$ 與 $\overline{DF}$ 的互度，即 $\overline{AF}$ 與 $\overline{EF}$ 的互度。換言之，就是正方形 $AEFG$ 的對角線 $\overline{AF}$ 與一邊 $\overline{EF}$ 的輾轉互度，這個情形跟原先 $\overline{AC}$ 與 $\overline{CD}$ 的輾轉互度完全一樣，只是比例縮小而已。如此這般互度下去，沒完沒了，故 $\sqrt{2}$ 為無理數。 ☆

證法 27

將 $\sqrt{2}$ 展開成連分數

$$\sqrt{2}=1+(\sqrt{2}-1)=1+\frac{1}{\sqrt{2}+1}=1+\frac{1}{2+(\sqrt{2}-1)}$$
$$=1+\cfrac{1}{2+\cfrac{1}{\sqrt{2}+1}}=\cdots=1+\cfrac{1}{2+\cfrac{1}{2+\cfrac{1}{2+\cdots}}}$$

由連分數的理論知：無理數展開成連分數時，必為無窮的簡單連分數 (infinite simple continued fraction)；反之亦然。因此，$\sqrt{2}$ 為無理數。

☆

證法 28

假設 $\sqrt{2}$ 為有理數，則存在兩個自然數 $a, b, a>b$，使得 $a^2=2b^2$，亦即 $a:b=b:\frac{a}{2}$，此式可以圖解如下：作一個長方形 (a, b)，將它分割成兩半，得到兩個相同的小長方形 $(b, \frac{a}{2})$，那麼 (a, b) 與 $(b, \frac{a}{2})$ 相似，見圖 10–3。我們稱具有這種性質的長方形為正規的長方形 (normal rectangle)。

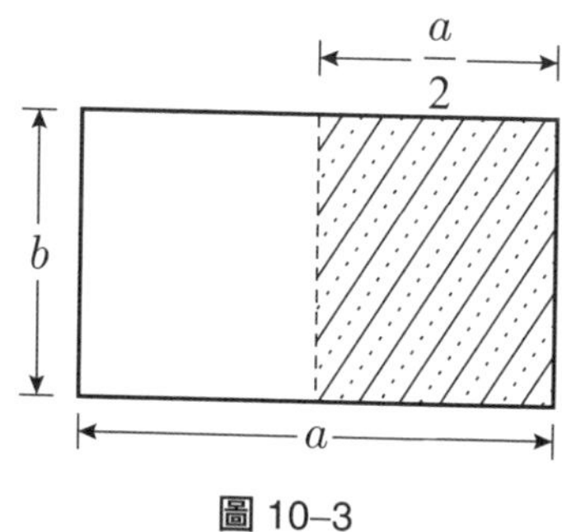

圖 10–3

另一方面，由 $a^2=2b^2$ 也可得 $(a+b)(a-b)=b^2$，亦即 $(a+b):b=b:(a-b)$。此式也可以圖解如下：取兩個相同的正規長方形 (a, b)，將其中一個的短邊 b 接在另一個的長邊 a 上，如圖 10–4。我們得到一個大長方形 $(a+b, b)$ 與一個小長方形 $(b, a-b)$，並且兩者相似。這種長方形我們稱為超正規長方形 (hyper-normal rectangle)。

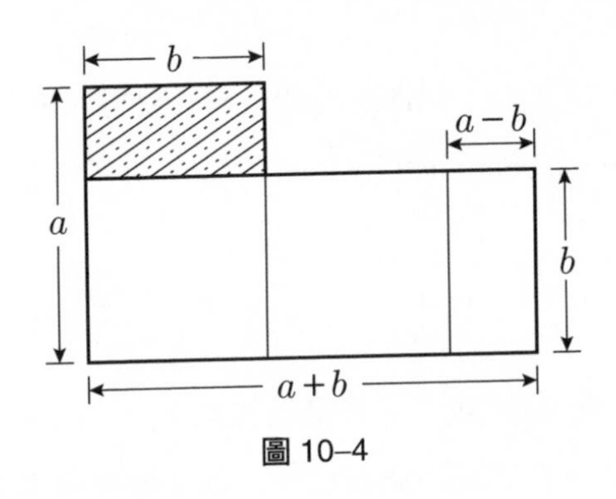

圖 10–4

換言之，將超正規長方形 $(a+b, b)$ 去掉兩個正方形 (b, b)，就得到一個更小的超正規長方形 $(b, a-b)$。

再將超正規長方形 $(b, a-b)$ 去掉兩個正方形 $(a-b, a-b)$，又得到一個更小的超正規長方形 $(a-b, 2b-a)$。每次所得的超正規長方形的邊長皆為自然數，而且越來越小。

仿上述辦法操作下去，沒完沒了，這是荒謬的，故 $\sqrt{2}$ 為無理數。

以上二十八種證法之間並非完全不同。事實上，第二十八種是第六種的圖解。所有的證法可以看作是歸謬法的主題變奏。

結　語

歸謬法是數學中一種非常重要的證明方法，更是思考的利器。根據數學史家 Sazabo 的看法，古希臘哲學家利用歸謬法，發現正方形的對角線與一邊不可共度（等價於 $\sqrt{2}$ 為無理數），迫使古希臘的幾何學走上公理演繹之路。因此，歸謬法在數學的發展史上扮演著關鍵性的角色。顯然，它不只是在數學中有用而已，例如伽利略就曾利用它來否證掉亞里斯多德的自由落體理論。

古希臘哲學家發明歸謬法，這是他們在作幾何分析 (geometric analysis) 的過程中，發現的一顆珍珠，一件精緻的論證武器。

畢氏學派大膽地假設任何兩線段皆可共度，從而幾何度量只會出現整數或整數比，而將幾何學成功地奠定在有理數的算術基礎上面。後來畢氏學派又發現 $\sqrt{2}$ 為無理數，這使得幾何學的地基鬆動。

數學家哈第在《一個數學家的辯護》（見參考資料 23）一書中，列舉了五個第一流的、漂亮的、真正的數學定理，其中一個就是「$\sqrt{2}$ 為無理數」，可見這個定理在哈第心目中的崇高地位。

古希臘數學家對 $\sqrt{2}$ 不只以求得近似估計，達到實用目的為滿足，他們更關心 $\sqrt{2}$ 是否為有理數與它的「本質」是什麼，並且堅持要有證明。這種不帶功利的「終極關懷」，為抽象的事物——理念、理想、真理而堅持到底的態度，恰是古希臘文明的特色，也是往後西方文明產生科學、民主與人權的胚芽 (germ)。

古希臘文明是西方文明的源頭，而歐氏幾何是希臘文明的精品。「$\sqrt{2}$ 為無理數」對於促成歐氏幾何的誕生具有不可磨滅的貢獻，對人類的歷史影響深遠。偉哉，$\sqrt{2}$！

俳句欣賞

日本最重要的俳句詩人是松尾芭蕉(1644～1694)，他是德川幕府時代的人，作品有《七部集》,《原野紀行》,《笈之小文》,《更科紀行》,《奧之細道》等等。

芭蕉說:「吾一生所吟之句，莫不以一句為辭世。」詳言之，人生沒有重複，生命的每一刻都只有一次，自己所詠唱的俳句都是遺言，都是辭世，由此可看出他的覺悟是多麼的具有深度。

芭蕉是一位安貧樂道的詩人。他對世事的無常有深刻的體悟，他慈愛眾生，視詩為實相的洞識，而不只是藝術或文學作品而已。他志在求得赤裸裸的真理與毫無做作的樸實，他永遠沉潛於絕對之美。

詩人擁有繆思女神的魔力，平凡事物經過詩人的撫觸立即化為神奇。因此，讀一首詩，如打開一扇窗，突然窺見一個美，一個靈悟，一個神奇。

十七音節的短詩，日本人稱之為俳句(haiku)，它是世界上最簡潔的文學──「用最少的文字表達最多的思想和感情」。俳句強調具體而反對空靈，要在生命的流變不息中把握當下的瞬間情趣(微分法亦然！)，它是東方文學的精華，是東方文化所綻放出的花朵。

俳句是以最適切且最經濟的詩句，描寫自然的一個片斷與一剎那的感興，如雷雨中的閃電，如寺廟的懸鐘，平時沉寂無聲，有人一叩，忽發清籟之音。

以下欣賞芭蕉的作品：

古老池塘
青蛙跳進——
撲通一聲！

英譯兩則：

The old pond
A frog jumps in—
Plop!

Breaking the silence
Of an ancient pond.
A frog jumped into water—
A deep resonance.

歷來對這首詩有許多詮釋，其中之一種：這是一首象徵性的神祕詩，寂靜的古老池塘，代表悟道前的長久默默準備，等待悟道的剎那，整個宇宙和人生的奧祕就在這撲通的一聲中解決了。水聲就是神的聲音，「古老」表示超越時間，池塘即是無限。悟道的人像青蛙，從「有涯」跳進永恆的「無涯」。

11　韓信點兵問題

數學的解題，包括問題、答案、求得答案的思路過程，以及過程中所結晶出來的普遍概念、方法和數學理論。只有答案與計算技巧的堆積無法顯現數學的妙趣。

在《孫子算經》裡（共三卷，據推測約成書於西元 400 年左右），下卷的第 26 題，就是鼎鼎有名的「孫子問題」：

今有物不知其數，三三數之剩二，五五數之剩三，七七數之剩二，問物幾何？

將它翻譯成白話：這裡有一堆東西，不知道有幾個；三個三個去數它們，剩餘二個；五個五個去數它們，剩餘三個；七個七個去數它們，剩餘二個；問這堆東西有幾個？精簡一點來說：有一個數，用 3 除之餘 2；用 5 除之餘 3；用 7 除之餘 2；試求此數。

用現代的記號來表達：假設待求數為 x，則孫子問題就是求解方程式：

$$\begin{cases} x=2 \pmod 3 \\ x=3 \pmod 5 \\ x=2 \pmod 7 \end{cases}$$

其中 $a=b \pmod n$ 表示 $a-b$ 可被 n 整除。

這個問題俗稱為「韓信點兵」（又叫做「秦王暗點兵」、「鬼谷算」、「隔牆算」、「翦管術」、「神奇妙算」、「大衍求一術」等等），它屬於數論 (number theory) 中的「不定方程問題」(indeterminate equations)。孫子給出答案：答日：二十三。

事實上，這是最小的正整數解答。他又說出計算技巧：

術日：三三數之剩二，置一百四十；五五數之剩三，置六十三；七七數之剩二，置三十。并之得二百三十三。以二百一十減之，即得。凡三三數之剩一，則置七十；五五數之剩一，則置二十一；七七數之剩一，則置十五。一百六以上，以一百五減之，即得。

這段話翻譯成數學式就是：

$$
\begin{aligned}
x &= 2\times 70 + 3\times 21 + 2\times 15 - 2\times 105 \\
&= 140 + 63 + 30 - 210 \\
&= 23
\end{aligned}
$$

此數是最小的正整數解。

為了凸顯 70、21、15、105 這些數目，明朝的程大位在《算法統宗》（1592 年）中，把它們及解答編成歌訣：

三人同行七十稀，五樹梅花廿一枝，
七子團圓正半月，除百零五便得知。

另外，在宋代已有人編成這樣的四句詩：

三歲孩兒七十稀，五留廿一事尤奇，
七度上元重相會，寒食清明便可知。

這些都流傳很廣。「上元」是指正月十五日，即元宵節，暗指「15」；而「寒食」是節令名，從冬至到清明，間隔 105 日，這段期間叫做「寒食」，故「寒食」暗指「105」。

本文我們要來探索韓信點兵問題的各種解法，它們的思路過程與背後所涉及的數學概念和方法。

觀察、試誤與系統列表

按思考的常理，面對一個問題，最先想到的辦法就是觀察、試誤 (trial and error)、投石問路、收集資訊，再經系統化處理，這往往就能

夠解決一個問題；即使不能解決，對該問題也有了相當的理解，方便於往後的研究或吸收新知。

首先考慮被 3 除之餘 2 的問題。正整數可被 3 整除的有 3, 6, 9, 12, …，所以被 3 除之餘 2 的正整數有 2, 5, 8, 11, 14, …。其次，被 5 除之餘 3 的正整數有 3, 8, 13, 18, …。最後，被 7 除之餘 2 的正整數有 2, 9, 16, 23, …。將其系統地列成表 11–1，以利觀察與比較。

我們馬上可從表 11–1 看出 23 是最小的正整數解。

被 3 除之餘 2	2, 5, 8, 11, 14, 17, 20, 23, 26 …
被 5 除之餘 3	3, 8, 13, 18, 23, 28, 33, 38, 43 …
被 7 除之餘 2	2, 9, 16, 23, 30, 37, 44, 51, 58 …

表 11–1

有一位四年級的小學生，他耐心地繼續計算下去，得到第二個答案是 128，第三個答案是 233，接著又歸納出一條規律：從 23 開始，逐次加 105 都是答案（這是磨練四則運算的好機會）。從而，他知道孫子問題有無窮多個解答。不過，小學生還沒有能力把所有的解答寫成一般公式：

$$x = 23 + 105 \cdot n, \quad n \in \mathbb{N}_0 \tag{1}$$

其中，$\mathbb{N}_0 = \{0, 1, 2, 3, \cdots\}$。

根據機率論，一隻猴子在打字機前隨機地打字，終究會打出《莎士比亞全集》，其機率為 1。這是試誤法中，最令人驚奇的一個例子。人為萬物之靈，使用試誤法當然更高明、更有效。總之，我們可以（且必須）從錯誤中學習。

分析與綜合

根據笛卡兒的解題方法論：面對一個難題，儘可能把它分解成許多部分，然後由最簡單、最容易下手的地方開始，一步一步地拾級而上，直到原來的難題解決。換言之，你問我一個問題，我就自問更多相關的問題，由簡易至複雜，鋪成一條探索之路。

現在我們考慮比孫子問題更一般的問題：

問題 1

試求出滿足下式之整數 x：

$$\begin{cases} x = 3q_1 + r_1,\ 0 \le r_1 < 3 \\ x = 5q_2 + r_2,\ 0 \le r_2 < 5 \\ x = 7q_3 + r_3,\ 0 \le r_3 < 7 \end{cases} \tag{2}$$

孫子問題是 $r_1 = 2,\ r_2 = 3,\ r_3 = 2$ 的特例：

$$\begin{cases} x = 3q_1 + 2 \\ x = 5q_2 + 3 \\ x = 7q_3 + 2 \end{cases} \tag{3}$$

為了求解這個特例，我們進一步考慮一連串更簡單的特例。基本上，這有兩個方向：剩餘為 0 或只有單獨一個方程式。

單獨一個方程式

欲求

$$x = 3q_1 + 2 \tag{4}$$

的整數解 x，顯然解答的全體為

$$S=\{\cdots, -7, -4, -1, 2, 5, \cdots\}$$

這些解答可以寫成一個通式：

$$x=3n+2, \quad n\in\mathbb{Z} \tag{5}$$

其中 $\mathbb{Z}$ 表示整數集。事實上，(5)式只是(4)的重述。

進一步，通解公式(5)也可以寫成

$$x=3n+5, \quad n\in\mathbb{Z} \quad \text{或} \quad x=3n+(-4), \quad n\in\mathbb{Z}$$

等等。換言之，通解公式可以表成 $x=3n,\ n\in\mathbb{Z}$，與 $x=2$（或 $x=5$，或 $x=-4$ 等等）這兩部分之和。前一部分是 $x=3q_1$ 之通解，後一部分是 $x=3q_1+2$ 的任何一個解答（叫做特解）。

這告訴我們，欲求 $x=3q_1+2$ 之通解，可以分成兩個簡單的步驟：先求 $x=3q_1$ 的通解，再求 $x=3q_1+2$ 的任何一個特解，最後將兩者加起來就是 $x=3q_1+2$ 的通解公式。

這對於兩個方程式的情形也成立嗎？這是否為一般的模式 (pattern)？下述我們將看出，這是肯定的。

兩個方程式

其次，考慮

$$\begin{cases} x=3q_1+2 \\ x=5q_2+3 \end{cases} \tag{6}$$

的整數解 x。為此，我們考慮更簡單的齊次方程式問題：

$$\begin{cases} x=3q_1+0 \\ x=5q_2+0 \end{cases} \tag{7}$$

這表示 x 可以同時被 3, 5 整除，即 x 是 3, 5 的公倍數。因為這兩個數互質，所以 $3\times5=15$ 是它們的最小公倍數。從而，

$$x=15\cdot n,\quad n\in\mathbb{Z} \tag{8}$$

是(7)式的齊次方程之通解公式。

如何求得(6)式的一個特解？這可以採用試誤法，也可以系統地來做。今依後者，考慮比(7)式稍微進一步的問題：

$$\begin{cases} x=3q_1+1 \\ x=5q_2+0 \end{cases} \tag{9}$$

這是要在 5 的倍數中

$$\cdots-10,\ -5,\ 0,\ 5,\ 10,\ 15,\ \cdots$$

找被 3 除餘 1 者。由於我們只要找一個特解，故不妨選取 $x=10$。從而

$$\begin{cases} x=3q_1+2 \\ x=5q_2+0 \end{cases} \tag{10}$$

的一個特解為 $x=2\times10$。同理，我們找到

$$\begin{cases} x=3q_1+0 \\ x=5q_2+1 \end{cases} \tag{11}$$

的一個特解 $x=6$，於是 $x=3\times6$ 為

$$\begin{cases} x=3q_1+0 \\ x=5q_2+3 \end{cases} \tag{12}$$

的一個特解。因此

$$x=2\times10+3\times6 \tag{13}$$

為(6)式的一個特解。

將(8)式與(13)式相加，得到

$$x=2\times10+3\times6+15\cdot n,\quad n\in\mathbb{Z} \tag{14}$$

這是(6)式的通解公式（窮盡了所有解答）嗎？

答案是肯定的，我們證明如下：根據上述的建構，顯然(14)式為(6)的解答。反過來，設 A 為(6)式的任意解答，則 $A-2\times 10-3\times 6$ 為(7)式的解答，而(7)式的解答形如 $15\cdot n$，因此 $A-2\times 10-3\times 6=15\cdot n$，亦即 A 可表成

$$A=2\times 10+3\times 6+15\cdot n,\quad n\in\mathbb{Z}$$

換言之，(6)式的任意解答皆可表成(14)之形，所以(14)式為(6)式之通解公式。

孫子問題

現在我們再往前進一步，來到孫子問題，即(3)式之求解。仿上述辦法，先解齊次方程：

$$\begin{cases} x=3q_1+0 \\ x=5q_2+0 \\ x=7q_3+0 \end{cases}$$

得到通解公式為

$$x=3\times 5\times 7\times n=105\cdot n,\quad n\in\mathbb{Z} \tag{15}$$

其次，我們分別找

$$\begin{cases} x=3q_1+1 \\ x=5q_2+0 \\ x=7q_3+0 \end{cases},\quad \begin{cases} x=3q_1+0 \\ x=5q_2+1 \\ x=7q_3+0 \end{cases},\quad \begin{cases} x=3q_1+0 \\ x=5q_2+0 \\ x=7q_3+1 \end{cases}$$

之特解，得到 $x=70,\ x=21,\ x=15$。從而

$$x=2\times 70+3\times 21+2\times 15 \tag{16}$$

為孫子問題（即(3)式）的一個特解。

將(15)式與(16)式相加起來，得到

$$x = 2\times 70 + 3\times 21 + 2\times 15 + 105\cdot n,\quad n\in\mathbb{Z} \tag{17}$$

我們仿上述很容易可以證明，(17)式就是孫子問題的通解公式。特別地，當 $n=-2$ 時，$x=23$ 為最小正整數解。

更一般的情形

最後，我們前進到問題 1（即(2)式）之求解。根據上述的解法，我們立即可以寫出(2)式的通解公式：

$$x = 70r_1 + 21r_2 + 15r_3 + 105\cdot n,\quad n\in\mathbb{Z} \tag{18}$$

總而言之，對於孫子問題的求解，我們採取了分析與綜合的方法：將原問題分解成幾個相關的簡易問題（相當於物質之分解成原子），分別求得解答後，再將它們綜合起來（相當於原子之組合成物質）。這裡的綜合包括特解的放大某個倍數，相加，然後再加上齊次方程的通解。這非常相像於原子論的研究物質的組成要素、結構、變化和分合之道。

線性結構

表象與實體 (appearance and reality) 的關係和互動是哲學的一大主題。通常我們相信，顯現在外的表象，背後有規律可循，亦即大自然按機制來出象。

準此以觀，上述孫子問題的解法，只是技術層面（即表象）而已。我們要再挖探下去，追究潛藏的道理。我們要問：到底背後是什麼結構，使得我們的解法可以暢行？

為了探究這個問題，讓我們對孫子問題作進一步的分析。特別地，我們要轉換觀點。

問題的轉換

首先，將(2)式改寫成

$$\begin{cases} x-3q_1=r_1,\ 0\le r_1<3 \\ x-5q_2=r_2,\ 0\le r_2<5 \\ x-7q_3=r_3,\ 0\le r_3<7 \end{cases} \tag{19}$$

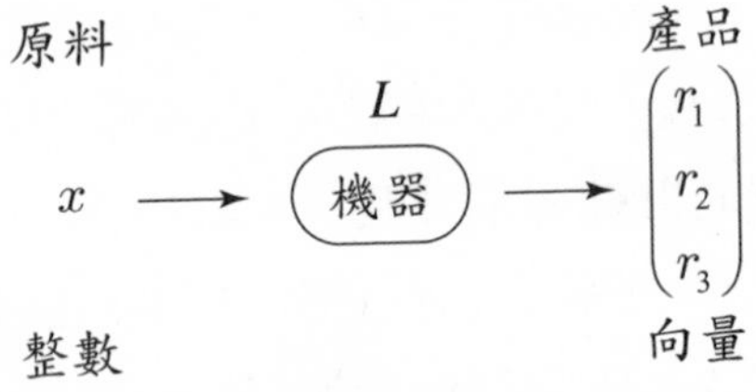

原料　　　　　　　　　　產品

$$x \longrightarrow \boxed{\text{機器}\ L} \longrightarrow \begin{pmatrix} r_1 \\ r_2 \\ r_3 \end{pmatrix}$$

整數　　　　　　　　　　向量

圖 11–1

再將上式看成一個映射 (mapping) 或一部機器 L（如圖 11–1）。

這部機器的運作 $L(x)=\begin{pmatrix} r_1 \\ r_2 \\ r_3 \end{pmatrix}$，由(19)式所定義。

據此，我們原來的問題就變成：已知產品 $\begin{pmatrix} r_1 \\ r_2 \\ r_3 \end{pmatrix}$，要找原料 x，使得 $L(x)=\begin{pmatrix} r_1 \\ r_2 \\ r_3 \end{pmatrix}$。這是一個典型的解方程式問題。

集合加結構

為了要求解這個問題，我們必須研究 L 的性質，以及原料集與產品集的結構。

基本上，我們可以說，現代數學就是研究「集合加上結構」，由此演繹出的所有的結果。這個結構可以是運算的或公理的等等。

L 的原料集為整數集

$$\mathbb{Z} = \{\cdots, -3, -2, -1, 0, 1, 2, \cdots\}$$

在求解孫子問題的過程中， 我們用到了兩個整數 a, b 的加法 $a+b \in \mathbb{Z}$，以及一個整係數 α 與一個整數 a 的係數乘法 $\alpha a \in \mathbb{Z}$。這兩個運算滿足一般數系所具有的一些運算律，例如交換律、分配律等等。

另一方面，由三個整數所組成的一個向量，例如 $\begin{pmatrix} r_1 \\ r_2 \\ r_3 \end{pmatrix}$，就是 L 的一個產品，而產品集為

$$\mathbb{Z}^3_{(3,5,7)} = \{\begin{pmatrix} r_1 \\ r_2 \\ r_3 \end{pmatrix} | 0 \le r_1 < 3,\ 0 \le r_2 < 5,\ 0 \le r_3 < 7\}$$

兩個向量的相加，以及係數乘法，分別定義為

$$\begin{pmatrix} a_1 \\ b_1 \\ c_1 \end{pmatrix} + \begin{pmatrix} a_2 \\ b_2 \\ c_2 \end{pmatrix} = \begin{pmatrix} a_1 + a_2 \\ b_1 + b_2 \\ c_1 + c_2 \end{pmatrix}$$

$$\alpha \cdot \begin{pmatrix} a \\ b \\ c \end{pmatrix} = \begin{pmatrix} \alpha a \\ \alpha b \\ \alpha c \end{pmatrix}$$

但是，最後所得的結果，必須再經過對 3, 5, 7 的取模操作(modulus operation)，例如

$$\begin{pmatrix}1\\4\\1\end{pmatrix}+\begin{pmatrix}2\\2\\5\end{pmatrix}=\begin{pmatrix}3\\6\\6\end{pmatrix}=\begin{pmatrix}0\\1\\6\end{pmatrix}$$

$$9\begin{pmatrix}1\\4\\1\end{pmatrix}=\begin{pmatrix}9\\36\\9\end{pmatrix}=\begin{pmatrix}0\\1\\2\end{pmatrix} \tag{20}$$

因為這一切都是起源於對 3, 5, 7 的除法及餘數的問題，某數被 3 除，餘 0 與餘 3 都表示著同一回事，即某數為 3 的倍數。因此利用對 3 同餘的觀點來看，$1+2=0$；對 5 同餘的觀點來看，$2+4=1$；同理，對 7 同餘，那麼 $4+5=2$。

L 的性質

現在我們知道，L 是從原料集 $\mathbb{Z}$ 到產品集 $\mathbb{Z}^3_{(3,\,5,\,7)}$ 之間的一個映射，記成

$$L:\mathbb{Z}\to\mathbb{Z}^3_{(3,\,5,\,7)}$$

相對於分合工具的加法與係數乘法，L 具有什麼性質呢?解決孫子問題的分析與綜合法，如何反映成 L 的性質？

我們觀察到

$$L(64)=\begin{pmatrix}1\\4\\1\end{pmatrix},\qquad L(47)=\begin{pmatrix}2\\2\\5\end{pmatrix}$$

而且

$$L(64+47)=L(111)=\begin{pmatrix}0\\1\\6\end{pmatrix}$$

由(20)式知

$$L(64+47)=L(64)+L(47)$$

同理，易驗知

$$L(9\times 64)=9\cdot L(64)$$

一般而言，我們有：

定理 1

映射 $L:\mathbb{Z}\to\mathbb{Z}^3_{(3,\,5,\,7)}$ 滿足

(i) $L(x+y)=L(x)+L(y)$ (21)

(ii) $L(\alpha x)=\alpha L(x)$ (22)

其中 x, y, α 皆屬於 $\mathbb{Z}$。

我們稱(21)式為 L 具有加性，(22)式為 L 具有齊性。兩者合起來統稱為 L 具有疊合原理 (superposition principle)， 或稱 L 為一個線性算子 (linear operator)。這兩條性質是由齊一次函數 $f(x)=ax$ 抽取出來的特徵性質。

這些似乎有點兒抽象，相當於從算術飛躍到代數的情形。但是，抽象是值得的，它使我們看得更清楚，也易於掌握本質、要點。

線性問題的求解

孫子問題就是欲求解線性方程式

$$L(x)=\begin{pmatrix} r_1 \\ r_2 \\ r_3 \end{pmatrix} \tag{23}$$

特別地，求解

$$L(x)=\begin{pmatrix} 2 \\ 3 \\ 2 \end{pmatrix} \tag{24}$$

L 具有疊合原理（或線性），導致了下列求解線性方程式的三個步驟：

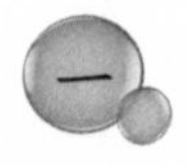

齊次方程

先解齊次方程 $L(x)=\begin{pmatrix} 1 \\ 0 \\ 0 \end{pmatrix}$，得到齊次通解

$$x=105\cdot n,\ n\in\mathbb{Z}$$

非齊次方程

其次，解非齊次方程

$$L(x)=\begin{pmatrix} r_1 \\ r_2 \\ r_3 \end{pmatrix}=r_1\begin{pmatrix} 1 \\ 0 \\ 0 \end{pmatrix}+r_2\begin{pmatrix} 0 \\ 1 \\ 0 \end{pmatrix}+r_3\begin{pmatrix} 0 \\ 0 \\ 1 \end{pmatrix} \tag{25}$$

的一個特解。為此，我們求

$$L(x)=\begin{pmatrix}1\\0\\0\end{pmatrix},\quad L(x)=\begin{pmatrix}0\\1\\0\end{pmatrix},\quad L(x)=\begin{pmatrix}0\\0\\1\end{pmatrix}$$

之特解，分別得到 $x=70, x=21, x=15$。作疊合

$$x=70r_1+21r_2+15r_3$$

就是(25)的一個特解。

三　再作疊合

將非齊次方程的一個特解加上齊次通解，得到

$$x=70r_1+21r_2+15r_3+105\cdot n,\quad n\in\mathbb{Z}$$

就是孫子問題（(23)式）的通解公式。

一般地且抽象地探討向量空間的性質（一個集合具有加法與係數乘法）、兩個向量空間之間的線性算子之內在結構，以及求解相關的線性方程式，這些就構成了線性代數 (linear algebra) 的內容。這是從代數學、分析學、幾何學、物理學的許多實際解題過程中，抽取出來的一個共通的數學理論架構，不但重要而且美麗。

我們也看出，孫子問題是生出線性代數的胚芽之一。這樣的問題就是好問題，值得徹底研究清楚。

習 題

1. 有一堆蘋果，七個七個一數剩下三個，十一個十一個一數剩下五個，十三個十三個一數剩下八個，試求蘋果的個數，包括最小整數解及通解。

中國剩餘定理

孫子問題可以再推廣，將三個數 3, 5, 7 改成兩兩互質的 n 個正整數，解法仍然相同。

定理 2

設 $m_1, m_2, \cdots, m_n$ 為 n 個兩兩互質的正整數，則不定方程式

$$\begin{cases} x = m_1 q_1 + r_1 \\ x = m_2 q_2 + r_2 \\ \quad\vdots \\ x = m_n q_n + r_n \end{cases} \tag{26}$$

存在有解答，並且在取模 $m_1 m_2 \cdots m_n$ 之下，解答是唯一的。復次，(26)式的通解等於特解加上齊次方程的通解。

註：為了紀念孫子的貢獻，西洋人稱這個定理為孫子定理或中國剩餘定理。

證明

我們只需證明，當 $r_k = 1,\ r_i = 0,\ \forall i \neq k$ 時，(26)式存在整數解即可。令 $M_k = m_1 m_2 \cdots m_{k-1} m_{k+1} \cdots m_n$，則 M_k 與 m_k 互質。由歐氏算則（即

輾轉相除法）知，存在整數 r, s 使得 $rM_k + sm_k = 1$ 有整數解。從而

$$rM_k = -sm_k + 1 = 1 \pmod{m_k}$$

故 rM_k 即為所求的一個解答。再按線性方程的疊合原理，就可以求得(26)式的通解了，證畢。

注意：當 $m_1, m_2, \cdots, m_n$ 不兩兩互質時，(26)式可能無解。

習　題

2. 請讀者舉出反例。

結　語

讓代數方法行得通的依據，歸根究底是數系的運算律，這是代數學的「空氣」或「憲法」。同理，讓線性方程式的求解行得通的依據是，線性疊合的結構（向量空間的運算律及線性算子的特性），由此發展出線性代數，使我們可以作分析與綜合，達到以簡御繁的境地。

透過各種具體例子的求解過程，逐步鍾煉出抽象的數學理論；反過來，數學理論又統合著各種具體問題，讓我們看得更清楚；這一來一往的過程是數學發展常見的模式。這種由具體（特殊）生出抽象（普遍），抽象又含納具體的認識論，值得我們特別留意與欣賞。

物理學家費曼 (R. P. Feynman, 1918～1988) 批評物理教育說：「物理學家老是在傳授解題的技巧，而不是從物理的精神層面來啟發學生。」這裡的「物理」改為「數學」也適用。

有沒有辦法，既學到技巧又掌握精神呢？我們引頸企盼！

知　識

Knowledge is what we know
Also, what we know we do not know.
We discover what we do not know
Essentially by what we know.

Thus knowledge expands.

With more knowledge we come to know
More of what we do not know.

Thus knowledge expands endlessly.

All knowledge is, in final analysis, history.
All sciences are, in the abstract, mathematics.
All judgements are, in their rationale, statistics.

科學哲學家 K. Popper 最喜歡引用下面古希臘哲學家 Xenophanes 的一首詩，這是關於知識論的美妙觀點，是他的知識論之出發點：

But as for certain truth, no man known it,
Nor will he know it; neither of gods,
Nor yet of things of which I speak.
And even if he were by chance utter
The final truth, he would himself not know it;
For all is but a woven web of guesses.

12　整數邊的三角形

古希臘的畢氏學派主張「萬有皆整數」，應用到幾何學的三角形，自然就要探索整數邊長的三角形，找尋它們的性質與規律。

探索大自然以及數與圖形的規律，分別是科學與數學研究的目標。在求知活動中，發現規律是最令人欣喜的事情。這種樂趣是求知的最佳報酬。

數學的規律總是涉及無窮。例如，公式

$$1+3+5+\cdots+(2n-1)=n^2$$

對所有自然數 n 皆成立，而自然數是無窮的；畢氏定理不止是對這個或那個直角三角形成立，而是對無窮多個的所有直角三角形都成立；交換律 $a+b=b+a$ 是無窮多個「$3+4=4+3$, $5+7=7+5$, $\cdots$」之歸結；3 的背後有「三隻小豬，三個石頭，三棵樹，……」；微積分所面對的切線與面積，需要經過「無窮步驟」(infinite processes) 才能求得，落實於極限操作或無窮小論證法。因此，數學中的概念、公式與定理，都是統攝著無窮的「萬人敵」。這恰好是構成「數學美」的要素，也是「一條數學定理比人間任何帝國的基業還要久長」的理由，或如愛因斯坦 (Albert Einstein, 1879～1955) 所說的「政治短暫，方程永恆」。德國偉大數學家希爾伯特說得好：「數學是研究無窮的學問。」(Mathematics is the science of infinity.) 發現一條規律就是跟無窮的一次交會，再證明它，才是真正的馴服了無窮。

在平面幾何學中，三角形是最基本的圖形。自古以來，人們發現了許多令人驚奇的規律，例如，三角形三內角之和恆為一平角（三角形的守恆律），五心（內心、外心、重心、垂心、旁心）定理，Menelaus 定理，Ceva 定理，正弦與餘弦定律，Morley 定理等等。特別地，對於直角三角形，有著名的畢氏定理，它可作各式各樣的推廣，並且是三角學的出發點。

本章我們要進一步到三角形國度的整數邊三角形之小村落去探險，找尋規律。在這個旅程中，我們將從離散的世界走到連續的世界，許多有趣的數學結果以及其歷史根源會逐漸浮現，最後連結成有機的知識整體。

一個競試問題

數學競試曾經出現過這樣的問題：

三邊都是整數，並且最大邊長為 11 的三角形一共有幾個？

解決這個問題，只要知道兩邊之和大於第三邊是構成三角形的充要條件，再配合窮舉法，就可輕易地做出來。點算最怕的是遺漏或重複，故系統地列出所有的情況不失為一個好辦法。我們按第二大的邊長來分類：

$(11, 11, 11)$,	$(11, 11, 10), \cdots$,		$(11, 11, 1)$	有 11 個
$(11, 10, 10)$,	$(11, 10, 9), \cdots$,		$(11, 10, 2)$	有 9 個
$(11, 9, 9)$,	$(11, 9, 8), \cdots$,		$(11, 9, 3)$	有 7 個
$(11, 8, 8)$,	$(11, 8, 7), \cdots$,		$(11, 8, 4)$	有 5 個
	$(11, 7, 7)$,	$(11, 7, 6)$,	$(11, 7, 5)$	有 3 個
			$(11, 6, 6)$	有 1 個

所以三角形一共有 $11+9+7+5+3+1=6^2=36$ 個。

同理，最大邊長為 10 的三角形如下：

$(10, 10, 10)$,	$(10, 10, 9), \cdots$,	$(10, 10, 1)$	有 10 個
$(10, 9, 9)$,	$(10, 9, 8), \cdots$,	$(10, 9, 2)$	有 8 個

$(10,8,8),\quad (10,8,7),\cdots,\quad (10,8,3)$　有 6 個

$(10,7,7),\quad (10,7,6),\quad (10,7,5),\quad (10,7,4)$　有 4 個

$(10,6,6),\quad (10,6,5)$　有 2 個

總共有 $10+8+6+4+2=30$ 個。

規律的探尋：歸納法

挖一筍不如就挖整族的筍，背記一件東西不如就背記一堆相關的東西。這是普通常識。

三邊長皆為整數之三角形，我們稱之為 Diophantus 三角形。令 a_n 表示最大邊長為 n 的 Diophantus 三角形之個數。上題的答案是說 $a_{11}=36$, $a_{10}=30$。我們更有興趣的是求出整個數列 $\langle a_n\rangle$, $n\in\mathbb{N}$。它有沒有公式可尋？如何追尋？

通常我們是先觀察一些特例，從中找出或猜測出一般規律，這就是所謂的（枚舉）歸納法。猜得規律之後，再試著去檢驗或證明。通得過證明的猜測才變成公式或定理。換言之，我們遵循的是「大膽地假設，小心地求證」之原則。

特例的觀察：

(i)當 $n=1$ 時，有 $(1, 1, 1)$，故 $a_1=1$；

(ii)當 $n=2$ 時，有 $(2, 2, 2), (2, 2, 1)$，故 $a_2=2$；

(iii)當 $n=3$ 時，有 $(3, 3, 3), (3, 3, 2), (3, 3, 1), (3, 2, 2)$，故 $a_3=4$；

(iv)當 $n=4$ 時，有 $(4, 4, 4), (4, 4, 3), (4, 4, 2), (4, 4, 1), (4, 3, 3), (4, 3, 2)$，故 $a_4=6$；

(v)當 $n=5$ 時，有 $(5, 5, 5), (5, 5, 4), (5, 5, 3), (5, 5, 2), (5, 5, 1),$

(5, 4, 4), (5, 4, 3), (5, 4, 2), (5, 3, 3)，故 $a_5=9$；

(vi)當 $n=6$ 時，有 (6, 6, 6), (6, 6, 5), (6, 6, 4), (6, 6, 3), (6, 6, 2), (6, 6, 1), (6, 5, 5), (6, 5, 4), (6, 5, 3), (6, 5, 2), (6, 4, 4), (6, 4, 3)，故 $a_6=12$。

將奇數項與偶數項分開排列：

$$a_1=1,\ a_3=4,\ a_5=9$$

$$a_2=2,\ a_4=6,\ a_6=12$$

我們很容易就歸納出數列 $\langle a_n\rangle$ 的規律為

$$\begin{cases} a_{2n-1}=n^2 \\ a_{2n}=n^2+n \end{cases},\ n=1,\ 2,\ 3,\ \cdots \tag{1}$$

這可以簡化成

$$a_n=\begin{cases} (\dfrac{n+1}{2})^2\text{，當 } n \text{ 為奇數時} \\ (\dfrac{n+1}{2})^2-\dfrac{1}{4}\text{，當 } n \text{ 為偶數時} \end{cases} \tag{2}$$

換言之，我們猜測：

$$a_n=\text{最接近 } (\frac{n+1}{2})^2 \text{ 之整數} \tag{3}$$

看出規律，就得到「發現的喜悅」。不過，「以有涯逐無涯」，我們也深知會有犯錯的可能。

例　題

1. 在自然數中，質數出現得非常不規則。希望找到一個能夠產生所有質數的公式，長久以來是數學家的夢想，一直等到 1964 年才由 William 得到。在這之前，歐拉觀察到，當 $n=0,\ 1,\ 2,\ \cdots,\ 39$ 時，

n^2+n+41 都是質數。於是他就宣稱（或歸納出）：對於所有的自然數 $n \in \mathbb{N}$，n^2+n+41 都是質數。但是他錯了，因為當 $n=40$ 時，$40^2+40+41=40^2+2\times 40+1=41^2$ 並不是質數。

這個例子不妨叫做「公雞的歸納法」：有一隻公雞，從第 1 天到第 99 天，主人都拿食物餵牠。因此，牠歸納出主人永遠會餵食牠。但是第 100 天，主人不但沒有餵牠，反而把牠給殺了。

例　題

2. 在日常生活的有限世界裡，我們觀察到的情形都是部分小於全體。歐氏 (Euclid) 把它歸結為幾何的一條普通公理。後來伽利略發現到，自然數與平方數之間可以形成一個對射：$n \to n^2,\ n \in \mathbb{N}$，所以兩者的元素個數一樣多，但是平方數只是自然數的一部分而已。伽利略疑惑不解。現在我們知道，這恰是無窮集的特徵性質。康托爾給出如下美妙的定義：一個集合若存在有一個真子集合，其元素個數與原集合一樣多，即可形成對射，那麼就稱此集合為無窮集。

我們要強調，主動觀察與歸納的重要性，這不只是在數學與科學中才有用，隨時隨地都很有用。

檢驗與證明

對於所有自然數 $n \in \mathbb{N}$，(2)式都成立嗎？

此時我們有兩條路可走：舉一個反例加以否定或提出證明。當然也有兩條路皆走不成的情形，例如著名的 Goldbach 猜測（1742 年）：

任何大於 4 的偶數皆可表為兩個奇質數之和，至今無法否證，也無法證明。

先用特例檢驗(2)式。由(2)式得

$$a_{11} = (\frac{11+1}{2})^2 = 36 \qquad a_{10} = (\frac{10+1}{2})^2 - \frac{1}{4} = 30$$

兩者完全符合先前的系統點算結果。讀者應自己多檢驗幾個特例。

下面我們採用三種辦法來證明(2)式：

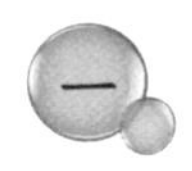

平面坐標圖解

設 Diophantus 三角形的三邊為 n, x, y 並且 n 為最大邊。我們不妨假設

$$n \geq x \geq y \tag{4}$$

因為兩邊之和大於第三邊，所以

$$x + y > n \tag{5}$$

在坐標平面上作出滿足(4)與(5)兩式的點 (x, y)，如圖 12–1 與圖 12–2。

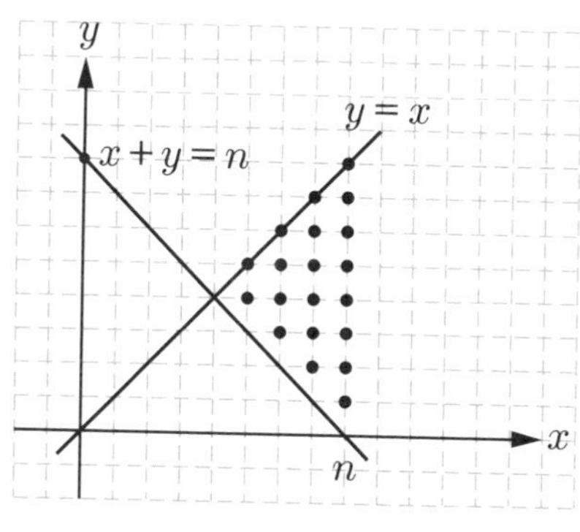

圖 12–1　n 為偶數

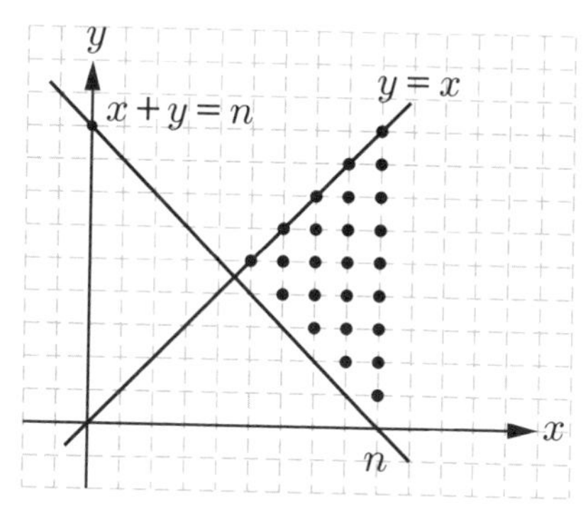

圖 12–2　n 為奇數

因此，當 n 為偶數時

$$a_n = n + (n-2) + \cdots + 4 + 2 = \frac{n(n+2)}{4} = (\frac{n+1}{2})^2 - \frac{1}{4}$$

當 n 為奇數時

$$a_n = n + (n-2) + \cdots + 3 + 1 = (\frac{n+1}{2})^2$$

從而，(2)式得證。

二、差分方程

這是掌握數列的一個普遍的好方法。由上述坐標圖解，容易得知數列 $\langle a_n \rangle$ 滿足下列的差分方程

$$\begin{cases} a_1 = 1,\ a_2 = 2 \\ a_{2n} = a_{2n-1} + n \\ a_{2n+1} = a_{2n} + (n+1) \end{cases} \tag{6}$$

利用「望遠鏡法」(telescoping method)，由(6)式可以解得

$$\begin{cases} a_{2n-1} = n^2 \\ a_{2n} = n(n+1) \end{cases} \tag{7}$$

因此，(1)式得證，但(1)式等價於(2)式。

三、數學歸納法

我們利用(6)式及數學歸納法來證明(7)式。

(i)當 $n=1$ 時，(7)式變成 $a_1 = 1,\ a_2 = 2$，這顯然都成立。

(ii)設 $n=m$ 時，(7)式成立，即

$$\begin{cases} a_{2m-1} = m^2 & (8) \\ a_{2m} = m(m+1) & (9) \end{cases}$$

(8)與(9)兩式兩邊分別同加 m 與 $(m+1)$，並且利用(6)式得

$$\begin{cases} a_{2m} = m(m+1) & (10) \\ a_{2m+1} = (m+1)^2 & (11) \end{cases}$$

(10)與(11)兩式兩邊分別同加 $(m+1)$，並且利用(6)式得

$$\begin{cases} a_{2m+1} = (m+1)^2 \\ a_{2(m+1)} = (m+1)(m+2) \end{cases}$$

因此，當 $n = m+1$ 時，(7)式也成立。

由數學歸納法得證(7)式對所有自然數 $n \in \mathbb{N}$ 皆成立。

注意：數學歸納法是一種特定形式的演繹證法，絕不是（枚舉）歸納法。

定理 1

設 a_n 表最大邊長為 n 之 Diophantus 三角形的個數，則

$$a_n = \left(\frac{n+1}{2}\right)^2 + c \tag{12}$$

其中當 n 為奇數時，$c = 0$；當 n 為偶數時，$c = -\frac{1}{4}$。

注意：(1)，(7)與(12)三式都是等價的。

設 T_n 表示最大邊長至多為 n 的 Diophantus 三角形之個數，利用定理 1 我們可以求得 T_n 的明白表達公式。

由(7)式及 $T_n = a_1 + a_2 + \cdots + a_n$ 可得

$$\begin{aligned} T_{2n-1} &= a_1 + a_2 + \cdots + a_{2n-1} \\ &= (a_1 + a_3 + \cdots + a_{2n-1}) + (a_2 + a_4 + \cdots + a_{2n-2}) \\ &= (1^2 + 2^2 + \cdots + n^2) + [1\times 2 + 2\times 3 + \cdots + (n-1)\times n] \\ &= \frac{1}{6}n(n+1)(4n-1) \end{aligned} \tag{13}$$

並且

$$\begin{aligned} T_{2n} = T_{2n-1} + a_{2n} &= \frac{1}{6}n(n+1)(4n-1) + n(n+1) \\ &= \frac{1}{6}n(n+1)(4n+5) \end{aligned} \tag{14}$$

上述(13)與(14)兩式可以化簡成：

$$T_n = \begin{cases} \dfrac{1}{24}n(n+2)(2n+5)\text{，當 } n \text{ 為偶數時，} \\ \dfrac{1}{24}(n+1)(n+3)(2n+1)\text{，當 } n \text{ 為奇數時。} \end{cases}$$

進一步，兩式又可歸結成一個式子，如下面定理 2 中的(15)式。

定理 2

設 T_n 表示最大邊長為 n 的 Diophantus 三角形之個數，則

$$T_n = \frac{1}{24}(2n^3 + 9n^2 + 10n + c) \tag{15}$$

其中當 n 為偶數時，$c=0$；當 n 為奇數時，$c=3$。

一些相關的問題

一個 Diophantus 三角形，如果它的面積也是整數，則稱為 Heron 三角形。要驗證一個 Diophantus 三角形是否為一個 Heron 三角形，最簡單的辦法是利用 Heron 公式：三角形的三邊長為 a, b, c，則其面積

為

$$A=\sqrt{s(s-a)(s-b)(s-c)}$$
$$=\sqrt{\frac{1}{2}p(\frac{1}{2}p-a)(\frac{1}{2}p-b)(\frac{1}{2}p-c)} \tag{16}$$

其中 $s=\frac{1}{2}(a+b+c)=\frac{1}{2}p$ 表半周界之長，p 表周界之長。

例如，我們容易驗知下列三角形都是 Heron 三角形：

$$(a,b,c)=(7,15,20),\ (9,10,17),$$
$$(13,14,15),\ (39,41,50)$$

但是，如果我們問：最大邊長為 n 的 Heron 三角形有幾個？Heron 三角形的三個邊是否可用一般公式表達出來？這些問題，目前都沒有答案，也許是真的不存在一般公式。

問題 1

求所有整數邊的直角三角形（叫做畢氏三角形）並且又具有半周長等於其面積者。

設此直角三角形的三邊長為 x, y, z 並且

$$\begin{cases} x^2+y^2=z^2 \\ \frac{1}{2}(x+y+z)=\frac{1}{2}xy \end{cases}$$

消去 z 得

$$x^2+y^2=(xy-x-y)^2$$
$$xy(x-2)(y-2)=2xy$$

因為 x, y 為正整數，故

$$(x-2)(y-2)=2$$

從而

$$x=3,\ y=4 \text{ 或者 } x=4,\ y=3$$

於是 $z=5$。結論是：半周長等於其面積的畢氏三角形只有 (3, 4, 5) 一個三角形而已。

事實上，在上述問題中，我們可以進一步放棄直角的條件，結論仍然不變。不過，這種情形的證明就需要講究一點技巧了。終究是值回票價。我們證明如下：

考慮三角形的內切圓，設其半徑為 r。令三角形的三邊為

$$a=y+z,\ b=z+x,\ c=x+y$$

於是三角形的半周長 $s=x+y+z$，面積為 rs，見圖 12–3。

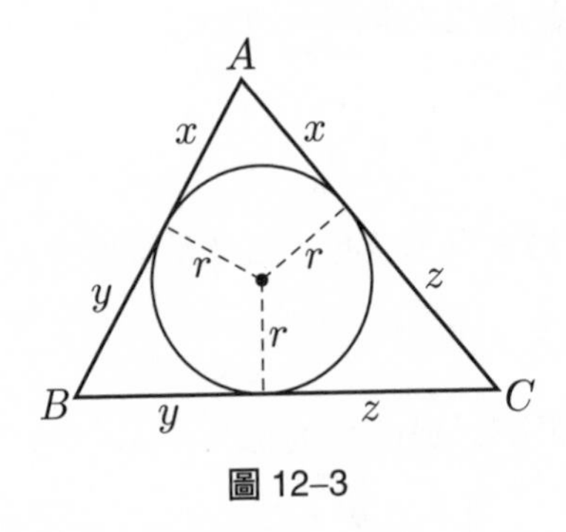

圖 12–3

今由假設條件 $s=rs$ 可知 $r=1$。再由 Heron 公式及假設條件 $\sqrt{s(s-a)(s-b)(s-c)}=s$ 得到

$$xyz=x+y+z \tag{17}$$

目前我們不知道 x, y, z 是否為整數，但是我們知道 $2x=b+c-a\equiv A$ 為整數。同理，$2y\equiv B$ 與 $2z\equiv C$ 也都是整數。因為 $A+B=2(x+y)=2c$ 為偶數，同理，$A+C$ 與 $B+C$ 也都是偶數，所

以 A, B, C 都是偶數或者都是奇數。由(17)式得 $ABC=4(A+B+C)$ 所以 A, B, C 不全為奇數。從而，A, B, C 全為偶數。於是 x, y, z 皆為整數。

我們的問題變成：求方程式

$$xyz=x+y+z \text{ 或 } \frac{1}{yz}+\frac{1}{xz}+\frac{1}{xy}=1 \tag{18}$$

的所有正整數解。

為此，不妨假設 $x \geq y \geq z$。於是

$$xy \geq xz \geq yz \tag{19}$$

欲解(18)式，只有下列兩種情形：

(i)當 $yz>3$ 時，由(19)式知，xz 與 xy 皆大於 3。

於是 $\frac{1}{yz}+\frac{1}{xz}+\frac{1}{xy}<1$ 故(18)式無解。

(ii)當 $yz \leq 3$ 時，在(18)式中，只好 $yz=3$ 或 $yz=2$。

對於 $yz=3, xz=3, xy=3$ 與 $yz=2, xz=4, xy=4$ 的情形，x, y, z 都沒有正整數解。對於 $yz=2, xz=3, xy=6$ 的情形，有唯一的正整數解 $x=3, y=2, z=1$。從而，三角形的三邊為

$$a=y+z=3,\ b=x+z=4,\ c=x+y=5$$

這是勾 3 股 4 弦 5 的直角三角形。明所欲證。

習　題

1. 在上述論證中，$xyz=x+y+z$ 的唯一正整數解是 $x=3,\ y=2,\ z=1$。哲學家蘇格拉底 (Socrates) 觀察到 $0+0=0\times0,\ 2+2=2\times2$，覺得很驚奇，問還有沒有其它的數具有這種性質？

2. 求所有整數邊的三角形並且又具有周長等於面積者。

答：(5, 12, 13), (6, 8, 10), (6, 25, 29), (7, 15, 20), (9, 10, 17)。

3. 設三角形內切圓的半徑 r（＝面積／s）為整數。對每個 r，求所有整數邊之三角形。這些三角形是否恆為有限多個？其中有幾個為直角三角形？

畢氏三角形

整數邊的直角三角形叫做畢氏三角形，它們是 Diophantus 三角形的特例。對於這種特殊情形，應該有更美妙的規律可尋才對。

畢氏問題 (the Pythagorean problem)： 求所有整數邊的直角三角形，亦即求畢氏方程式

$$x^2 + y^2 = z^2 \tag{20}$$

的所有正整數解 (x, y, z)。

(20)式的任一組正整數解 (x, y, z) 叫做畢氏三元數 (Pythagorean triple)。例如 (3, 4, 5), (5, 12, 13), (119, 120, 169)。事實上，古巴比倫人已經給出 15 組的畢氏三元數。

問題 2

畢氏三元數有無窮多組嗎？

問題 3

有沒有公式可以產生出所有畢氏三元數？

前一個問題的答案顯然是肯定的 ， 因為若 (a, b, c) 為畢氏三元數，則 (ka, kb, kc), $k \in \mathbb{N}$，也是畢氏三元數。

後一個問題在歷史上分成三個階段來提出答案：

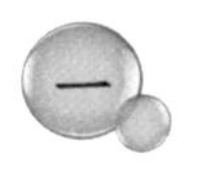

畢氏的部分解答公式

首先觀察到一個恆等式

$$(2k-1)+(k-1)^2=k^2 \tag{21}$$

假設 $2k-1$ 為一個完全平方數（例如，$k=5$ 時，$2k-1=3^2$）。

令 $2k-1=m^2$（故 m 為奇數），解得 $k=\frac{m^2+1}{2}$ 與 $k-1=\frac{m^2-1}{2}$

代入(21)式得 $m^2+(\frac{m^2-1}{2})^2=(\frac{m^2+1}{2})^2$

所以當 m 為大於 1 之奇數時，

$$x=m,\ y=\frac{m^2-1}{2},\ z=\frac{m^2+1}{2} \tag{22}$$

為滿足畢氏方程式的正整數解。令 $m=2n+1,\ n\in\mathbb{N}$，則(22)式可以改寫成

$$x=2n+1,\ y=2n^2+2n,\ z=2n^2+2n+1 \tag{23}$$

這叫做畢氏公式。注意，x 為奇數。

不過，它並沒有產生出所有的畢氏三元數，例如 (6, 8, 10) 與 (8, 15, 17) 都無法由(23)式產生，因為在(23)式中，斜邊 z 恆比 y 多 1。

柏拉圖的部分解答公式

觀察恆等式

$$\begin{aligned}(k+1)^2&=k^2+(2k+1)\\&=[(k-1)^2+(2k-1)]+2k+1\\&=(k-1)^2+4k\end{aligned}$$

為了使 $4k$ 變成完全平方數，令 $k=n^2$，則上式變成

$$(2n)^2+(n^2-1)^2=(n^2+1)^2$$

所以當 $n=2, 3, \cdots$ 時，

$$x=2n,\ y=n^2-1,\ z=n^2+1 \tag{24}$$

生出畢氏三元數。我們稱(24)式為柏拉圖公式，其中 x 為偶數。

我們注意到，在(24)式中，斜邊 z 恆比 y 多 2，並且 (8, 15, 17) 可由(24)式產生，而不能由(23)式得到。另一方面，(5, 12, 13) 可由(23)式產生，但不能由(24)式得到。(20, 21, 29) 既不能由(23)式也不能由(24)式得到。

三 歐氏的完全解答

歐幾里德在他的《幾何原本》第 10 卷命題 28 之後的補題，給出畢氏問題的所有解答，即給出能夠生出所有畢氏三元數之公式：

$$x=\ell(m^2-n^2),\ y=2\ell mn,\ z=\ell(m^2+n^2) \tag{25}$$

其中 ℓ, m, n 皆為自然數，$m>n$，且 m 與 n 互質。

這個公式是如何想出來的呢？下面我們介紹其中一種有趣的推導方法。先作一些觀察與分析：

(1)如果畢氏三元數 (a, b, c) 沒有大於 1 的公因數，則稱之為*原始的畢氏三元數* (primitive Pythagorean triple)。事實上，容易證明：原始的畢氏三元數兩兩互質。

任給一個原始的畢氏三元數 (x, y, z) 可以產生出無窮多組畢氏三元數 (kx, ky, kz), $k\in\mathbb{N}$。反過來，對於任何畢氏三元數 (a, b, c)，只要除以它們的最大公因數，就可以得到唯一的原始畢氏三元數。

從而，只要求出所有原始的畢氏三元數，再利用自然數當係數，作向量的「係數乘法」就可以求得所有的畢氏三元數。

(2)任何畢氏三元數 (a, b, c) 都對應有方程式 $x^2+y^2=1$ 的有理解答：$x=\frac{a}{c}, y=\frac{b}{c}$。反過來，$x^2+y^2=1$ 的任何有理解答 (x, y)，只要 x 與 y 乘以公分母的任何倍數，就可得到畢氏三元數。

因此，我們可以透過 $x^2+y^2=1$ 的有理解答，來找尋所有的原始畢氏三元數。如何求 $x^2+y^2=1$ 所有的有理解答呢？

四 單位圓的有理化參數表現

平面上一條曲線，如果可以用參數方程式 $x=x(t), y=y(t)$ 來描述，並且 $x(t)$ 與 $y(t)$ 都是 t 的有理函數，則稱為有理曲線 (rational curve)。

下面我們要證明單位圓 $x^2+y^2=1$ 是一條有理曲線（事實上，任何圓都是）。這使我們很容易求得 $x^2+y^2=1$ 所有的有理解答。

在圖 12–4 中，我們作出單位圓，想像 $P=(-1, 0)$ 點置一個光源，將 y 軸上的 Q 點投影到圓上的 R 點。設 $\overline{OQ}=t$ 為參數，我們要用 t 表出 R 點的坐標 (x, y)。由圖 12–4 可看出

$$t=\tan\frac{\theta}{2}=\frac{y}{1+x} \tag{26}$$

並且

$$\sin\frac{\theta}{2}=\frac{\overline{QO}}{\overline{PQ}}=\frac{t}{\sqrt{1+t^2}},\quad \cos\frac{\theta}{2}=\frac{\overline{PO}}{\overline{PQ}}=\frac{1}{\sqrt{1+t^2}} \tag{27}$$

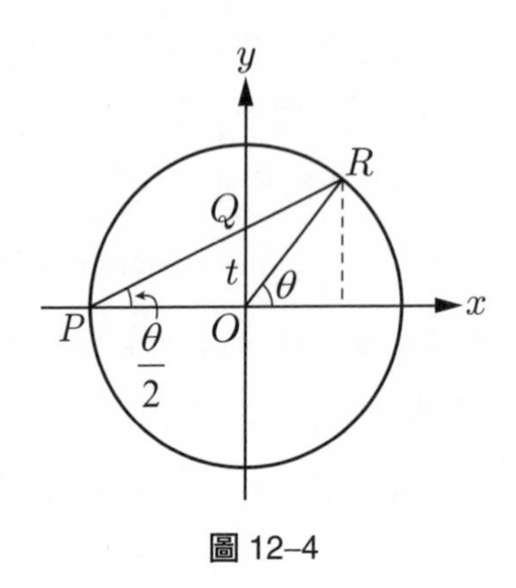

圖 12–4

今因 $x=\cos\theta=2\cos^2\dfrac{\theta}{2}-1$ 且 $y=\sin\theta=2\sin\dfrac{\theta}{2}\cos\dfrac{\theta}{2}$，以(27)式代入得到

$$x=\cos\theta=\frac{1-t^2}{1+t^2},\quad y=\sin\theta=\frac{2t}{1+t^2} \tag{28}$$

這就是圓的有理化參數式。映射 $t\to(\dfrac{1-t^2}{1+t^2},\dfrac{2t}{1+t^2})$ 在 y 軸與圓周（P 點除外）之間形成一個對射 (bijection)。

由(28)式知，y 軸上的有理點，對應圓周上的有理點。反過來，由(26)式知，圓周上的有理點也對應 y 軸上的有理點。因此，$x^2+y^2=1$ 的有理解答，可以透過(28)式，由有理數 t 產生出來。

由於我們只要求出正的有理解答，故只需考慮 $0<t<1$ 之間的有理數 t 就好了。令 $t=\dfrac{n}{m}$，其中 m, n 為自然數並且 $m>n$，代入(28)式得到 $x=\dfrac{m^2-n^2}{m^2+n^2},\ y=\dfrac{2mn}{m^2+n^2}$，從而對應一組畢氏三元數

$$x=m^2-n^2,\ y=2mn,\ z=m^2+n^2 \tag{29}$$

上述的論證，其實就是利用三角學的二倍角公式得到(29)式。詳言之，由圖 12–5 可知 $\sin\frac{\theta}{2}=\frac{n}{\sqrt{m^2+n^2}}$, $\cos\frac{\theta}{2}=\frac{m}{\sqrt{m^2+n^2}}$

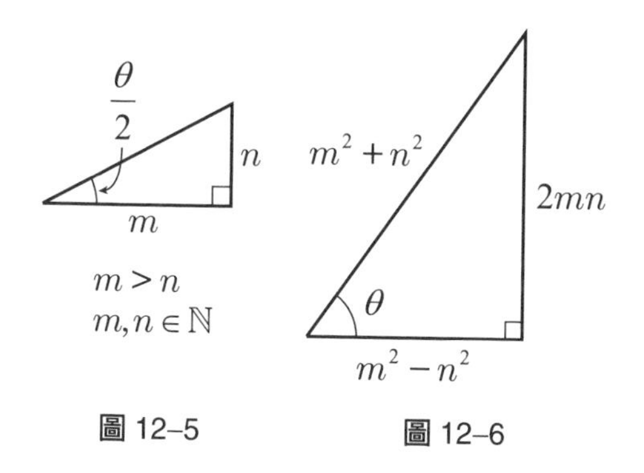

圖 12–5　　圖 12–6

於是 $\sin\theta=2\sin\frac{\theta}{2}\cos\frac{\theta}{2}=\frac{2mn}{m^2+n^2}$, $\cos\theta=2\cos^2\frac{\theta}{2}-1=\frac{m^2-n^2}{m^2+n^2}$

這就得到如圖 12–6 所示的畢氏三元數，或畢氏三角形。

(29)式是兩參數公式，可以產生出無窮多組畢氏三元數。例如：

當 $m=3,\ n=2$ 時，$x=5,\ y=12,\ z=13$

當 $m=6,\ n=5$ 時，$x=11,\ y=60,\ z=61$

當 $m=6,\ n=4$ 時，$x=20,\ y=48,\ z=52$

當 $m=5,\ n=3$ 時，$x=16,\ y=30,\ z=34$

顯然 (5, 12, 13) 與 (11, 60, 61) 都是原始的畢氏三元數，其餘 (20, 48, 52) 與 (16, 30, 34) 都不是。

我們也注意到 (10, 24, 26) 不能由(29)式產生出來。但是所有原始的畢氏三元數皆可由(29)式產生。我們要進一步刻劃產生原始的畢氏三元數的條件。

由上述四個例子，我們發現：m 與 n 互質，且 $m>n$ 還不夠，必須再加上 m 與 n 為一奇一偶之條件。果真如此嗎？讓我們試證看看：利用反證法。假設 $x=m^2-n^2,\ y=2mn$ 與 $z=m^2+n^2$ 有公因數 $d>1$，則存在有質數 p 使得 $p|d$ （表示 d 可被 p 整除）。因為 $m,\ n$ 一奇一偶，故 m^2-n^2 為奇數。於是 $p\neq 2$。又因為 p 可整除 x 與 z，故 $p|(x+z)$ 且 $p|(z-x)$，亦即 $p|2m^2$ 且 $p|2n^2$，從而 $p|m$ 且 $p|n$，這跟 m 與 n 互質矛盾。因此，$(m^2-n^2,\ 2mn,\ m^2+n^2)$ 為原始畢氏三元數。

反過來也成立：任何原始的畢氏三元數 $(x,\ y,\ z)$，其中 y 為偶數，則必可表成(29)式之形，其中 m 與 n 互質，一奇一偶且 $m>n$。我們證明如下：

由於 y 為偶數，故 x 與 z 為奇數。於是 $z+x$ 與 $z-x$ 為偶數，所以存在 $r,\ s$，使得 $r=\dfrac{z+x}{2},\ s=\dfrac{z-x}{2}$。今因為 $x^2+y^2=z^2$，故 $y^2=z^2-x^2=(z+x)(z-x)$，所以 $(\dfrac{y}{2})^2=\dfrac{z+x}{2}\cdot\dfrac{z-x}{2}=r\cdot s$，亦即 $r\cdot s$ 為一個平方數。由於 x 與 z 互質，故 r 與 s 也互質。利用算術基本定理知，存在 $m,\ n\in\mathbb{N}$ 使得 $r=m^2,\ s=n^2$，於是

$$x=r-s=m^2-n^2$$

$$y=\sqrt{4rs}=\sqrt{4m^2n^2}=2mn$$

$$z=r+s=m^2+n^2$$

容易驗知：m 與 n 互質，一奇一偶，且 $m>n$。事實上，因為 m 與 n 的任何公因數必是 $x,\ y,\ z$ 的公因數，而 $x,\ y,\ z$ 互質，故 m 與 n 互質。又因為若 m 與 n 全為奇數或全為偶數，則 $x,\ y,\ z$ 全為偶數，這跟 $x,\ y,\ z$ 互質矛盾。最後，$m>n$ 是顯然的。

定理 3（原始畢氏三元數之生成定理）

設 (x, y, z) 為畢氏三元數且 y 為偶數，則 (x, y, z) 為原始的畢氏三元數之充要條件為存在互質的自然數 m 與 n，一奇一偶，且 $m>n$，使得

$$x=m^2-n^2,\ y=2mn,\ z=m^2+n^2 \tag{30}$$

推論

原始的畢氏三元數有無窮多組。

定理 4（畢氏三元數的生成定理）

當 m, n, ℓ 在自然數中變動時，三參數公式

$$x=\ell(m^2-n^2),\ y=2\ell mn,\ z=\ell(m^2+n^2) \tag{31}$$

可以產生出所有的畢氏三元數。

注意：當 $\ell=4, m=3, n=2$ 與 $\ell=1, m=6, n=4$ 時，(31)式皆生成 $(20, 48, 52)$，故(31)式會重複生成畢氏三元數。

畢氏三元數（原始的與否）居然有公式可循，這是很奇妙的事。

我們也注意到，在微積分中，關於三角有理函數的積分 $\int R(\cos\theta, \sin\theta)d\theta$，其中 $R(x, y)$ 為 x 與 y 的有理函數，我們只需令 $t=\tan\dfrac{\theta}{2}$，那麼

$$\cos\theta=\frac{1-t^2}{1+t^2},\quad \sin\theta=\frac{2t}{1+t^2},\quad d\theta=\frac{2}{1+t^2}dt$$

於是 $\int R(\cos\theta, \sin\theta)d\theta$ 就可以變成有理函數的積分。

畢氏三元數、圓的有理化參數表現與三角有理函數的積分，三者密切地連結在一起，令人驚奇。在積分法中，變數代換 $t=\tan\frac{\theta}{2}$ 對初學者而言，常構成困擾，有如「魔術師突然從帽子裡取出小白兔」一般。此地的解說，多少解除了這個困惑。

習 題

4. 設 (a, b, c) 為原始的畢氏三元數（c 為斜邊）。若 a 與 c，或 b 與 c 為接續兩整數，試證半周長 $\frac{1}{2}(a+b+c)$ 為三角形數（即形如 $\frac{1}{2}n(n+1)$ 之數）。反之成立嗎？

費瑪最後定理

方程式 $x^2+y^2=z^2$ 有無窮多組的正整數解答，並且可以用公式表達出來。接著我們很自然就會考慮

$$x^n+y^n=z^n,\ n=3,\ 4,\ 5,\ \cdots \tag{32}$$

的正整數解之問題。

代數學之父 Diophantus（約 200～284）約在西元 250 年左右寫了《算術》(*Arithmetica*) 一書，其中討論許多代數方程式的正整數（或有理數）解之問題。Bachet (1581～1638) 在 1621 年將它翻譯成拉丁文，費瑪在 1630 年代對這個譯本勤加研讀，其中第二冊的第 8 個問題跟畢氏三元數關係密切：

給定一個平方數，將它分成兩個平方數之和。

費瑪在書頁的空白處寫道（約在 1637 年左右）：

> 然而，我們不可能將一個立方數分成兩個立方數之和，也不可能將一個四次方數分成兩個四次方數之和。更一般地，除了平方數之外，任何次方數都不能分成兩個同次方數之和。我已經發現了一個美妙的證明，但是由於空白處太小，所以沒有寫下來。

這就是鼎鼎有名的費瑪最後定理的由來。

費瑪最後定理

當 $n=3, 4, 5, \cdots$ 時，方程式 $x^n+y^n=z^n$ 不存在正整數解答。

這個定理敘述起來雖然很簡單，但是卻有如銅牆鐵壁般之難於攀登。長久以來沒有人能給出正確的證明。沒有證明，就只能算是一個猜測 (conjecture)。因此，費瑪最後定理一直是數學中唯一以「定理」之名而行的一個猜測。

在 1908 年由德國數學家 Wolfskehl 捐出十萬馬克，作為給第一位證明費瑪最後定理的人之獎金。希爾伯特是評審的主任委員，每年都收到許多業餘的或職業的數學家所提出的證明，當委員會判決這些證明都不對的時候，他常幽默地說：「真幸運，好像我是唯一能解答這個難題的人。」接著他又補充說：「但是，請放心，我不會去殺死這隻每年會生出許多金蛋的天鵝。」

費瑪最後定理像一隻天鵝，更像是一隻牛虻 (gadfly)，刺激著數學的發展。由於欲解它，而發展出豐富的數學理論，這是更重要且更有趣的收穫。

三百多年來，許多數學家懷著無比的熱情與毅力，嘗試去解決這個難題，以期一舉成名。在數學史上，有三次較重要的時刻宣稱證明了費瑪最後定理：1847 年 Lamé 與 Cauchy，1985 年 Frey，以及 1988 年宮岡洋一 (Yoichi Miyaoka)。不過，每一次都很快就發現到，證明中含有錯誤或漏洞。最後一次是 1993 年 6 月 23 日，Wiles 在英國的劍橋大學宣布證明了費瑪最後定理 (200 頁的論文)。然而，事後又被發現其中有嚴重的漏洞。Wiles 再經過一年多的努力，在 1994 年 10 月 25 日工作完成，將漏洞補全，延續 350 年的數學懸案終於獲得解決。

逐本探源

問題 4

為什麼要追尋整數邊的直角三角形呢？

這個問題除了本身有趣之外，它還存在有更深刻的歷史理由，涉及到畢氏學派 (Pythagorean School) 的哲學觀點。

畢氏學派為了建立幾何學，採用原子論 (atomism) 的觀點：先分析幾何圖形的結構，得到體、面、線、點；反過來是綜合，動點成線，動線成面，動面成體。點是幾何圖形的原子，最基本的組成單位。

問題 5

點有多大？

顯然，點的長度 d 只有兩種情形：$d=0$ 或 $d>0$。如果 $d=0$，即點沒有長度，那麼就會產生由沒有長度的點累積成有長度的線段，導致「無中生有」(something out of nothing) 之不可思議。局部 (local) 與

大域 (global) 之間存在著不可踰越的鴻溝。對畢氏學派而言，這是一個解不開的困局。直到微積分出現，這個難題才獲得解決。

因此，畢氏學派選擇了假說：$d>0$，即點雖然很小很小，但是具有一定的長度，像小珠子一樣。線是由許多小珠子串連而成的。換言之，從畢氏學派的眼光來看，世界是離散的 (discrete)。從而，任何兩線段 a 與 b 都是可共度的 (commensurable)，即存在共度單位 $u>0$，使得 $a=mu, b=nu$，其中 m 與 n 皆為自然數。因為至少一個點的長度 d 就是一個共度單位。最大共度單位可以對 a 與 b 施行輾轉互度法求得，這相當於用輾轉相除法求 m 與 n 的最大公因數。在畢氏的假設下，線段的度量只會出現兩個整數之比，即有理數。據此，畢氏學派大膽地飛躍到「萬有皆整數。」(All is whole numbers.) 的結論與世界觀。

在任何兩線段皆可共度的觀點下，畢氏學派證明了長方形的面積公式、畢氏定理以及相似三角形基本定理，奠定幾何學的地基。

另一方面，畢氏定理所涉及的直角三角形基本上也都只是整數邊而已（必要時加以放大，乘以某個自然數）。因此，畢氏學派想要追尋正整數邊的直角三角形（叫做畢氏三角形），這是順理成章的事情。接著 Diophantus 擴展到正整數邊的一般三角形（叫做 Diophantus 三角形）；最後，Heron 再進一步要求面積與邊都是正整數之 Heron 三角形。

數學的第一次危機

然而，好景不常，畢氏學派發現正方形的邊與對角線不可共度 (incommensurable)，即找不到共度單位，這等價於 $\sqrt{2}$ 不是有理數。換言之，畢氏學派發現幾何線段不是離散的，而是連續的。線段可作

無窮步驟的分割 (infinitely divisible)，最終所抵達的「點」(point)，即幾何學的原子，其長度 $d=0$。這個發現，震垮了畢氏學派所建立的幾何學地基，在數學史上稱為第一次的數學危機。(第二次是微積分基礎的危機，第三次是集合論出現矛盾的危機。)

古希臘人經過約三百年的努力，終於克服了這個危機。歐幾里德在紀元前三百年採用公理化的手法完成幾何學的重建工作，將畢氏學派用算術來建立幾何學的手法，修正成用幾何來治幾何之「幾何優先論」。歐氏開宗明義的第一個定義就是：點只占有位置而不具有大小。(A point is that which has no part.) 這是回應畢氏學派 $d>0$ 的失敗所作的修正。許多人對這個定義有困惑，主要是因為欠缺對整個歷史背景的了解。

話說回來，歐氏在討論線段的長度時，並沒有採用點的長度累積成線段的長度所引發的「無中生有」之困局。事實上，歐氏刻意地避開畢氏學派的困局，避開「無窮」，在他那個時代有所謂的「希臘人對無窮的恐懼。」(the Greek horror of infinity) 兩千年後才有微積分第一波的征服無窮，又再過兩百年集合論出現，這是第二波的征服無窮。

微積分的誕生

離散的原子論在幾何學中失敗，那麼改採連續的世界觀又如何？這更加困難。經過兩千多年的努力，到了十七世紀後半葉，牛頓與萊布尼茲將點的長度解釋為「無窮小」(infinitesimal)，要多小就有多小，但不等於 0，並且成功地由點的長度連續地累積（即積分）出線段的長度：

$$\int_a^b dx = x\Big|_a^b = b - a \tag{33}$$

此式叫做完美的積分公式 (the perfect integral formula)。

再推廣成對於函數 $y = F(x)$，也有

$$\int_a^b dF(x) = F(x)\Big|_a^b = F(b) - F(a) \tag{34}$$

其中 $dF(x) = F(x + dx) - F(x)$。進一步看出微積分學基本定理：

如果 $f(x)dx = dF(x)$，即如果 $\dfrac{dF(x)}{dx} = f(x)$，則

$$\int_a^b f(x)dx = \int_a^b dF(x) = F(b) - F(a) \tag{35}$$

此式叫做 Newton-Leibniz 公式。

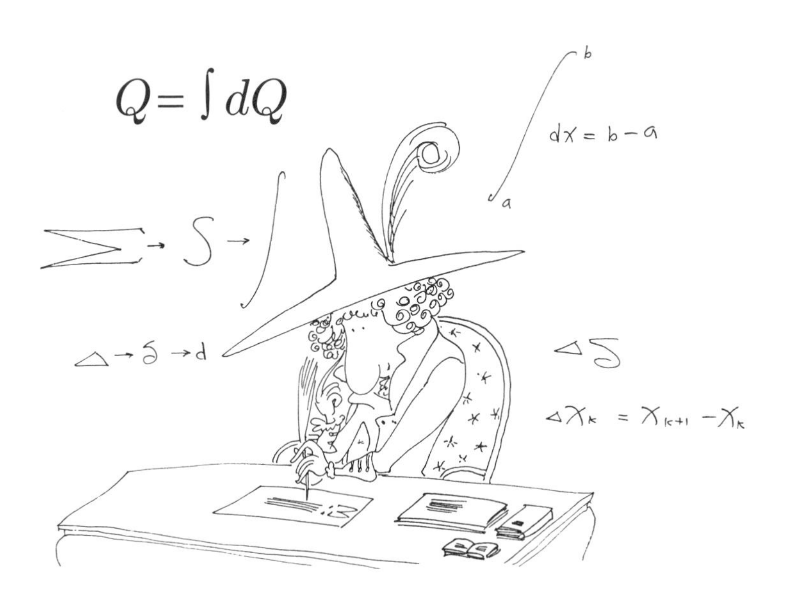

這不但初步解決局部的點與大域的線段之間的連結困局，而且也確立了微積分，透過微分的逆算來求積分，一舉解決了兩千多年來的求積難題。

然而，什麼是無窮小？這是一個更深刻的難題，一直要等到 1960 年代「非標準分析」(non-standard analysis) 出現才獲得解決。

集合論與測度論

因為點的長度為 0，所以線段含有無窮多點。在 1870 年左右，康托爾進一步追究「無窮」本身，發現線段的無窮比自然數系 ℕ 的無窮更高級，是不可列的 (uncountable)、連續統 (continuum) 之無窮；相對地，ℕ 是可列的 (countable) 無窮。我們可以說，集合論是康托爾探索無窮而誕生的。

微積分在沒有長度的點與有長度的線段之間建立了一座橋樑。另一個解決方案是本世紀初 (1902～1903) Lebesgue 所提出的測度論 (measure theory)：雖然直線上每一點的長度皆為 0，但是我們仍然有辦法談論許多複雜子集的測度。Lebesgue 接受區間長度的普通常識，再採用逼近的手法完成這件工作，使得測度論變成是近代分析學的基礎。

結 語

三角形有很豐富的幾何性質，在歐氏幾何學中占有核心的地位。特別地，對於整數邊的三角形之研究，從畢氏三角形、Diophantus 三角形與 Heron 三角形，我們得到了許多美妙的規律。這根源於畢氏學派離散世界觀，萬有皆整數的哲學思想。

由於 $\sqrt{2}$ 的出現，讓畢氏學派發現到連續的世界，經過兩千五百年的開墾，一路上產生了歐氏幾何、微積分、集合論與測度論等等，可以說是豐收並且歷史源遠流長。

最後，我們引用數學史家 E. T. Bell 的話作為本文的結束：

整個數學史可以看作是離散與連續這兩個觀點的論爭史。這個論爭可能只是早期希臘哲學上著名的「一與多」(亦即「變」與「不變」) 論爭的餘波蕩漾。然而，把它們看作是「你存我亡或我存你亡」式的論爭並不恰當，至少在數學裡，離散與連續經常是相輔地促成了進步。

紀伯倫 (K. Gibran, 1883～1931) 的哲理性小詩：

我在海岸上行走，
在沙土和泡沫之間。
浪潮會抹去我的腳印，
微風也會把泡沫吹走。
但是海洋和沙岸，
卻將永遠存在。

松與雷　◎尼采

我今高於獸與人；
我發言時無人應。

我今又高又孤零，
蒼然兀立為何人？

我今高聳入青雲，
靜待春雷第一聲。

尼采說：你應該像園丁一般地來看待所遇到人生的困境——耕耘自己的怒氣、苦悶、悲傷、同情心、好奇、好強、虛榮，讓它們長出美麗的花果。

13　星空燦爛的數學 (I)

——托勒密如何編製弦表？

古希臘的偉大天文學家托勒密說：「平凡若我者，本應如蜉蝣一般朝生暮死。但是，每當我看到滿天的繁星，在不朽的天空中，按照自己的軌道井然有序地運行時，我就情不自禁地有身在天上人間的感動，好像是天帝宙斯 (Zeus) 親自饗我以神饌。」這種激情 (passion) 就是支持托勒密不息工作的動力泉源，他用數學來捕捉星空的規律、對稱、恆常與美。然而，星空的規律（如周轉圓、天動說）短暫，會過時，留下的數學卻萬古長青。

天文現象離人類最遙遠，但是星空卻最容易令人產生秩序感、敬畏、驚奇與美感，加上制訂曆法和農耕的需要，這些就導致天文學變成是最早發展的一門學問，同時也促動了（平面與球面）幾何學和三角學的誕生。

天文學與幾何學、算術、音樂形成古希臘的四藝 (quadrivium)；到了中世紀再加上三藝 (trivium)：文法 (grammar)、修辭 (rhetoric)、辯證 (dialectic)，合成七藝 (seven liberal arts and sciences)。

Claudius Ptolemy (with the goddess Astronomy). "we shall only report what was rigorously proved by the ancients . . ." (Courtesy O. Gingerich)

圖 13–1　托勒密（與天文女神）

需要為發明（或發現、創造）之母。在接受地球中心說 (geocentric theory) 之下，天文學家托勒密（請不要跟古埃及托勒密王朝的托勒密一世、二世……混淆），見圖 13–1，為了天文學的「測星」與幾何學「測地」之需要，必須知道各種圓心角 θ 所對應的弦 $\overline{AB}$ 之長，見圖 13–2。我們不妨假設圓的半徑 $R=1$，因為一切都是比例問題。

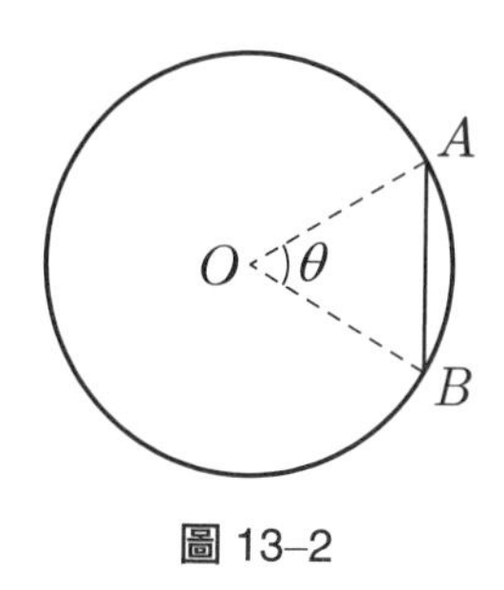

圖 13–2

詳言之，在同一個球面上兩個星球的距離就是一根全弦的長，即圖 13–3 的 $\overline{AB}$。另外，星球與地平面的距離是半弦之長，即圖 13–4 的 $\overline{AC}$，它是圓心角之半 $\frac{1}{2}\theta$ 的正弦，即 $\sin\frac{\theta}{2}$，半徑 R 已取為 1。在使用上，全弦與半弦只差個 2 的因子，所以並沒有區別。

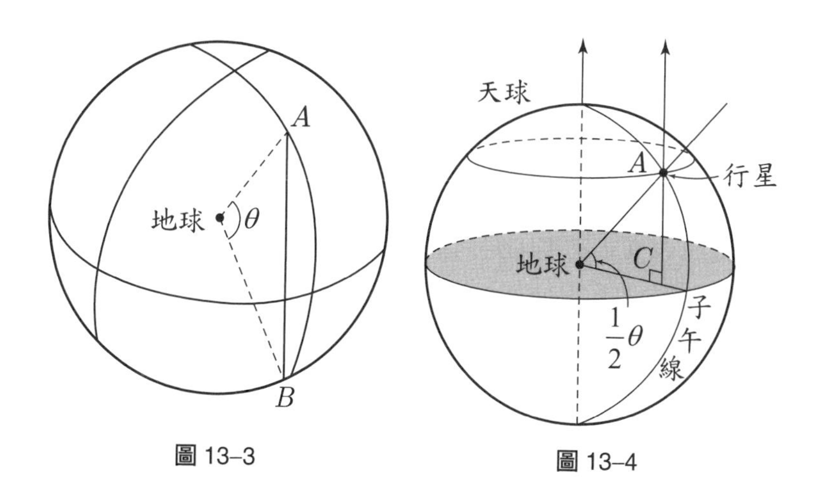

圖 13–3　　圖 13–4

托勒密在西元 150 年出版 13 冊的《數學文集》，蒐集當時已知的數學與天文學知識，加上自己的獨創，並且利用離心圓 (eccentric circles) 與周轉圓（epicycles，即一個轉動圓，其圓心又在另一個轉動圓的圓周上），成功地描述了行星運動的軌道，保住了行星運動的現象，並且鞏固了地球中心說。這使得在他之前的三角學與天文學著作都黯然失色，甚至失傳，真正發揮了「良幣驅逐劣幣」的功能。

後來，托勒密這套書傳到阿拉伯世界，約在西元 800 年被翻譯成阿拉伯文，阿拉伯人尊稱為 “Almagest”，意指「最偉大的書」。後世的數學史家也稱讚它具有完備性 (completeness)、緊緻性 (compactness) 以及典雅性 (elegance)。歐幾里德 13 卷的《幾何原本》之於幾何學，就相當於托勒密 13 冊的 *Almagest* 之於天文學。

Almagest 在西方失傳，到了十三世紀末，由阿拉伯傳回西方，譯成拉丁文，使得歐洲人重新認識古希臘文化的精神，開始了文藝復興運動。托勒密的天文體系，一直沿用到十六、七世紀，才逐漸被哥白尼 (Copernicus, 1473～1543) 與克卜勒 (Kepler, 1571～1630) 的太陽中心說 (heliocentric theory) 所取代，這就是著名的哥白尼革命，接著啟動十七世紀的科學革命，十八世紀的啟蒙運動、政治革命，十九世紀的工業革命，以至於二十世紀今日的資訊與分子生物學之革命。

托勒密在 *Almagest* 的第一冊中編製了一個數值表，對於圓心角 θ 從 $0°$ 開始，以 $0.5°$ 的間隔變到 $180°$，列出全弦 $\overline{AB} = \mathrm{Crd}(\theta)$ 之長，叫做弦表 (a table of chords)，見圖 13–2。因 $\mathrm{Crd}(\theta) = 2\sin\dfrac{\theta}{2}$，所以弦表就相當於從 $0°$ 開始，以 $0.25°$ 為間隔變到 $90°$ 之正弦函數表。事實上，托勒密選取圓的半徑 $R = 60$，即採用巴比倫的六十分制。托勒密的弦表在天文學界使用了大約一千年之久，直到三角函數表出現為止。

天文學是數學（也是物理學）的故鄉。托勒密對於「一根弦的祕密」與「行星的運行」之追尋，除了產生幾何學與三角學之外，進一步變成往後一些數學發展的泉源。例如，周轉圓的概念是十九世紀傅立葉分析 (Fourier analysis) 的胚芽之一。因此，托勒密的工作堪稱為

「有源頭活水」。宋朝的朱熹，在《觀書有感》中說得好：

半畝方塘一鑑開，天光雲影共徘徊。

問渠那得清如許？為有源頭活水來。

本文我們要用一系列的文章，介紹托勒密的偉大工作，背後所牽涉的數學，以及一些後續的數學發展。現在我們就先從「托勒密如何編製弦表」談起。

特別角所對應的弦長

托勒密要編製的弦表，就是完成下面的表格：

圓心角 θ	$0°, 0.5°, 1°, 1.5°, \cdots, 180°$
相應的弦長 $\overline{AB}=\text{Crd}(\theta)$	$0, \cdots\cdots, 2$

按常理，當然要從簡易處著手。大家都知道，正多邊形有無窮多種；但是正多面體不多也不少，恰有五種，叫做柏拉圖五種正多面體。在正多邊形中，以正三、四、五、六、十邊形之邊長，較容易求得，只需用一點兒平面幾何的知識。

(i)圓內接正三角形，見圖 13–5。$\theta=120°$，由畢氏定理知

$$\text{Crd}(120°)=\overline{AB}=\sqrt{2^2-1^2}=\sqrt{3}\approx 1.732$$

(ii)圓內接正方形，見圖 13–6。$\theta=90°$，由畢氏定理知

$$\text{Crd}(90°)=\overline{AB}=\sqrt{1^2+1^2}=\sqrt{2}\approx 1.414$$

(iii)圓內接正六邊形，見圖 13–7。$\theta=60°$, $\text{Crd}(60°)=\overline{AB}=1$。

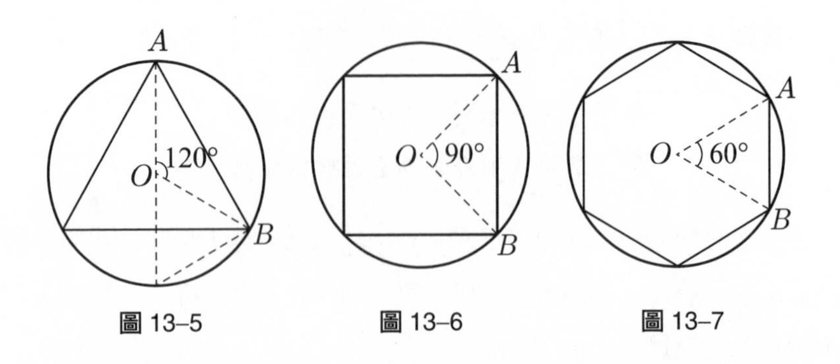

圖 13–5　　圖 13–6　　圖 13–7

正五邊形與正十邊形

正五邊形與正十邊形的關係密切，我們由後者切入較容易。

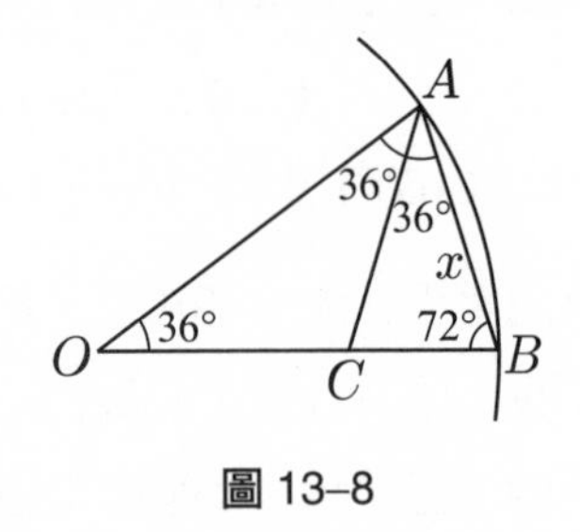

圖 13–8

在圖 13–8 中，令 $\overline{AB}=x$ 表示正十邊形一邊之長，它所對應的圓心角為 36°。由三角形三內角和為 180° 之定理知 $\angle OAB=\angle OBA=72°$，以 A 點為圓心，$\overline{AB}$ 為半徑作一圓弧交 $\overline{OB}$ 於 C 點，則 $\overline{AC}=x$，從而 $\triangle ABC$ 與 $\triangle ACO$ 皆為等腰三角形。因此 $\overline{OC}=\overline{AC}=x$, $\overline{CB}=1-x$，因為 $\triangle OAB$ 與 $\triangle ABC$ 相似，所以 $\dfrac{1}{x}=\dfrac{x}{1-x}$, $x^2+x-1=0$，解得 $x=\dfrac{-1\pm\sqrt{5}}{2}$，負根不合，棄之，故得 $x=\dfrac{\sqrt{5}-1}{2}$，這就是正十邊形一邊之長。

(iv)圓內接正十邊形。$\theta = 36°$

$$\mathrm{Crd}(36°) = \overline{AB} = \frac{\sqrt{5}-1}{2} \approx 0.618$$

注意：$\triangle OAB$ 叫做黃金三角形，$\dfrac{\sqrt{5}-1}{2}$ 叫做黃金數。

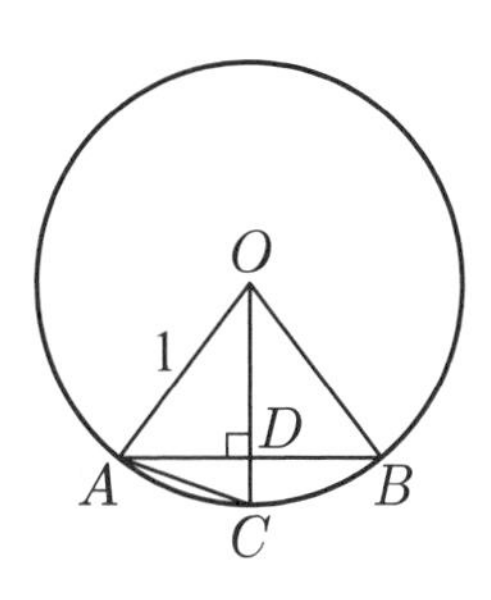

圖 13–9

接著，我們考慮正五邊形。如圖 13–9，假設 $\overline{AB}$ 與 $\overline{AC}$ 分別為正五邊形與正十邊形之一邊。令 $\overline{OD} = x$，則 $\overline{CD} = 1 - x$。因為 $\overline{AB} \perp \overline{OC}$，故由畢氏定理知

$$\overline{AO}^2 = \overline{OD}^2 + \overline{AD}^2$$

$$\overline{AC}^2 = \overline{CD}^2 + \overline{AD}^2$$

兩式相減得 $\overline{AO}^2 - \overline{AC}^2 = \overline{OD}^2 - \overline{CD}^2$。

又因為 $\overline{AC} = \dfrac{\sqrt{5}-1}{2}$，故 $1 - (\dfrac{\sqrt{5}-1}{2})^2 = x^2 - (1-x)^2$，解得

$$x = \overline{OD} = \frac{\sqrt{5}+1}{4}$$

又 $\overline{AD}^2 = \overline{OA}^2 - \overline{OD}^2$，故 $\overline{AD}^2 = 1 - (\dfrac{\sqrt{5}+1}{4})^2 = \dfrac{10-2\sqrt{5}}{16}$

$$\overline{AB}=2\overline{AD}=\frac{\sqrt{10-2\sqrt{5}}}{2}$$

(v)圓內接正五邊形：$\theta=72°$

$$\mathrm{Crd}(72°)=\overline{AB}=\frac{1}{2}\sqrt{10-2\sqrt{5}}\approx 1.176$$

由上述結果，我們順便可得到正五邊形與正十邊形的尺規作圖方法：如圖 13–10，作一單位圓，圓心為 O，再作互相垂直的兩直徑 $\overline{AC}$ 與 $\overline{BD}$。取半徑 $\overline{OC}$ 的中點 E，以 E 為圓心，$\overline{EB}$ 為半徑，作圓弧交 $\overline{OA}$ 於 F 點，則易驗知 $\overline{OF}$ 與 $\overline{BF}$ 分別為圓內接正十邊形與正五邊形的一邊，從而可作出正五邊形與正十邊形。由此更容易求得 Crd(36°) 與 Crd(72°)。

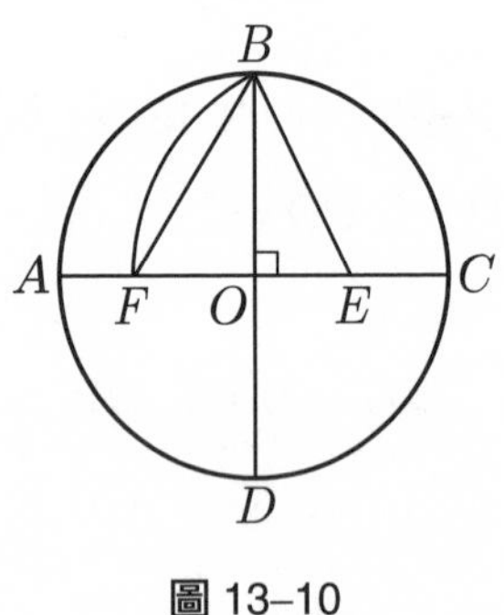

圖 13–10

托勒密定理及其應用

為了探求更多圓心角所相應的弦長，我們要先準備一個基本的建構工具：從已知兩個角的弦長，求出和角與差角的弦長。這必須用到下面著名的幾何定理：

定理 1（托勒密定理，西元 150 年）

設 $ABCD$ 為圓的內接四邊形，則

$$\overline{AC}\cdot\overline{BD}=\overline{AB}\cdot\overline{CD}+\overline{BC}\cdot\overline{AD}$$

亦即兩條對角線之乘積等於兩雙對邊乘積之和，見圖 13–11。

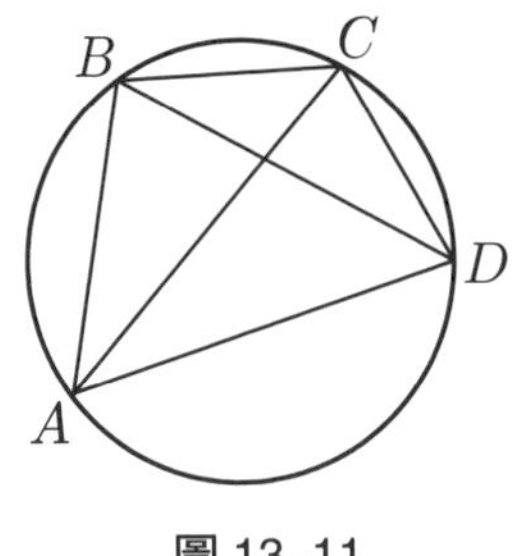

圖 13–11

對於這個定理的發現、證明以及相關的發展，我們留待下一章解說。現在我們就利用這個定理來幫忙編製弦表。

問題 1

如圖 13–12，在單位圓中，已知兩弦 $\overline{AB}$ 與 $\overline{BC}$，試求弦 $\overline{AC}$ 之長。

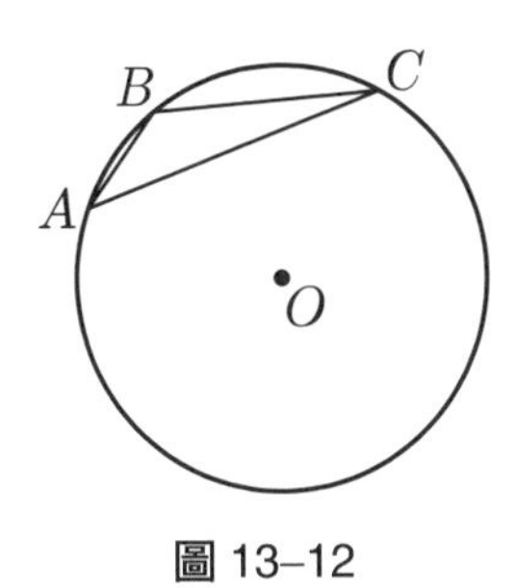

圖 13–12

過 B 點作直徑 $\overline{BD}$，連結 $\overline{CD}$ 與 $\overline{AD}$，那麼上述問題就相當於：

已知兩圓周角 α 與 β 所對應的弦 $\overline{AB}$ 與 $\overline{BC}$，欲求和角 $\alpha+\beta$ 所對應的弦 $\overline{AC}$，見圖 13–13。

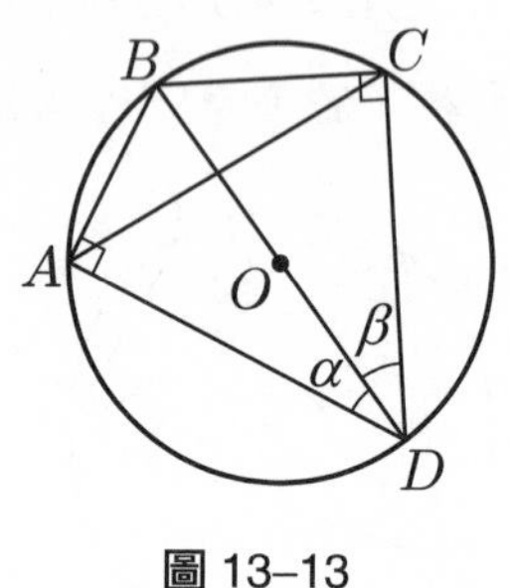

圖 13–13

由托勒密定理知

$$\overline{AC}\cdot\overline{BD}=\overline{AB}\cdot\overline{CD}+\overline{BC}\cdot\overline{AD} \tag{1}$$

又由 $\overline{BD}=2$ 及畢氏定理知

$$\overline{CD}=\sqrt{4-\overline{BC}^2}$$

$$\overline{AD}=\sqrt{4-\overline{AB}^2}$$

代入(1)式得到：

推論 1

在單位圓內，已知兩弦 $\overline{AB}$ 與 $\overline{BC}$，則

$$\overline{AC}=\frac{\overline{AB}}{2}\sqrt{4-\overline{BC}^2}+\frac{\overline{BC}}{2}\sqrt{4-\overline{AB}^2} \tag{2}$$

進一步，利用正弦定律 (law of sine) 可知，(1)式等價於正弦函數的和角公式（或複角公式）

$$\sin(\alpha+\beta)=\sin\alpha\cos\beta+\cos\alpha\sin\beta \tag{3}$$

問題 2

如圖 13–14，在單位圓中，已知兩弦 $\overline{AB}$ 與 $\overline{AC}$，試求弦 $\overline{BC}$ 之長。

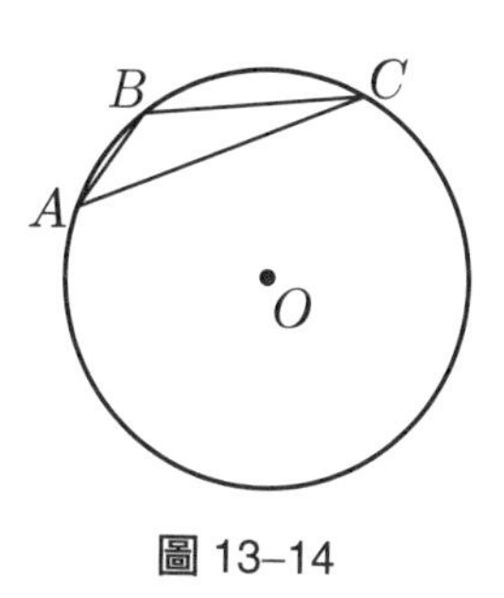

圖 13–14

過 A 點作直徑 $\overline{AD}$，連結 $\overline{BD}$ 與 $\overline{CD}$，那麼上述問題就相當於：已知兩圓周角的 α 與 β 所對應的弦 $\overline{AC}$ 與 $\overline{AB}$，欲求差角 $\alpha-\beta$ 所對應的弦 $\overline{BC}$，見圖 13–15。

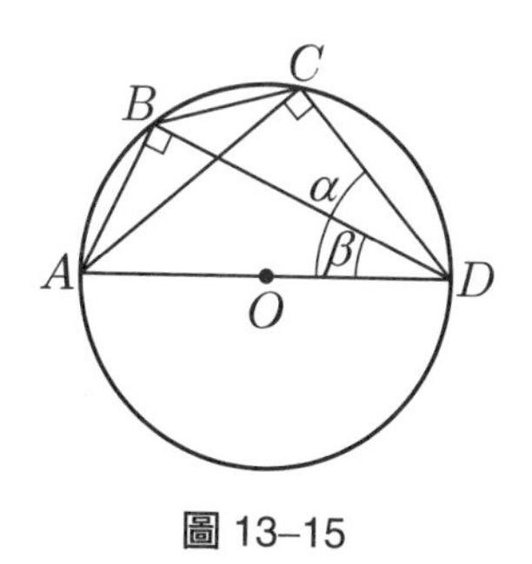

圖 13–15

由托勒密定理與畢氏定理可以推得：

推論 2

在單位圓內，已知兩弦 $\overline{AB}$ 與 $\overline{AC}$，則

$$\overline{BC}=\frac{\overline{AC}}{2}\sqrt{4-\overline{AB}^2}-\frac{\overline{AB}}{2}\sqrt{4-\overline{AC}^2} \tag{4}$$

習　題

1. 在圖 13–15 中，試證托勒密定理等價於正弦函數的差角公式

$$\sin(\alpha-\beta)=\sin\alpha\cos\beta-\cos\alpha\sin\beta \tag{5}$$

問題 3

如圖 13–16，在單位圓中，已知一弦 $\overline{BD}$，並且 C 為弧 $\overset{\frown}{BD}$ 的中點，試求弦 $\overline{BC}$（或 $\overline{CD}$）。

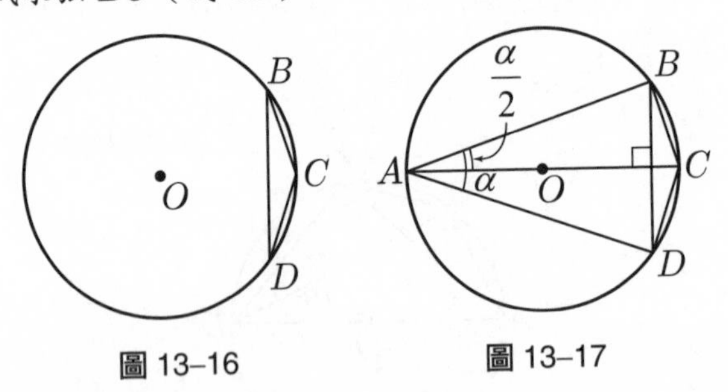

圖 13–16　　圖 13–17

過 C 點作直徑 $\overline{AC}$，連結 $\overline{AB}$, $\overline{AD}$ 與 $\overline{BD}$，則上述問題就相當於：已知圓周角 α 所對應的弦 $\overline{BD}$，欲求半角 $\frac{\alpha}{2}$ 所對應的弦 $\overline{BC}$，見圖 13–17。

由托勒密定理得知

$$\overline{AC}\cdot\overline{BD}=\overline{AB}\cdot\overline{CD}+\overline{AD}\cdot\overline{BC} \tag{6}$$

又 $\overline{AC}=2,\ \overline{BC}=\overline{CD}$，再由畢氏定理知 $\overline{AB}=\overline{AD}=\sqrt{4-\overline{BC}^2}$，代入(6)式得到

$$2\cdot\overline{BD}=2\overline{BC}\sqrt{4-\overline{BC}^2} \tag{7}$$

於是 $\overline{BC}^4-4\overline{BC}^2+\overline{BD}^2=0$，解出 $\overline{BC}^2$ 得到

$$\overline{BC}^2=2\pm\sqrt{4-\overline{BD}^2} \tag{8}$$

正號不合。因此，我們得到：

推論 3

在單位圓中，已知弦 $\overline{BD}$ 並且 C 為弧 $\widehat{BD}$ 之中點，則

$$\overline{BC}=\overline{CD}=\sqrt{2-\sqrt{4-\overline{BD}^2}} \tag{9}$$

復次，(9)式等價於半角公式，我們證明如下：在圖 13–17 中，連結 $\overline{BO}$，令 $\overline{BD}$ 與 $\overline{AC}$ 之交點為 M，得到下面的圖 13–18。

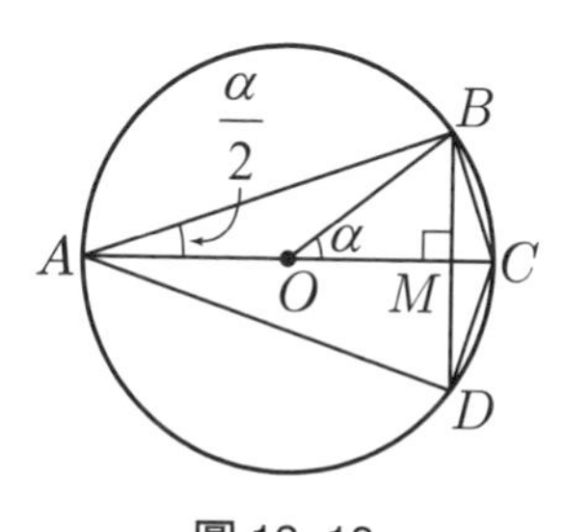

圖 13–18

(9)式等價於

$$(\frac{\overline{BC}}{2})^2=\frac{2-\sqrt{4-\overline{BD}^2}}{4}=\frac{1-\sqrt{1-(\frac{\overline{BD}}{2})^2}}{2}$$

$$=\frac{1-\sqrt{1-\overline{BM}^2}}{2}=\frac{1-\overline{OM}}{2} \tag{10}$$

又因為 $\sin\frac{\alpha}{2}=\frac{\overline{BC}}{\overline{AC}}=\frac{\overline{BC}}{2}$，並且 $\cos\alpha=\frac{\overline{OM}}{\overline{BO}}=\overline{OM}$，所以(10)式又等價於半角公式

$$\sin^2\frac{\alpha}{2}=\frac{1-\cos\alpha}{2} \tag{11}$$

總結上述，托勒密定理的一些特例：圓內接四邊形為鳶形，或有一對角線為直徑，或有一邊為直徑，就分別等價於半角公式，正弦的和角公式與差角公式。因此，托勒密定理可以說是三角學的結晶。欲知三角學，請由托勒密定理切入！

初步編製弦表

利用推論 1、推論 2 與推論 3，托勒密求出更多圓心角 θ 所對應的弦長 $\mathrm{Crd}(\theta)$。他由 $\theta=72°$（正五邊形）與 $\theta=36°$（正十邊形）出發，逐步算出其他角的弦長。

(1)補角相應的弦長

如圖 13–19，已知 $\mathrm{Crd}(\theta)=\overline{BC}$，利用畢氏定理可求得補角 $180°-\theta$ 之弦長為

$$\mathrm{Crd}(\pi-\theta)=\overline{AB}=\sqrt{2^2-\overline{BC}^2}=\sqrt{4-\mathrm{Crd}^2(\theta)} \tag{12}$$

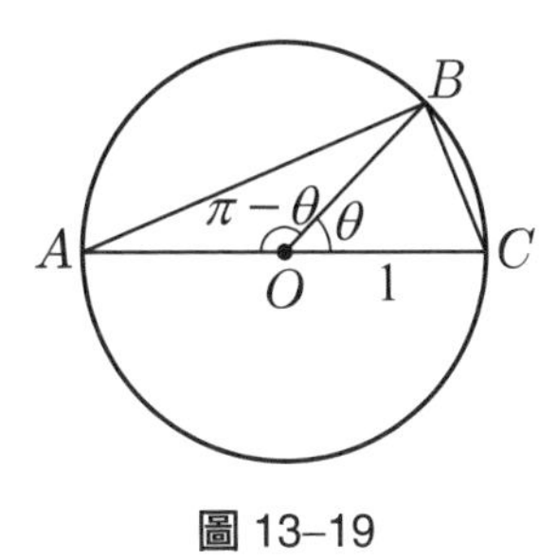

圖 13–19

已知 $\text{Crd}(36°) = \dfrac{\sqrt{5}-1}{2} \approx 0.618$，

$\text{Crd}(72°) = \dfrac{1}{2}\sqrt{10-2\sqrt{5}} \approx 1.176$，

於是

$$\begin{aligned}\text{Crd}(144°) &= \text{Crd}(180° - 36°) \\ &= \sqrt{2^2 - \text{Crd}^2(36°)} \\ &= \frac{1}{2}\sqrt{10+2\sqrt{5}} \approx 1.902\end{aligned}$$

$$\begin{aligned}\text{Crd}(108°) &= \text{Crd}(180° - 72°) \\ &= \sqrt{2^2 - \text{Crd}^2(72°)} \\ &= \frac{1}{2}\sqrt{6+2\sqrt{5}} \approx 1.618\end{aligned}$$

⑵差角相應的弦長

已知 $\text{Crd}(72°) = \dfrac{1}{2}\sqrt{10-2\sqrt{5}} \approx 1.176$ 與 $\text{Crd}(60°) = 1$，由推論 2 知

$$\begin{aligned}\text{Crd}(12°) &= \text{Crd}(72° - 60°) \\ &= \frac{1}{2}\text{Crd}(72°)\sqrt{4-\text{Crd}^2(60°)} - \frac{1}{2}\text{Crd}(60°)\sqrt{4-\text{Crd}^2(72°)} \\ &= \frac{1}{4}(\sqrt{30-6\sqrt{5}} - \sqrt{6+2\sqrt{5}}) \approx 0.209\end{aligned}$$

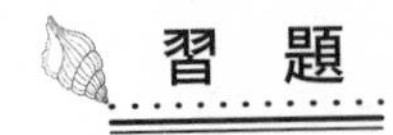

習　題

2. 求 Crd(24°) 之值。

⑶半角相應的弦長

利用推論 3，我們就可以求得半角相應的弦長：

$$\mathrm{Crd}(6^\circ)=\sqrt{2-\sqrt{4-\mathrm{Crd}^2(12^\circ)}}\approx 0.105$$

$$\mathrm{Crd}(3^\circ)=\sqrt{2-\sqrt{4-\mathrm{Crd}^2(6^\circ)}}\approx 0.052$$

$$\mathrm{Crd}(1.5^\circ)=\sqrt{2-\sqrt{4-\mathrm{Crd}^2(3^\circ)}}\approx 0.0262$$

$$\mathrm{Crd}(0.75^\circ)=\sqrt{2-\sqrt{4-\mathrm{Crd}^2(1.5^\circ)}}\approx 0.0131$$

習　題

3. 試求 Crd(4.5°), Crd(7.5°) 及 Crd(9°) 之值。

Crd(1°) 之計算

為了要編造間隔為 0.5° 之弦表，我們必須求出 Crd(1°) 以及 Crd(0.5°) 之值。

到目前為止，我們已求得 Crd(1.5°)，如何求出 Crd(0.5°)？

因為 1.5° 是 0.5° 的三倍，所以欲解決這個問題，我們必須知道 Crd(θ) 與 Crd(3θ) 的關係，這就涉及三倍角公式

$$\sin 3\theta = 3\sin\theta - 4\sin^3\theta \tag{13}$$

利用 $\text{Crd}(\theta)=2\sin\frac{\theta}{2}$，將上式改成托勒密的弦公式

$$\text{Crd}(3\theta)=3\text{Crd}(\theta)-\text{Crd}^3(\theta) \tag{14}$$

因此，若已知 $\text{Crd}(3\theta)$，欲求 $\text{Crd}(\theta)$，我們必須求解一個三次方程式。但是，三次方程式的求解，直到 1545 年，卡丹諾 (Cardano) 公式出現才獲得解答，在托勒密時代還是無能為力。

為了克服這個困難，我們可以採用線性插值法 (linear interpolation)。

首先觀察 $\text{Crd}(1.5°)=0.0262,\ \ \text{Crd}(0.75°)=0.0131$。我們發現 $\text{Crd}(1.5°)$ 大約是 $\text{Crd}(0.75°)$ 的兩倍，而 1.5° 恰好是 0.75° 的兩倍。因為 1° 是 1.5° 的 $\frac{2}{3}$，所以

$$\text{Crd}(1°)=\text{Crd}(1.5°)\times\frac{2}{3}=0.0175 \tag{15}$$

所謂線性插值法就是將 $\text{Crd}(\theta)$ 看成是 θ 的一次函數，以探求函數值的方法，見圖 13–20。

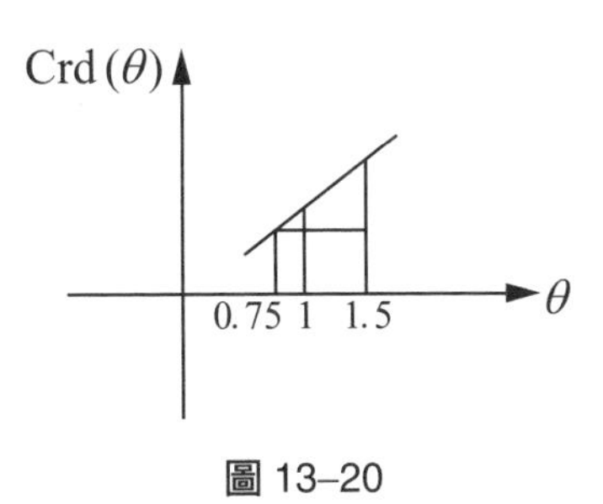

圖 13–20

事實上，托勒密並不是採用線性插值法，而是利用下面直觀的一個幾何定理來求得 $\text{Crd}(1°)$。

定理 2

在一圓中，見圖 13–21，如果弦 $\overline{BC}$ 大於弦 $\overline{AB}$ 並且 $\overset{\frown}{BC}$ 與 $\overset{\frown}{AB}$ 是相應的劣弧，則

$$\frac{\overline{BC}}{\overline{AB}} < \frac{\overset{\frown}{BC}}{\overset{\frown}{AB}} \tag{16}$$

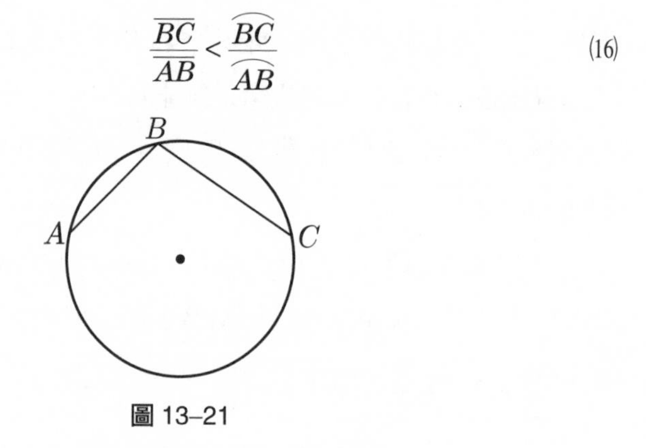

圖 13–21

這個定理的證明與各種等價敘述，包括更直觀的結果，我們留待另文介紹。

托勒密利用定理 2 探求 Crd(1°) 如下：

因為 $\dfrac{\text{Crd}(1^\circ)}{\text{Crd}(0.75^\circ)} < \dfrac{1}{0.75}$，且 $\text{Crd}(0.75^\circ) = 0.0131$，所以

$$\text{Crd}(1^\circ) < 0.0175 \tag{17}$$

又因為 $\dfrac{\text{Crd}(1.5^\circ)}{\text{Crd}(1^\circ)} < \dfrac{1.5}{1}$ 且 $\text{Crd}(1.5^\circ) = 0.0262$，所以

$$\text{Crd}(1^\circ) > 0.0175 \tag{18}$$

由(17)與(18)兩不等式得到

$$\text{Crd}(1^\circ) = 0.0175 \tag{19}$$

接著，利用推論 3，$\text{Crd}(0.5^\circ) = \sqrt{2 - \sqrt{4 - \text{Crd}^2(1^\circ)}}$，求得

$$\text{Crd}(0.5^\circ) = 0.00875 \tag{20}$$

弦表之完成

利用上述基本數據，透過和差角與半角公式，就可以編製出以 0.5° 為間隔的弦表。

托勒密選取圓的半徑 $R=60$，並且採用 60 進位法，按上述的方法，求得如下之弦表。

Κανόνιον τῶν ἐν κύκλῳ εὐθειῶν			弦表		
περιφερειῶν	εὐθειῶν	ἑξηκοστῶν	弧	弦	六十分之一
∠′	ō λα κε	ō α β ν	½°	0;31,25	0;1,2,50
α	α β ν	ō α β ν	1°	1;2,50	0;1,2,50
α∠′	α λδ ιε	ō α β ν	1½°	1;34,15	0;1,2,50
β	β ε μ	ō α β ν	2°	2;5,40	0;1,2,50
β∠′	β λζ δ	ō α β μη	2½°	2;37,4	0;1,2,48
γ	γ η κη	ō α β μη	3°	3;8,28	0;1,2,48
γ∠′	γ λθ νβ	ō α β μη	3½°	3;39,52	0;1,2,48
δ	δ ια ις	ō α β μζ	4°	4;11,16	0;1,2,47
δ∠′	δ μβ μ	ō α β μζ	4½°	4;42,40	0;1,2,47
ε	ε ιδ δ	ō α β μς	5°	5;14,4	0;1,2,46
ε∠′	ε με κζ	ō α β με	5½°	5;45,27	0;1,2,45
ς	ς ις μθ	ō α β μδ	6°	6;16,49	0;1,2,44
ς∠′	ς μη ια	ō α β μγ	6½°	6;48,11	0;1,2,43
ζ	ζ ιθ λγ	ō α β μβ	7°	7;19,33	0;1,2,42
ζ∠′	ζ ν νδ	ō α β μα	7½°	7;50,54	0;1,2,41
⋮	⋮	⋮	⋮	⋮	⋮
ροδ∠′	ριθ να μγ	ō ō β νγ	174½°	119;51,43	0;0,2,53
ροε	ριθ νγ ι	ō ō β λς	175°	119;53,10	0;0,2,36
ροε∠′	ριθ νδ κζ	ō ō β κ	175½°	119;54,27	0;0,2,20
ρος	ριθ νε λη	ō ō β γ	176°	119;55,38	0;0,2,3
ρος∠′	ριθ νς λθ	ō ō α μζ	176½°	119;56,39	0;0,1,47
ροζ	ριθ νζ λβ	ō ō α λ	177°	119;57,32	0;0,1,30
ροζ∠′	ριθ νη ιη	ō ō α ιδ	177½°	119;58,18	0;0,1,14
ροη	ριθ νη νε	ō ō ō νζ	178°	119;58,55	0;0,0,57
ροη∠′	ριθ νθ κδ	ō ō ō μα	178½°	119;59,24	0;0,0,41
ροθ	ριθ νθ μδ	ō ō ō κε	179°	119;59,44	0;0,0,25
ροθ∠′	ριθ νθ νς	ō ō ō θ	179½°	119;59,56	0;0,0,9
ρπ	ρκ ō ō	ō ō ō ō	180°	120;0,0	0;0,0,0

這個表結晶著古希臘時代的數學文明，反映了歐幾里德之後數學的再一次登峰造極，尤其是幾何學、代數學與三角學。

以托勒密定理為核心所編製的弦表 (相當於正弦函數表)，好比是精巧的手工藝產品；十七世紀微積分出現後，利用泰勒展開公式 (Taylor expansion) 所編製的三角函數表，有如機器文明的產品。後法雖更具威力，但我們不要忘了欣賞前法的簡潔漂亮。

結語：教室外與教室內

對於「教室外」的天文、大自然與日常生活等現象，經過長期的觀察和體驗，形成「教室內」的數學問題，然後提出概念與方法，加以解決，再組織成有系統的數學，將教室外與教室內連結在一起，打成一片。這樣才是科學知識發展的常理。托勒密的工作正體現著這種視野與過程，所以更令人激賞。

大自然是數學問題的泉源。

托勒密的工作可以用來統合目前的高中數學，進一步提供豐富的歷史、人文與數學之美。

We have not succeeded in answering all our problems. The answers we have found only serve to raise a whole set of new questions. In some ways we feel we are as confused as about more important things.
（我們並沒有回答所有的問題 。我們所發現的答案又生出一系列新的問題。在某種意味下，我們仍然一樣困惑，但我們是處在更高層次的困惑。）

A sine qua non for making mathematics exciting to a pupil is for the teacher to be excited about it himself; if he is not, no amount of pedagogical training will make up for the defect.

——R. L. Wilder——

Mathematics is the classification and study of all possible patterns.

——Sawyer——

I could be bounded in a nutshell and count myself a king of infinite space.

——Shakespeare——

14 星空燦爛的數學 (II)

——托勒密定理

本章我們進一步來探索托勒密定理的發現理路，並且將相關的數學結果連貫起來。最奇妙的是，利用托勒密定理可以證明：費瑪最短時間原理等價於 Snell 的折射定律。

托勒密 13 冊的著作 *Almagest*（西元 150 年）集古希臘天文學的大成，並且展示了歐氏幾何學與三角學的美妙應用。他為了編製弦表 (the table of chords) 創立下面三個幾何定理：

定理 1

考慮圓 O，假設 $\overline{AOB}$ 為直徑，$\overline{OC} \perp \overline{AB}$，$D$ 為線段 BO 的平分點，作 $\overline{CD} = \overline{DE}$，見圖 14–1，則 $\overline{EO}$ 為圓內接正十邊形的邊長，$\overline{CE}$ 為圓內接正五邊形的邊長。

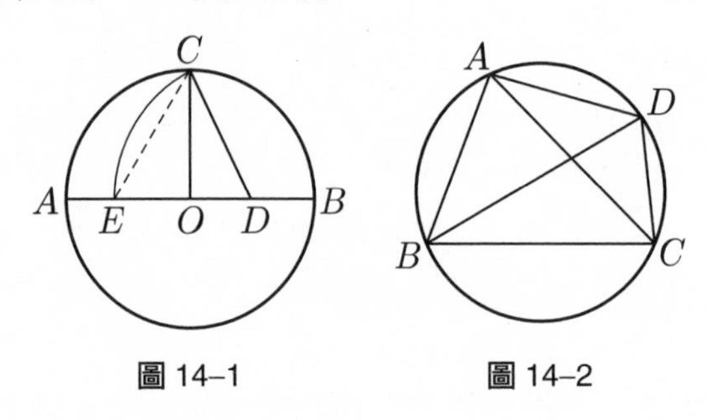

圖 14–1　　圖 14–2

定理 2（托勒密定理）

設 $ABCD$ 為圓內接四邊形，則

$$\overline{AC} \cdot \overline{BD} = \overline{AB} \cdot \overline{CD} + \overline{BC} \cdot \overline{AD} \tag{1}$$

亦即兩條對角線的乘積等於兩雙對邊乘積之和。

定理 3

在一圓中，若弦 $\overline{AB}$ 小於弦 $\overline{BC}$，且 $\overset{\frown}{AB}$ 與 $\overset{\frown}{BC}$ 是相應的劣弧，則

$$\frac{\overline{AB}}{\overset{\frown}{AB}} > \frac{\overline{BC}}{\overset{\frown}{BC}} \tag{2}$$

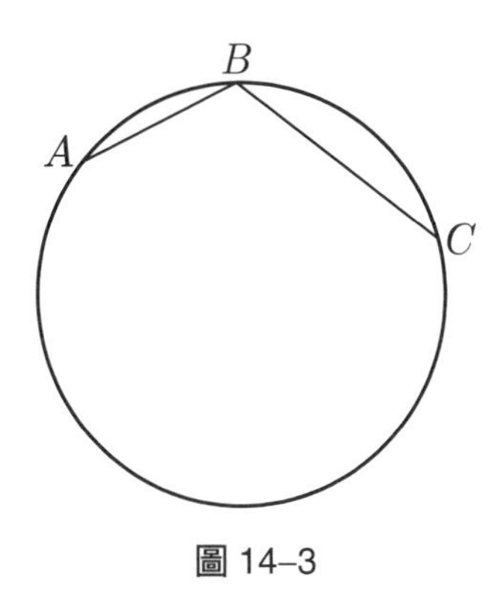

圖 14–3

利用這三個定理，再加上畢氏定理、插值法以及一些三角恆等式，托勒密就可以編製出弦表，真正達到他所說的「以儘可能少的命題，正確地求出各種圓心角所對應的弦長」。英國數學家 Augustus De Morgan (1806～1871) 稱讚弦表為「希臘最美麗的作品之一」(one of the most beautiful in the Greek writers)。

本章要進一步來探討定理 2 以及在其周邊所發展出來的一些美妙結果。

托勒密定理的發現

托勒密遵循古希臘的數學傳統，只展示完成後的數學結果，而抹掉探索的發現過程，將數學按「定義、定理、證明」三部曲的演繹方式來呈現，嚴謹、抽象且枯燥。

面對這種情況，笛卡兒辯解說，並不是古希臘哲學家看輕發現過程，而是因為太重視了，以致不願公諸於世，「鴛鴦繡取憑君看，莫把金針度與人」。

科學哲學家馬赫 (E. Mach, 1838～1916) 說得好：「你無法了解一個理論，除非你知道它是如何發現的。」把這句話中的「理論」代換為「定理」或「公式」也適用。

下面我們就採取三個角度來重建托勒密定理的發現過程，但願拋磚引玉。

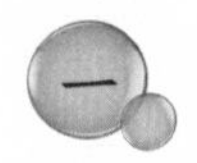

一 畢氏定理的兩元化

直角三角形最重要且漂亮的結果就是畢氏定理：如圖 14–4，若 $\angle C = 90°$，則

$$c^2 = a^2 + b^2 \tag{3}$$

亦即直角三角形的斜邊平方等於兩股的平方和。

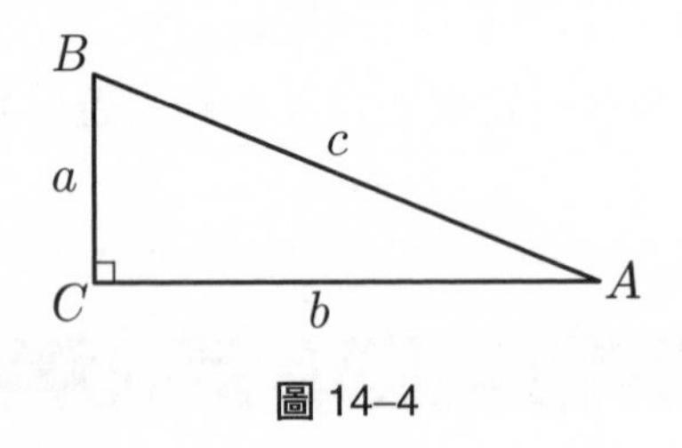

圖 14–4

現在取兩個如圖 14–4 的直角三角形，合成一個長方形，見圖 14–5 (a)，並且將(3)式改寫成

$$c \cdot c = a \cdot a + b \cdot b \tag{4}$$

進一步將(4)式解釋為長方形的兩條對角線乘積等於兩雙對邊乘積之和。這個過程我們稱之為畢氏定理的兩元化。

另一方面，我們也可以將兩個直角三角形安置如圖 14–5 (b) 之鳶形。由鳶形的面積公式可知

$$\frac{1}{2}\overline{CD}\cdot c = ab$$

從而

$$\overline{CD}\cdot c = ab + ab \tag{5}$$

因此，對於圖 14–5 (b) 之鳶形亦有：兩條對角線之乘積等於兩雙對邊乘積之和。

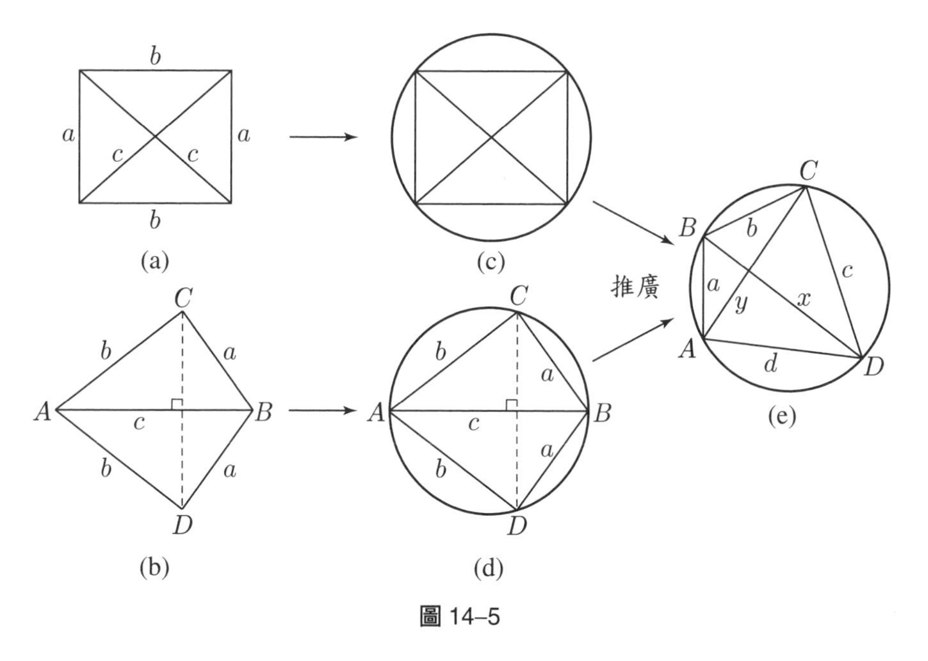

圖 14–5

其次，長方形與上述之鳶形皆可內接於一個圓之內，見圖 14–5 (c)(d)。根據這兩個內接四邊形之特例，其邊與對角線的關係，我們大膽地飛躍，猜測任意的圓內接四邊形也都具有：兩條對角線的乘積等於兩對邊乘積之和，亦即（見圖 14–5 (e)）

$$xy = ac + bd \tag{6}$$

對於一個猜測，若可以找到一個反例，那麼猜測就被否定掉，應丟棄；如果可以提出證明，那麼猜測就上昇為定理；如果找不到反例，也提不出證明（如數論的 Goldbach 猜測與雙生質數猜測），那麼猜測就暫時停留在猜測的地位，有待後人繼續努力尋求解決。

對於(6)式之猜測，我們可以提出證明，從而建立了定理 2 之托勒密定理。特別地，畢氏定理是托勒密定理的特例，但卻是生出托勒密定理的種子。一般數學書都只將畢氏定理看成是托勒密定理的腳註，甚為可惜！

二 三角恆等式

為了天文學的測星與幾何學的測圓，我們必須知道各種圓心角 θ 所對應的弦 $\overline{AB}$ 之長，見圖 14–6。我們不妨假設圓的半徑 $R = 1$，因為一切都是比例問題。

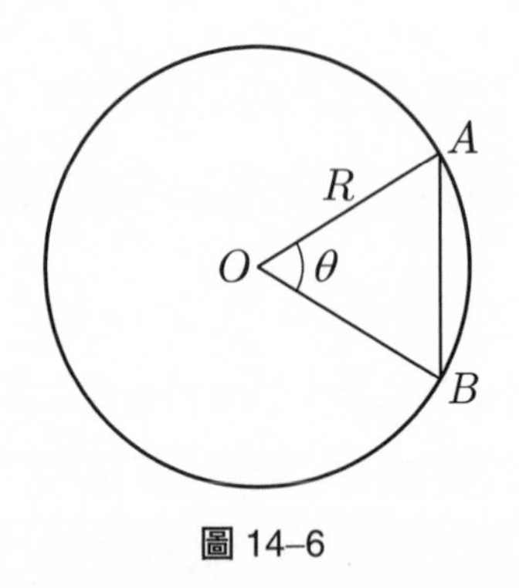

圖 14–6

對於圓內接正三、四、五、六、十邊形之邊長，只需用一點兒歐氏平面幾何的知識，就可以求得。但是，對於其它較一般的弦長，我們就必須使用一些三角恆等式，最主要是和角公式、差角公式與半角公式，我們分述如下：

問題 1

在圓內，已知兩弦 $\overline{AB}$ 與 $\overline{BC}$ 之長，試求弦 $\overline{AC}$ 之長，見圖 14–7。

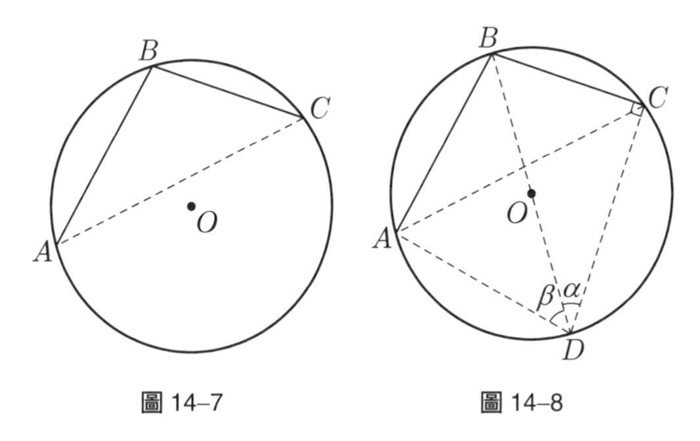

圖 14–7　　圖 14–8

在圖 14–8，過 B 點作圓的直徑 $\overline{BD}$，連結 $\overline{AC}, \overline{AD}$ 與 $\overline{CD}$，於是上述問題就相當於已知圓周角 α 與 β 所對應的弦 $\overline{BC}$ 與 $\overline{AB}$，欲求和角 $\alpha+\beta$ 所對應的弦 $\overline{AC}$。

由正弦函數的和角公式

$$\sin(\alpha+\beta)=\sin\alpha\cos\beta+\cos\alpha\sin\beta \tag{7}$$

以及正弦定律可知

$$\frac{\overline{AC}}{2R}=\frac{\overline{BC}}{2R}\cdot\frac{\overline{AD}}{2R}+\frac{\overline{CD}}{2R}\cdot\frac{\overline{AB}}{2R} \tag{8}$$

再利用畢氏定理求出 $\overline{AD}$ 與 $\overline{CD}$，代入上式就得到

$$\overline{AC}=\frac{\overline{BC}}{2R}\sqrt{4R^2-\overline{AB}^2}+\frac{\overline{AB}}{2R}\sqrt{4R^2-\overline{BC}^2} \tag{9}$$

這樣就解決了問題 1。

同時，我們另有收獲：將(8)式兩邊同乘以 $\overline{BD}$ $(=2R)$ 的平方，則得

$$\overline{BD}\cdot\overline{AC}=\overline{BC}\cdot\overline{AD}+\overline{AB}\cdot\overline{CD} \tag{10}$$

換言之，對於圓內接四邊形 $ABCD$ 有一條對角線為直徑的情形，我們已證得(7)式的和角公式等價於(10)式，而(10)式是說兩條對角線之乘積等於兩雙對邊乘積之和。

問題 2

在圓內，已知兩弦 $\overline{AD}$ 與 $\overline{BD}$ 之長，試求弦 $\overline{AB}$ 之長，見圖 14–9。

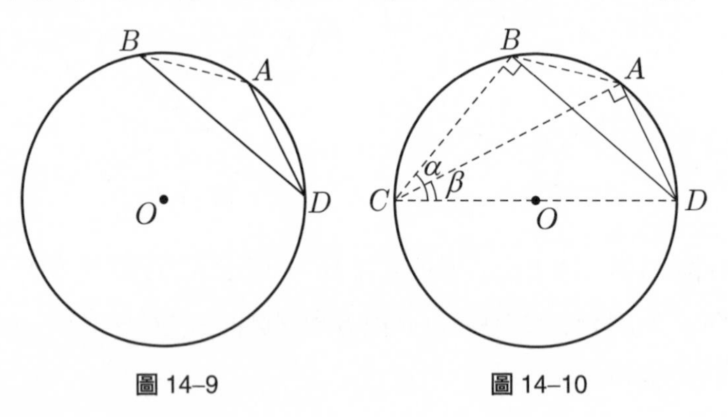

圖 14–9　　圖 14–10

如圖 14–10，過 D 點作直徑 $\overline{CD}$，連結 $\overline{AC}$, $\overline{AB}$, $\overline{BC}$，那麼問題 2 就相當於已知兩圓周角 α 與 β 所對應的弦 $\overline{BD}$ 與 $\overline{AD}$，欲求差角 $\alpha-\beta$ 所對應的弦 $\overline{AB}$。

由正弦函數的差角公式

$$\sin(\alpha-\beta)=\sin\alpha\cos\beta-\cos\alpha\sin\beta \tag{11}$$

以及正弦定律可知

$$\frac{\overline{AB}}{2R}=\frac{\overline{BD}}{2R}\cdot\frac{\overline{AC}}{2R}-\frac{\overline{BC}}{2R}\cdot\frac{\overline{AD}}{2R} \tag{12}$$

再利用畢氏定理求出 $\overline{AC}$ 與 $\overline{BC}$，代入(12)式就得到

$$\overline{AB}=\frac{\overline{BD}}{2R}\sqrt{4R^2-\overline{AD}^2}-\frac{\overline{AD}}{2R}\sqrt{4R^2-\overline{BD}^2} \tag{13}$$

這樣就解決了問題 2。

額外的收獲是：由(12)式與 $\overline{CD}=2R$ 得到

$$\overline{BD}\cdot\overline{AC}=\overline{CD}\cdot\overline{AB}+\overline{BC}\cdot\overline{AD} \tag{14}$$

換言之，對於圓內接四邊形 $ABCD$ 有一邊為直徑的情形，我們已證得(12)式的差角公式等價於(14)式，而(14)式是說兩條對角線之乘積等於兩雙對邊乘積之和。

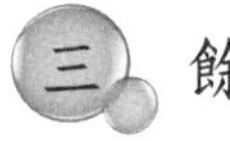

三 餘弦定律

設 $\triangle ABC$ 的三邊為 a, b, c，則餘弦定律就是

$$c^2=a^2+b^2-2ab\cos C \tag{15}$$

見圖 14–11。

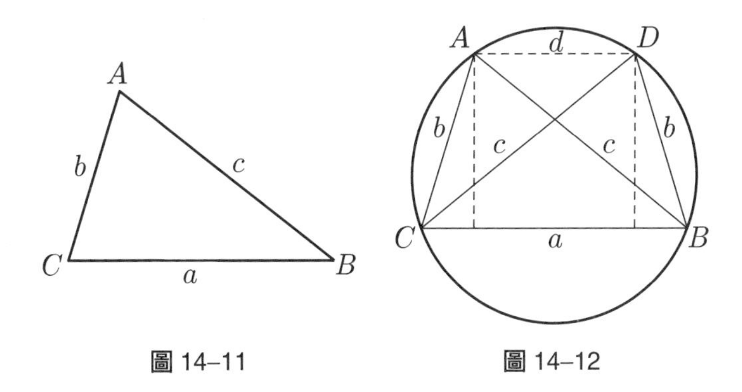

圖 14–11　　圖 14–12

將 $\triangle ABC$ 翻轉 180°，但讓底邊重疊在一起，就得到如圖 14–12 之等腰梯形，它可內接於一個圓之內，這也可看作是三角形的兩元化。

因為 $d=\overline{AD}=a-2b\cos C$，所以(15)式就變成

$$c\cdot c=b\cdot b+a\cdot d \tag{16}$$

換言之，餘弦定律等價於：圓內接等腰梯形的兩條對角線之乘積等於兩雙對邊乘積之和。

總結上述，我們由熟知的畢氏定理、三角學的和角公式、差角公式以及餘弦定律出發，看出幾類特殊的圓內接四邊形，它們的邊與對角線的關係都具有相同的模式 (pattern)，於是我們就大膽將此模式推展到所有的圓內接四邊形，得到猜測：對於圓的任意內接四邊形，恆有兩條對角線之乘積等於兩雙對邊乘積之和。

這個探索過程好比是從海上冰山的一角，發現整座冰山；由特殊飛躍到普遍，以有涯逐無涯；從顯在的線索追尋出潛在的真相；從而形成了數學的發現之旅。這個過程通常是苦樂參半，失敗與成功並存。

猜測的檢驗與證明

當我們得到一個數學猜測後，接著會進一步用一些特例加以檢驗 (test) 或乾脆就去證明它。

一 檢　驗

在坐標方格紙上作出兩個圓與圓內接四邊形。在圖 14–13 中，$\overline{AB}=5\sqrt{2}$, $\overline{BC}=\sqrt{26}$, $\overline{CD}=\sqrt{26}$, $\overline{AD}=\sqrt{2}$, $\overline{AC}=6$, $\overline{BD}=\sqrt{52}$；在圖 14–14 中，$\overline{AB}=2\sqrt{17}$, $\overline{BC}=2$, $\overline{CD}=3\sqrt{2}$, $\overline{AD}=\sqrt{34}$, $\overline{AC}=8$, $\overline{BD}=\sqrt{34}$；

我們驗知上述猜測是成立的。

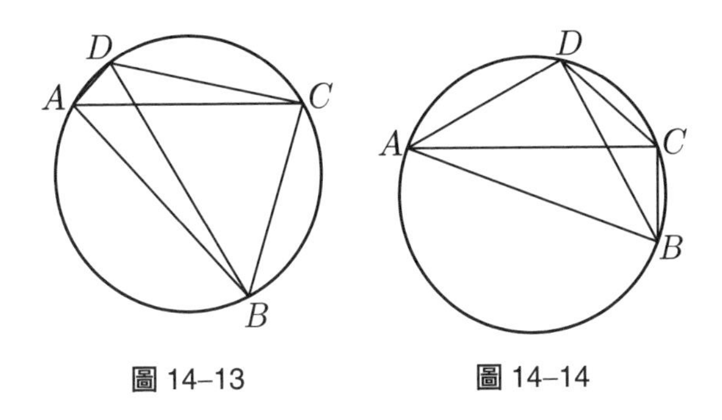

圖 14–13　　圖 14–14

要找到反例似乎是不容易，那麼我們就嘗試證明吧。

二 證　明

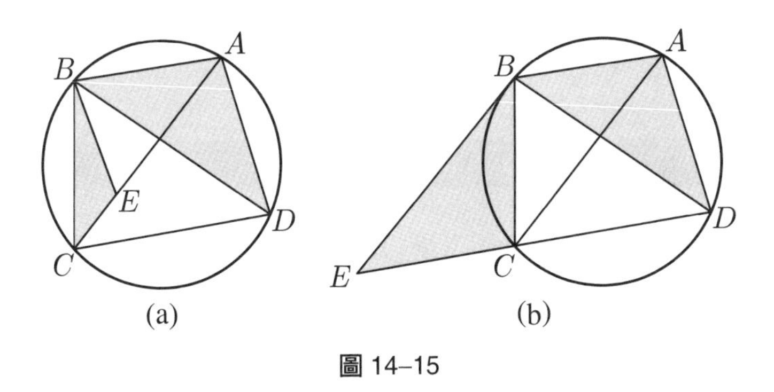

圖 14–15

在圖 14–15 (a)，作 $\overline{BE}$ 線段，交 $\overline{AC}$ 於 E 點，並且使得 $\angle CBE = \angle DBA$，則 $\triangle BCE \sim \triangle BDA$。於是 $\dfrac{\overline{BC}}{\overline{CE}} = \dfrac{\overline{BD}}{\overline{AD}}$

$$\overline{BC} \cdot \overline{AD} = \overline{CE} \cdot \overline{BD} \tag{17}$$

又 $\triangle ABE \sim \triangle DBC$，所以 $\dfrac{\overline{AB}}{\overline{EA}} = \dfrac{\overline{BD}}{\overline{CD}}$

$$\overline{AB} \cdot \overline{CD} = \overline{BD} \cdot \overline{EA} \tag{18}$$

(17) + (18)得到 $\overline{AB} \cdot \overline{CD} + \overline{BC} \cdot \overline{AD} = \overline{BD} \cdot (\overline{AE} + \overline{CE}) = \overline{BD} \cdot \overline{AC}$，這就證明了猜測，從而建立定理 2 之托勒密定理。

註：$\overline{BE}$ 之輔助線，堪稱為「定乾坤」一線，精巧美妙。另外，我們也可以如圖 14–15 (b) 向外作 $\overline{BE}$，交 $\overline{DC}$ 的延長線於 E 點，並且使得 $\angle EBC = \angle DBA$。然後，透過 $\triangle BEC \sim \triangle BDA$ 與 $\triangle BED \sim \triangle BCA$，證得托勒密定理。

托勒密定理除了上述綜合幾何的證法之外，還有其它證法，例如複數法、反演變換法 (method of inversion)、Simpson 定理加上交叉比 (cross-ratio) 定理等等，都各有千秋。例如綜合幾何法簡潔如手工藝，反演變換法威力強大似機器文明。

極端化與推廣

我們都知道，直線與圓屬於同一家族，即圓的家族。今想像圓的半徑 $\gamma \to \infty$，那麼圓就變成直線並且圓的內接四邊形 $ABCD$ 就變成直線上按序的四點 A, B, C, D，見圖 14–16。此時，托勒密定理的結果仍然成立，其證明只是分配律的應用：

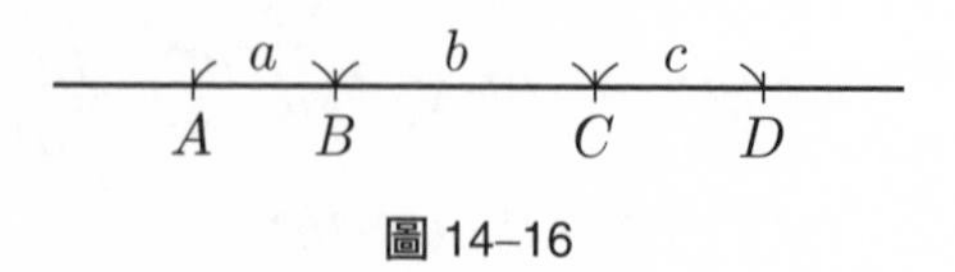

圖 14–16

$$\overline{AB}\cdot\overline{CD}+\overline{AD}\cdot\overline{BC}$$
$$=a\cdot c+(a+b+c)\cdot b=a\cdot c+b\cdot c+(a\cdot b+b^2)$$
$$=c(a+b)+b(a+b)=(a+b)(b+c)=\overline{AC}\cdot\overline{BD}$$

定理 4（Euler 定理）

設 A, B, C, D 為直線上按序的四點，則

$$\overline{AB}\cdot\overline{CD}+\overline{AD}\cdot\overline{BC}=\overline{AC}\cdot\overline{BD} \tag{19}$$

看過極端化，接著是推廣。

三角形具有穩固性並且皆內接於一個圓之內，但四邊形則不然。四邊形欲內接於一個圓之內，其充要條件是一雙對角互補。

如果 $ABCD$ 為平面上任意的凸四邊形，不必內接於一個圓之內，那麼托勒密定理如何修正呢？

先觀察特例，如圖 14–17，考慮由兩個單位正三角形併成的四邊形，此時顯然有 $\sqrt{3}\times 1<1\times 1+1\times 1$，因此，對於不共圓的四邊形，我們猜測：兩條對角線的乘積小於兩雙對邊乘積之和。

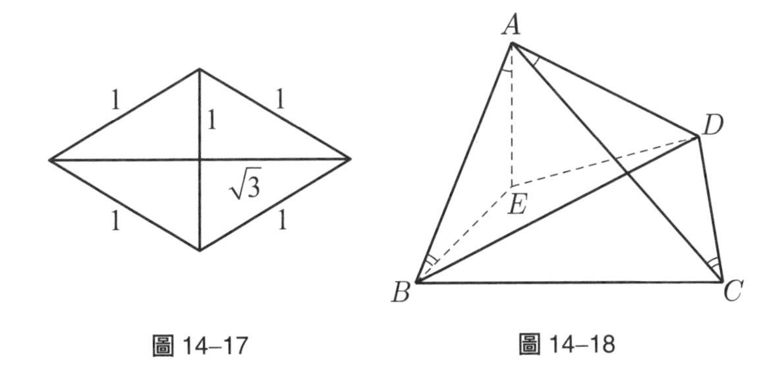

圖 14–17　　圖 14–18

我們嘗試來證明這個猜測。如圖 14–18，設 $ABCD$ 為一般的凸四邊形。作出 E 點，使得 $\angle BAE = \angle CAD$ 且 $\angle ABE = \angle ACD$，於是 $\triangle ABE \sim \triangle ACD$，故 $\dfrac{\overline{AB}}{\overline{BE}} = \dfrac{\overline{AC}}{\overline{CD}}$，亦即

$$\overline{AB} \cdot \overline{CD} = \overline{AC} \cdot \overline{BE} \tag{20}$$

另外又有 $\dfrac{\overline{AD}}{\overline{AE}} = \dfrac{\overline{AC}}{\overline{AB}}$，並且 $\angle BAC = \angle EAD$，所以 $\triangle ABC \sim \triangle ADE$，於是 $\dfrac{\overline{AD}}{\overline{ED}} = \dfrac{\overline{AC}}{\overline{BC}}$，亦即

$$\overline{AD} \cdot \overline{BC} = \overline{AC} \cdot \overline{ED} \tag{21}$$

(20) + (21)得 $\overline{AB} \cdot \overline{CD} + \overline{AD} \cdot \overline{BC} = \overline{AC} \cdot (\overline{BE} + \overline{ED})$，因為 $\overline{BE} + \overline{ED} \geq \overline{BD}$，所以 $\overline{AB} \cdot \overline{CD} + \overline{AD} \cdot \overline{BC} \geq \overline{AC} \cdot \overline{BD}$，並且等號成立的充要條件是 E 落在對角線 $\overline{BD}$ 上，亦即 A, B, C, D 四點共圓。

定理 5（推廣的托勒密定理）

設 $ABCD$ 為平面上任意凸四邊形，則

$$\overline{AC} \cdot \overline{BD} \leq \overline{AB} \cdot \overline{CD} + \overline{AD} \cdot \overline{BC} \tag{22}$$

並且等號成立的充要條件為 A, B, C, D 四點共圓。

註：事實上，上述定理對於平面上任意四邊形都成立，不必侷限於凸四邊形。另外，當 A, B, C, D 四點不在同一平面上，而是在空間的情形，(22)式仍然成立。

進一步，對於(22)式，我們可以再精進。我們要探尋不等號兩邊到底相差多少，最好能夠求出差額的明白表式。

在圖 14–18 中，因為 $\angle AEB = \angle D$, $\angle AED = \angle B$，所以

$\angle BED = 2\pi - (\angle B + \angle D)$，對於 $\triangle BDE$ 使用餘弦定律得到

$$\begin{aligned}\overline{BD}^2 &= \overline{BE}^2 + \overline{ED}^2 - 2\overline{BE}\cdot\overline{ED}\cos(\angle BED)\\ &= \overline{BE}^2 + \overline{ED}^2 - 2\overline{BE}\cdot\overline{ED}\cos(\angle B + \angle D)\end{aligned}$$

兩邊同乘以 $\overline{AC}^2$，則有

$$\begin{aligned}&\overline{AC}^2\cdot\overline{BD}^2\\ &= (\overline{AC}\cdot\overline{BE})^2 + (\overline{AC}\cdot\overline{ED})^2 - 2(\overline{AC}\cdot\overline{BE})\cdot(\overline{AC}\cdot\overline{ED})\cos(\angle B + \angle D)\end{aligned} \tag{23}$$

定理 6（強型的推廣之托勒密定理）

設 $ABCD$ 為平面上之四邊形，四邊長為 a, b, c, d，兩條對角線長為 x, y，見圖 14–19，則

$$x^2y^2 = a^2c^2 + b^2d^2 - 2abcd\cos(\angle B + \angle D) \tag{24}$$

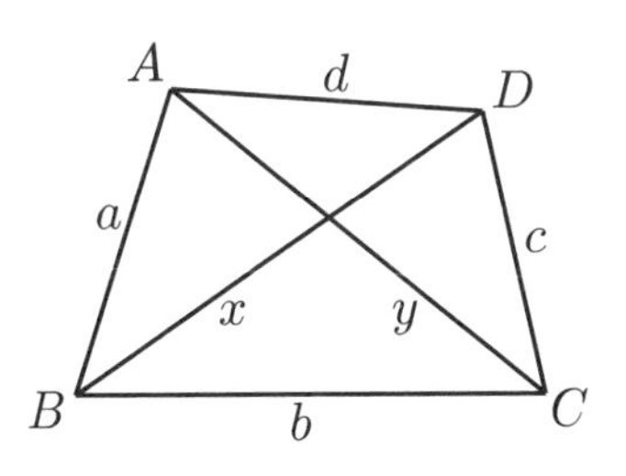

圖 14–19

註：在(24)式中，$\angle B + \angle D$ 表示四邊形一雙對角之和。

因為 $\angle A + \angle B + \angle C + \angle D = 360°$，

所以 $\cos(\angle B + \angle D) = \cos(\angle A + \angle C)$，

從而(24)式中的 $\cos(\angle B + \angle D)$ 可以改成 $\cos(\angle A + \angle C)$。另一方面，四邊形的面積 S 為

$$S^2 = (s-a)(s-b)(s-c)(s-d) - abcd\cos^2\left(\frac{\angle B + \angle D}{2}\right)$$

其中 $s=\frac{1}{2}(a+b+c+d)$。

(24)式多麼像三角形的餘弦定律！美中不足的是，當 D 點趨近於 C 點，四邊形 $ABCD$ 退化為三角形 ABC 時，(24)式無法化約為餘弦定律。

上述定理 6 含納先前所有的結果，包括推廣的托勒密定理，托勒密定理，餘弦定律，三角學的和角公式與差角公式，Euler 定理，畢氏定理等等，內容真豐富。因此，定理 6 堪稱為平面幾何學的一個絕妙結果。

托勒密定理的應用

托勒密定理除了內涵豐富之外，還可以用來建構弦表。最奇特的是，在 1964 年幾何學家 Pedoe (1910～1998) 給出托勒密定理在光學上的一個美妙的應用，證明 Snell (1580～1626) 的折射定律等價於費瑪的最短時間原理。

在此，值得作個歷史註記，托勒密最早透過實驗，研究光的折射現象，但是他並沒有發現折射定律。

大家都知道，光線在不同密度的兩種介質之間行進（如空氣與水），會產生折射現象。Snell 在 1621 年發現所走的路徑遵循折射定律（見圖 14–20）：

$$\frac{\sin\theta_1}{v_1}=\frac{\sin\theta_2}{v_2} \tag{25}$$

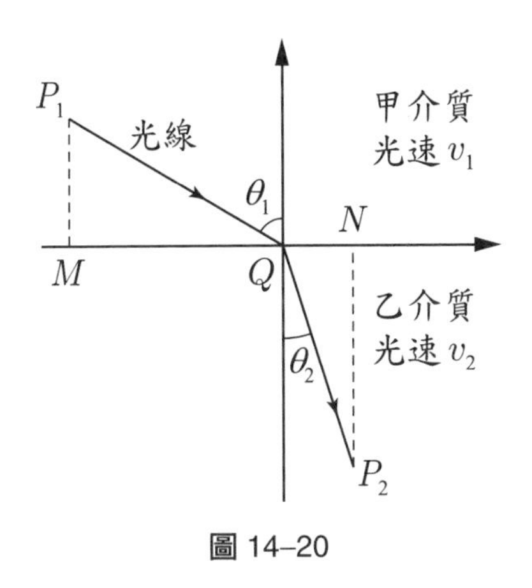

圖 14–20

為什麼光子會遵循這樣的一條經驗定律呢?這就需要提出一個「理論」 (theory) 來解釋。費瑪在 1662 年提出最短時間原理 (principle of least time):即光子走的是費時最少的路徑。他利用這個原理與微分法 (雛形),推導出 Snell 的折射定律。因此,折射定律就有了「更上一層樓」的理論基礎。

一 微分法

如圖 14–20,設 $\overline{P_1M}=a$, $\overline{P_2N}=b$, $\overline{MN}=c$, $\overline{MQ}=x$,則光沿 $P_1\to Q\to P_2$ 走,所費的時間為 $T(x)=\dfrac{\sqrt{a^2+x^2}}{v_1}+\dfrac{\sqrt{b^2+(c-x)^2}}{v_2}$,於是

$$\begin{aligned}T'(x)&=\frac{x}{v_1\sqrt{a^2+x^2}}-\frac{c-x}{v_2\sqrt{b^2+(c-x)^2}}\\&=\frac{\sin\theta_1}{v_1}-\frac{\sin\theta_2}{v_2}\end{aligned}$$

容易驗知 $T'(x)=0$，即 $\dfrac{\sin\theta_1}{v_1}=\dfrac{\sin\theta_2}{v_2}$，就是 $T(x)$ 的最小值。

欲求 $T(x)$ 的最小值，利用微分法很容易解決，但卻無法用初等的不等式得到。

二 幾何論證法

下面我們就利用托勒密定理來證明：費瑪的最短時間原理等價於 Snell 折射定律。

如圖 14–21，假設 L 為兩介質的界線，通過 P_1, Q^*, P_2 三點作一圓，半徑為 R。再過 Q^* 點作一直線垂直於 L，交圓周於 A 點。令 Q 為在直線 L 上變動的點。

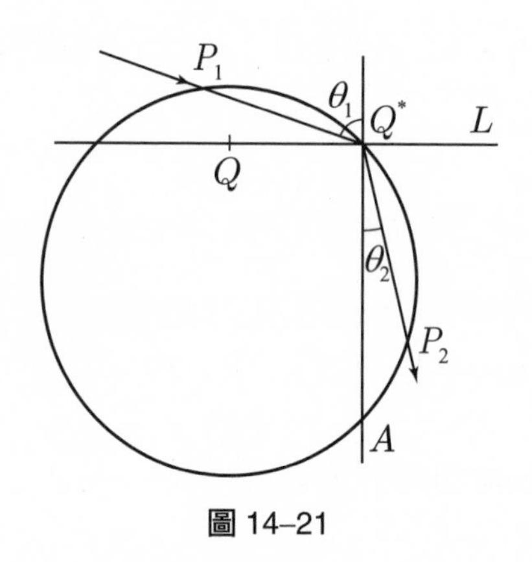

圖 14–21

再假設 $P_1 \to Q^* \to P_2$ 為光子實際所走的路徑，即滿足折射定律

$$\frac{\sin\theta_1}{v_1}=\frac{\sin\theta_2}{v_2}=k \tag{26}$$

之路徑，並且令 $T_{Q^*}=\dfrac{\overline{P_1Q^*}}{v_1}+\dfrac{\overline{Q^*P_2}}{v_2}$ 為所費的時間；而走 $P_1\to Q\to P_2$ 之路所費的時間為 $T_Q=\dfrac{\overline{P_1Q}}{v_1}+\dfrac{\overline{QP_2}}{v_2}$，我們要證明：$T_Q\geq T_{Q^*}$，並且等號成立的充要條件是 $Q=Q^*$。

在圓內接四邊形 $P_1Q^*P_2A$，由托勒密定理知

$$\overline{P_1P_2}\cdot\overline{AQ^*}=\overline{P_1Q^*}\cdot\overline{P_2A}+\overline{Q^*P_2}\cdot\overline{P_1A} \tag{27}$$

另一方面，對於四邊形 P_1AP_2Q，由推廣的托勒密定理知

$$\overline{P_1P_2}\cdot\overline{AQ}\leq\overline{P_1Q}\cdot\overline{P_2A}+\overline{QP_2}\cdot\overline{P_1A} \tag{28}$$

並且等號成立的充要條件為 $Q=Q^*$。

根據正弦定律與(26)式知

$$\overline{P_1A}=2R\sin(\pi-\theta_1)=2R\sin\theta_1=2kRv_1$$

$$\overline{P_2A}=2R\sin\theta_2=2kRv_2$$

代入(27)與(28)兩式，得到

$$\overline{P_1P_2}\cdot\overline{AQ^*}=2kRv_1v_2T_{Q^*}$$

$$\overline{P_1P_2}\cdot\overline{AQ}\leq 2kRv_1v_2T_Q$$

今因 $\overline{AQ}\geq\overline{AQ^*}$，所以 $\overline{P_1P_2}\cdot\overline{AQ}\geq\overline{P_1P_2}\cdot\overline{AQ^*}$。從而 $T_Q\geq T_{Q^*}$。換言之，最短時間路徑與 Snell 折射定律之徑合而為一。

習 題

1. 如圖 14–22，四邊形 $ABCD$ 內接於半圓內，$\overline{AB}=d$ 為直徑，試證 d 為方程式 $x^3-(a^2+b^2+c^2)x-2abc=0$ 之一根。

2. 如圖 14–23，設 $\triangle ABC$ 為圓的內接正三角形，在圓弧 $\overset{\frown}{BC}$ 上任取一點 P，連結 $\overline{PA}$ 交 $\overline{BC}$ 於 Q 點，試證：

(1) $\overline{PA}=\overline{PB}+\overline{PC}$, (2) $\dfrac{1}{\overline{PQ}}=\dfrac{1}{\overline{PB}}+\dfrac{1}{\overline{PC}}$。

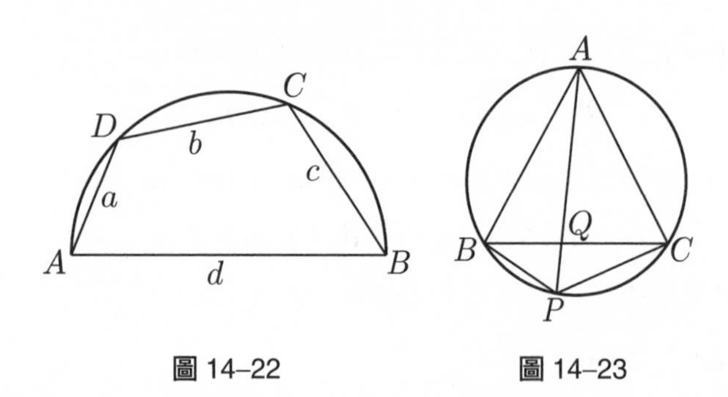

圖 14–22　　圖 14–23

邏輯網路

我們將本章的結果整理成如下的邏輯網路：

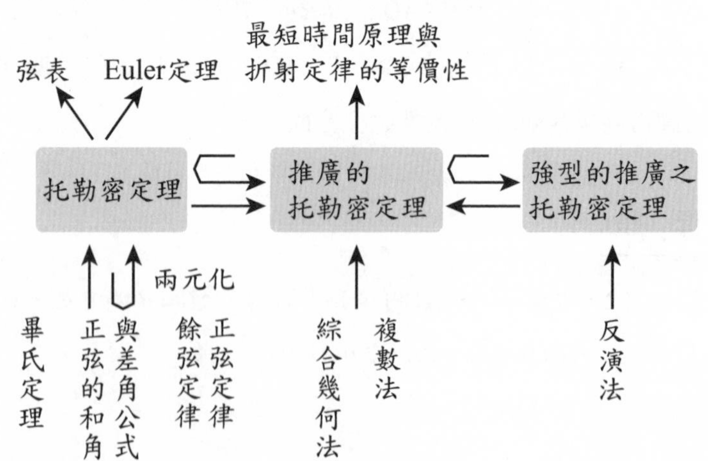

這個網路讓我們對全局的概況與知識發展的理路有清晰的圖像 (picture)，它還可以繼續不斷延拓生長。

圖 14–24 是從大自然拾取的一個葉片 ， 而圖 14–25 是高斯的大腦，它們所展現的紋理相像於上表之邏輯網路。葉片與大腦的結構精微美妙，數學的結構亦然！前兩者是大自然的產物，後者是人類思想的創造。

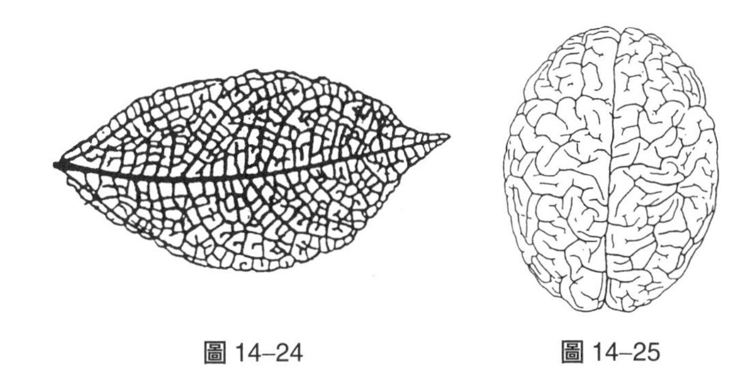

圖 14–24　　圖 14–25

生物世界的生長機理和數學的生長理路，是同曲之下的分工，合演宇宙的創生交響曲。

結　語

古希臘人由於天文測量、航海、測圓之需要，導致弦表的編製，從而發現美麗的托勒密定理，再逐步開展出數學的一片小天地，直接通往幾何學與三角學的核心。

這條路徑的風景秀麗，處處曲徑通幽，非常值得中學生到此一遊。

古典的數學在亞歷山卓 (Alexandria) 的星空下，燦爛地閃耀輝映，「星空多麼希臘」！

To think the thinkable—that is the mathematician's aim.

——C. J. Keyser——

The contemplation of celestial things will make a man both speak and think more sublimely and magnificently.

——Cicero (106～43 B.C.)——

王安石的詩兩首

（一）

飛來山上千尋塔
聞說雞鳴見日昇
不畏浮雲遮望眼
自緣身在最高層

（二）

知世如夢無所求
無所求心普空寂
還似夢中隨夢境
成就河沙夢功德

15　幾何的故事

古埃及的尼羅河畔，孕育了幾何學，傳到古希臘去醞釀，再經歐幾里德帶回埃及尼羅河口三角洲的亞歷山卓城(Alexandria)加以錘煉，完成了歐氏幾何。這有如文明的旭日東昇，影響人類既深且廣。本章我們嘗試從一些小故事中，來對幾何殿堂的奇美及其對後世的啟發，略窺一二。

歐幾里德在紀元前三百年完成 13 卷的《幾何原本》(*Elements*)，將數與形的性質與規律組織成邏輯演繹系統，由五條幾何公理與五條一般公理，再加上 23 個定義，當作出發點，推導出 465 個定理。這是人類文明史上，石破天驚的創舉。

兩千多年來，這本書影響著西方，乃至全世界，成為人類理性文明的骨幹，說理論證的根本。一個社會越以說理為本，就越遠離野蠻叢林，越邁向文明開化。

在此漫長的歷史中，這本書（或經過改寫的）一代一代地傳下來，累積了許多有趣的故事、史實、對後人的激勵案例等等，值得加以蒐集與整理，並且提供給讀者參考、欣賞和品味。

歷史是現在與過去的對話，人類企圖了解過去，「究天人之際，窮古今之變」，得到知性的滿足。然而，更重要的是，把過去當作參考坐標系，用來透視現在，並且指向未來。

幾何學的起源、創立與流佈 

埃及的尼羅河 (Nile) 是全世界最長的河流，全長 6695 公里，帶給埃及生命，並且帶給人類幾何學。

根據古希臘歷史學家希羅多德 （Herodotus ， 約西元前 485～前 430）的說法，幾何學起源於古埃及的尼羅河畔，原因是尼羅河每年定期氾濫，帶來沃土，也淹沒兩岸的田地，於是需要重新測量土地，劃定疆界，由此逐漸累積幾何圖形的經驗知識。測量土地的專家叫做操繩師 (rope-stretchers)，他們都擁有豐富的幾何知識，手持著一綑的繩子，以等間距打結或作記號，用來作為測量的準繩。另外，亞里斯多德則認為埃及存在的祭司階級，促成了幾何學的研究與發展。

原子論大師德莫克利特（Democritus，約西元前 460～前 370）曾經自豪地說：

> 在建構平面圖形與證明這兩方面的能力，沒有人能超過我，即使埃及的操繩師也不例外。

因此，幾何學的原意就是土地測量。幾何一詞的拉丁文是 geometrein，其中 geo 是指土地，metrein 是指測量。翻譯成英文是 geometry，仍然保有原意不變。這是研究圖形的一門學問，不妨叫做形學。

事實上，西方幾何學的起源，除了古埃及的尼羅河之外，還有巴比倫的兩河流域，亦即幼發拉底河與底格里斯河 (Euphrates and Tigris)。然後，傳到古希臘，經過一批哲學家，例如泰利斯、畢達哥拉斯、柏拉圖、亞里斯多德等人的醞釀與發揚光大，並且試圖加以抽象化與證明，但都沒有完全成功。亞里斯多德說：

> 對於泰利斯而言，他所關切的主要問題：不是我們知道什麼 (What do we know?)，而是我們如何知道它 (How do we know it?)。

我們讀到一個公式或定理，知道它是什麼，這是不夠的；我們還要知道它是如何發現或如何想出來的，並且追究它的邏輯脈絡，直至可由直觀自明的事實（即公理）出發，推導出它來。換言之，泰利斯首次標舉數學要有證明的主張，為人類的說理文明奠下最堅實、最重要的一塊基石（這是其他民族無法或沒能跨出去的一步）。

到了西元前三百年左右，希臘的亞歷山大大帝 (Alexander the Great) 征服埃及（西元前 332 年），把希臘文化帶到埃及。他的後繼者，埃及的托勒密王朝（請不要跟後來的天文學家托勒密混淆），在尼羅河口三角洲建立一個新城市，叫做亞歷山卓城 (Alexandria)。在城中設有博物館、圖書館，專供學者討論與研究，一切開銷由王朝支付。這吸引了幾乎當時所有的著名學者，聚集在一堂，開創出輝煌的亞歷

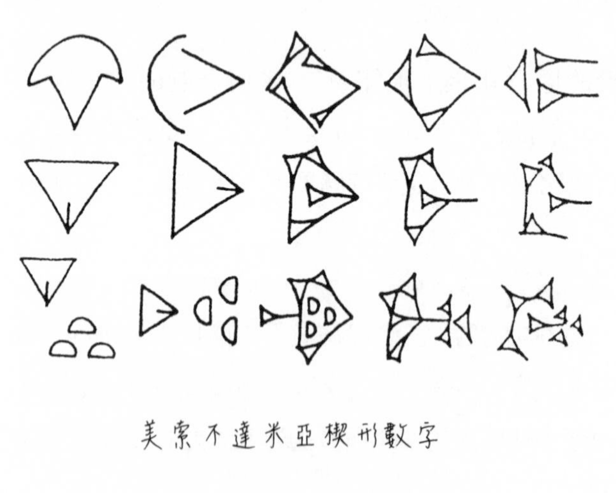

美索不達米亞楔形數字

山卓學派 (Alexandria School)，成就了希臘數學的黃金時代 (the golden age of Greek mathematics)。

歐幾里德出身於雅典的柏拉圖學院，生平不詳，他也到亞歷山卓來參與盛會。他將前人的數學成果，包括幾何與數論，結晶定影為 *Elements* 這本曠世名著（約在西元前 300）。兩千多年來，此書的版本之多，流傳之廣，只有《聖經》堪與匹敵。歐幾里德代表著亞歷山卓乃至世界之光。

詳言之，古埃及與巴比倫長期累積了許多經驗式的幾何知識，其中最重要的有畢氏定理（又叫商高定理、勾股定理、三平方定理）、三角形三內角和為一平角定理、相似三角形基本定理、三角形的全等定理、正多面體恰好有五種、用同一種正多邊形鋪地板只有三種樣式、……等等。這些美妙的結果傳到了古希臘哲學家的手裡，他們「為真理而真理」，嘗試加以「證明」或「解釋」。經過長久的試誤 (trial and error)，歐幾里德「分析」當時的幾何知識，最後「歸納」出來「直觀自明」(self-evident) 的五條幾何公理。

五條幾何公理：

1. 過兩點可作且只可作一直線（直尺公理）。
2. 線段（有限直線）可以任意地延長。
3. 給一點與一段距離可作一圓（圓規公理）。
4. 凡是直角都相等（空間的齊性）。
5. 在平面上，過直線外一點可作唯一的直線，平行於原直線（平行公理）。

再加上五條一般公理（適用於所有領域），總共 10 條，有如人的 10 根手指。

五條一般公理：

1. 跟同一個量相等的兩個量相等，即若 $a=c$ 且 $b=c$，則 $a=b$。
2. 等量加等量，其和相等，即若 $a=b$ 且 $c=d$，則 $a+c=b+d$。
3. 等量減等量，其差相等，即若 $a=b$ 且 $c=d$，則 $a-c=b-d$。
4. 完全疊合的兩個圖形相等（疊合公理）。
5. 全量大於分量，即 $a+b>a$。

接著是反過來的「綜合」工作，由這 10 條公理，推導出所有已知的幾何定理，組織成一套演繹系統，叫做歐氏幾何學。

換言之，歐幾里德是先「由下到上」歸納創造出公理，再「由上到下」演繹推導出結論。這叫做「公理演繹法」(axiomatic-deductive method)，乃是人類的理性文明所發展出來的最嚴謹的追求知識的方法。哲學家兼數學家羅素形容得非常好：

所有的數學是由少數幾條基本公理推導出來的，這個發現對整個數學增添了不可估算的智性之美。對於曾經被許多演繹鏈的片斷性與不完全性所苦惱過的人，這個發現簡直是莫大的天啟，好像是一位登山者在秋霧中突然發現一座宮殿，清晰地看見壯麗的數學大廈，呈現出秩序和勻稱，每一部分都是完美的新組合。

後來埃及與希臘經過多次的滅亡與外族的長久統治，*Elements* 一書在中世紀經由阿拉伯文的譯本保存下來。到了十三世紀，又由阿拉伯文譯成拉丁文，傳到西歐各國，變成是促動文藝復興運動的因子之一。

「幾何」一詞的起源

歐洲經過約千年的中世紀（或黑暗時代，這點歷史家存有爭議），一切以宗教與來世為依歸。到了文藝復興時代（約 1400～1600 年），逐漸回歸現世，產生了人文主義運動，恢復古希臘的探索精神與人的獨立自尊，直接叩問自然，找尋真理。

接著是大航海與地理大發現的時代，西方與東方開始接觸。在十六世紀末，義大利的傳教士利瑪竇 (Matteo Ricci, 1552～1610) 到中國的明朝來傳教，也帶來了西方的天文、曆算、科學等等。在數學這方面，徐光啟 (1562～1633) 與利瑪竇合作，將歐幾里德 *Elements* 的首六卷翻譯成中文，書名譯為《幾何原本》，1607 年（明萬曆 35 年）出版，這是「幾何」一詞的首度出現。徐光啟在該書的序文中說：

幾何原本者，度數之宗。由顯入微，從疑得信，蓋不用為用，眾用所基，真可謂萬象之形囿，百家之學海。

他又在該書的雜議中說：

此書有四不必：不必疑，不必揣，不必試，不必改。有四不可得：欲脫之不可得，欲駁之不可得，欲減之不可得，欲前後更置之不可得。有三至三能：似至晦實至明，故能以其明，明他物之至晦；似至繁實至簡，故能以其簡，簡他物之至繁；似至難實至易，故能以其易，易他物之至難。易生於簡，簡生於明，綜其妙，在明而已。

徐光啟深深感受到《幾何原本》的邏輯演繹之明確，從而認為「幾何之學，通即全通，蔽即全蔽」，並且建議「舉世無一人不當學」，因為學習幾何可以使人「去其浮氣，練其精心，資其定法，發其巧思」。徐光啟這些見解，三百九十年後的今天，都還擲地有聲。可惜，在當時並沒有引起回響，頂多只是湖面上的小漣漪而已。

為什麼 “geometry” 的原意是測量土地，要翻譯成「幾何」呢？

翻譯一個名詞不外是採用音譯或意譯，然後再顧及用字的「信、達、雅」。例如 topology 與 logic 分別譯成「拓撲學」與「邏輯學」，這是採音譯；把 logic 譯成「論理學」以及日本人把 topology 譯成「位相幾何學」，則是採意譯。又如 probability 一詞，從前譯成「或然率」，再到「概率」，以至今日的「機率」，日本人譯成「確率」(the degree of certainty)，這些都是採意譯。比較起來，筆者認為「機率」比「或然率」、「概率」還要佳。最後，再舉 Ergodic theory 的例子，意譯是「遍歷理論」，但筆者曾見過有神風翻譯者譯成「艾高地理論」，這就太差了。

關於「幾何」譯名的起源，歷來有兩種說法：

(i) geo 與幾何的發音相近，採音譯就得到「幾何」一詞。

(ii)在中文裡，幾何有表示「多少、若干」之意，例如所獲幾何，曾幾何時。研究「多少、若干」的學問，在中國叫做「算學」或「數學」，但是歐幾里德的書研究的是圖形的形狀與大小 (magnitude)，不好用「算學」或「數學」來稱呼，故採用「幾何」一詞，基本上這是意譯。

因此，「幾何」一詞兼顧了音、意兩層意思。

我們舉幾個例子，用來顯示「幾何」一詞的用法。

問題 1

在《孫子算經》裡，我們看到這樣的題目：今有物不知其數，三三數之剩二，五五數之剩三，七七數之剩二，問物幾何？

問題 2

三角幾何一共八角，三角三角，幾何幾何？

頭一個問題是著名的「韓信點兵問題」。在第二個問題中，「幾何」有雙義。若讀不懂題意，就無從下手，讀懂了就很容易：三角學與幾何學的書本，共值八毛錢，三角書值三毛錢，問幾何書值多少錢？

再看一首打油詩，這是一位討厭幾何學的學生所寫的：

人生在世有幾何？何必苦苦學幾何！
學了幾何幾何好？不學幾何又幾何！

其次，關於「原本」的用字，徐光啟說：「日原本者，明幾何之所以然。」換言之，原本就是指「原理」，《幾何原本》就是研究幾何的原理。

我們再看《幾何原本》內部的一處譯文，更容易明白徐光啟採用「幾何」這一詞的意思。第五卷的第三個定義，這是定義比例的概念。英譯是：

Definition 3. A ratio is a sort of relation in respect to size between two magnitudes of the same kind.

在《幾何原本》中，譯成：

界說三：比例者，兩幾何以幾何相比之理。

然後解釋說：兩幾何者，或兩數，或兩線，或兩面，或兩體，各以同類大小相比，謂之比例。

這裡的「幾何」，顯然是從 magnitude 翻譯過來的，可以是各種量，也可以是各種數。

對於「幾何」一詞的意含，筆者要再作一點兒補充。「幾」字是指「微也」，並且「通機」。易繫辭說：「幾者動之微，吉之先見者也。」又說：「夫易，聖人之所以極深而研幾也。」「君子見幾而作，不俟終日。」因此，幾何實含有對隱微機理、尤其是數理的探尋這一層深意。正如古埃及的《萊因紙草算經》（*Rhind Papyrus*，約西元前 1650）宣稱它是「了解所有隱微事物的指南」，並且「要完全徹底地研究所有事物，洞悟所有的存在，求得所有奧祕的知識。」

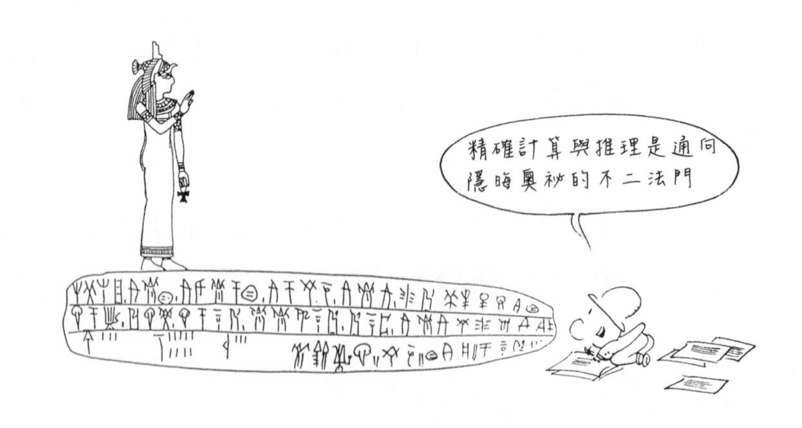

幾個有趣的故事

從古到今，在西方世界，幾何學流傳著許多有趣的故事。筆者僅就能力所及，擇要介紹。

最早的第一個故事，發生在紀元前六世紀，畢達哥拉斯教一位學生學幾何。起先學生的學習意願並不高，於是畢氏告訴學生說：你每學會一個定理，我就給你一塊錢。學生的學習意願提高了，而且越學越有興趣，賺到了不少錢。但是，畢氏卻越教越慢，直到學生忍耐不住，要求老師教快一點，並且對老師說：你每教會我一個定理，我就付一元的學費。教學相長地研習幾何，其樂無窮。最後，錢全都回到畢氏的口袋，這等於是畢氏免費教會這位學生的幾何學。

畢氏是將幾何命題按邏輯順序排列的第一個人，由排在前面的命題可以推導出後面的命題。根據 Eudemus（由 Proclus 轉述）的說法：

> 畢氏將幾何的研究變成通才教育的形式，他考察其背後的原理，並且以智慧的方法探索幾何定理。

Eudemus 是亞里斯多德的學生，寫有《幾何的歷史》一書，但不幸失傳。

第二個故事發生在哲學家蘇格拉底（Socrates，西元前 469～前 399）的身上。蘇格拉底利用幾何的倍平方問題（給一個正方形，求作一個正方形，使其面積是原正方形的兩倍），對一個未受過教育的男童僕作實驗，以展示蘇格拉底教學法，即教師只負責提出問題和參與討論，而答案必須由學生自己提出來。從而，支持蘇格拉底的「知識的回憶說」（the recollection theory of knowledge），即知識不是從外而來的填

鴨，而是由內在的啟發，讓學生自己撥開雲霧，自然浮現出潛藏的知識。(參見本書第 17 章)

倍平方問題推廣成「倍立方問題」，就是古希臘幾何的三大難題之一。其它兩個是，三等分角問題與方圓問題。幾何的尺規作圖，都規定只能用圓規與沒有刻度的直尺，並且只能使用有限步驟 (finite process)，這就是所謂的柏拉圖規矩。上述三大難題在十九世紀都已用代數方法證明是無解的。幾何難題，試解了兩千多年沒能成功，最後居然是代數奪標，這是一奇。中國的數學家華羅庚說得好：「數缺形少直覺，形缺數難入微。」

尺規是幾何作圖的基本工具，但常被拿來作「形上」的引申或比喻。例如，孟子說：不以規矩不能成方圓。當年胡適先生欲出國留學，國文的作文考題就是孟子這句話。法國大文豪伏爾泰 (Voltaire) 也說：如果我們不能利用數學的圓規或經驗的火炬……，那麼可以確定的是，我們無法向前走一步。

接著是第三個故事，這涉及哲學家柏拉圖（Plato，西元前 427～前 347）。柏拉圖在紀元前 387 年於雅典近郊創立柏拉圖學院 (Platonic Academy)，以探討宇宙奧祕為職志，尤其著重在哲學、科學與數學等問題的研究。

先回顧一點歷史。在柏拉圖之前，畢氏學派企圖利用幾何的原子論 (geometric atomism)，來建立幾何學的邏輯基礎。他們主張線段是由點組成的，點雖然很小很小，但有一定的長度。從而，任何兩線段皆可共度 (commensurable)，並且幾何線段的度量只會出現整數或兩整數之比，換言之，有理數（或比數）已夠用，這是畢氏學派的「萬有皆整數」的立論根據。在這個基礎之上，畢氏學派證明了長方形的面積公式（面積等於長乘以寬）、畢氏定理與相似三角形基本定理。再配合平行公理，又推導出三角形三內角和定理。這樣就相當完全地建立了幾何學的演繹系統，並且符合「萬有皆整數」的哲學偏好。

不幸，畢氏的門徒發現，正方形的邊與對角線不可共度 (incommensurable)，正五邊形亦然（分別等價於 $\sqrt{2}$ 與 $\frac{1+\sqrt{5}}{2}$ 不是有理數）。這震垮了畢氏學派的幾何殿堂。事實上，畢氏學派的失敗，只在於證明有瑕疵，再補足不可共度的情形即可。不過，畢氏學派無能為力。

在這個歷史基礎上，柏拉圖學院誕生。在學院的門口，柏拉圖掛著一塊招牌說：

> 不懂幾何學的人不得進入此門。
>
> (Let no one ignorant of geometry enter here.)

$\sqrt{2}$ 與 $\frac{1+\sqrt{5}}{2}$ 都不是有理數，這個事實打敗了畢氏學派的「萬有皆整數」與「數形本一家」的宇宙觀。這表示，當時希臘人所理解的數（即整數與兩整數比）不足以應付幾何學的需要。從此，數形開始分家，直到十七世紀笛卡兒與費瑪的坐標幾何出現，數形才逐漸又合流。基於此，柏拉圖轉而強調幾何學的基本重要性，並且拋出如何用幾何來重建幾何的問題，最後終於被歐幾里德解決，創立歐氏幾何。

柏拉圖深刻了解「不可共度」的意義和重要性，所以他說：

> 不知道正方形對角線與其邊不可共度的人，愧生為人。
>
> (He is unworthy of the name of man who is ignorant of the fact that the diagonal of a square is incommensurable with its side.)

值得順便一提，現代科學哲學家，例如孔恩 (Kuhn) 與費若本 (Feyerabend)，在討論科學理論或一個典範 (paradigm) 的轉換（科學革命）時，也借用了「可共度」與「不可共度」的概念。

當有學生問到柏拉圖，上帝扮演什麼角色時，他回答說：

上帝永遠按幾何原理行事。(God ever geometrizes.)

除了這個答案之外，歷來還有許多說法，例如：

畢達哥拉斯：上帝就是數。(God is number.)

亞里斯多德：上帝扮演第一推動者、第一因的角色。

雅可比 (Jacobi)：上帝永遠按算術原理行事。
(God ever arithmetizes.)

牛頓：上帝手拿著星球，用力一丟，接著就由物理定律來掌控一切。

吉恩斯 (James Jeans)：宇宙的偉大建築師，從現在開始看起來，越來越像是一位數學家。

數學家拉普拉斯 (Laplace, 1749～1827) 著有五巨冊的《天體力學》，拿破崙問他為什麼在書中沒有提到上帝是宇宙的創造者這件事，他回答說：先生，我不需要那個假設。

在西方，歷來每一位偉大的哲學家，幾乎都會提出「上帝存在」的證明。從中我們可以看到各種荒謬的論證，應有盡有。然而，巴斯卡 (Pascal, 1623～1662) 卻提出如下有趣的論證：

上帝不是萬能的，因為他無法建造一座他跳不過去的牆。

(God is not all-powerful as he cannot build a wall he cannot jump.)

即使如此，巴斯卡又說，他願意賭上帝的存在。

雖然柏拉圖不是一位數學家，但他是「一位製造數學家的人」(a maker of mathematicians)，他的學院出產了許多偉大數學家。後世有些數學家常謙說自己本身對數學沒有什麼貢獻，但都把他們為數學發掘人才當作是最大的貢獻，例如波蘭數學家史坦豪斯 (H. Steinhaus, 1887～1972) 之發現 Banach, Nikodym, Kac 等人；英國數學家哈第之發現印度天才 Ramanujan。柏拉圖是首創者，後世數學家只是依樣畫葫蘆。

不論是哲學、政治或宇宙論，柏拉圖都深懂數學對它們的重要性，他說：

> 數學的研究提供心靈最精緻的一個訓練場地。因此，為了培育哲學家與理想國的統治者，數學的思考鍛練是根本重要的、不可或缺的要素。

在學問思想上，柏拉圖與德莫克利特是死對頭。柏拉圖甚至公開主張焚燒德莫克利特的著作，他反對德莫克利特的物質原子論，改成幾何的對稱原理。他利用五種正多面體來建構他的宇宙論，正四、六、八、二十面體分別代表火、土、氣、水這四種元素，而正十二面體代表整個宇宙，所以後人將五種正多面體稱為柏拉圖立體 (platonic solids)。

柏拉圖是一位偉大的哲學家，哲學是他的最愛。他說：

> 哲學家是所有時間與所有存在的靜觀者。
>
> (The philosopher is the spectator of all time and all existence.)

他從生活所在的這個感覺世界，走到概念世界，最後止於永恆的理念世界，形成柏拉圖的探尋真理之路 (the way of truth)。哲學家兼數學家懷海德說：整個西方哲學只不過是柏拉圖哲學的註解。當然，柏拉圖的毀譽參半，例如波柏 (K. Popper, 1902～1994) 就批評他是極權主義的祖師爺。

畢氏學派煩惱一個數是否為有理數，不以只求得近似值為滿足，從而發現無理數與連續統 (continuum) 的無窮天地， 這是一種終極關懷 (ultimate concern)。柏拉圖對理念世界的關切，對真理的執著，正是延續古希臘人對事物的終極關懷，這是產生「希臘奇蹟」(the Greek miracle) 的主因。

第四個故事的主角是創立歐氏幾何的歐幾里德本人。我們只知道他流傳了兩則趣聞。

有一天，托勒密國王問歐幾里德，學習幾何有沒有捷徑？歐氏回答說：

在現實世界中，有兩種道路，一種是平民走的普通道路，另一種是專門保留給國王走的皇家大道。但是，在幾何學之中，並不存在皇家大道。(There is no royal road to geometry.)

經過約兩千年，笛卡兒與費瑪發明解析幾何，有人說：這是當初歐氏認為不存在的幾何學的皇家大道。另一方面，笛卡兒最強調方法論 (methodology)，主要是受到歐氏幾何的啟發。心理分析學家弗洛伊德 (Freud, 1856～1939) 也說：夢是通向潛意識的皇家大道。

其次，有一位學生跟歐氏學習幾何學，學了第一個定理後就問道：我學這些東西，可以得到什麼好處？歐氏堅持，求知本身就是一件值得做的事，並且對僕人說：給這個人一個錢幣，因為他希望從學習得到利益。

這跟畢氏學派的一句格言有異曲同工之趣：一個圖就是知識的一步進展，而不是一個圖值一個錢幣。

剩下的我們只能從歐氏的《幾何原本》找尋史蹟了。

歐氏定義：點只占有位置，而沒有大小；線只有長度，而沒有寬度；線的極端是點（即線是由點所組成）；面只有長度和寬度（沒有體積）。這些定義被公認為是難於理解的，例如：由沒有長度的點，如何組成有長度的線段？

事實上，這些都是為了修正畢氏學派的「點有一定的大小」所導致的困局而引起的。

歐氏的點、線、面，是柏拉圖的理念最具體的代表，它們並不存在於這個世界。當我們在紙面或黑板上作出幾何圖形時，顯然都不符合歐氏的定義。因此，法國數學家龐卡萊 (H. Poincaré, 1854～1912) 說：

幾何就是利用不正確的圖形作正確的論證之藝術。(Geometry is the art of correct reasoning about figures that are improperly drawn.)

對後人的啟發

歷來人們跟歐氏幾何接觸的經驗，代代都可以聽到好評的聲音，我們擇要引述一些著名的例子。

巴斯卡小時候體弱多病，父親為了減輕小巴斯卡的負擔，沒有送他到學校，而把他留在家裡，請家教來教他讀書，但僅限於教語文，禁止讀數學。這激起小巴斯卡的好奇心，問老師幾何是什麼。老師告訴他說，那是研究圖形的性質與規律的一門學問。受到老師的描述與父親的禁讀之驅使，他放棄玩耍的時間，私下祕密研究幾何，不久就發現許多幾何圖形的性質，特別地，他透過勞作折紙的方式，發現了三角形三內角和等於一平角（即 180°）。見圖 15–1 與圖 15–2。

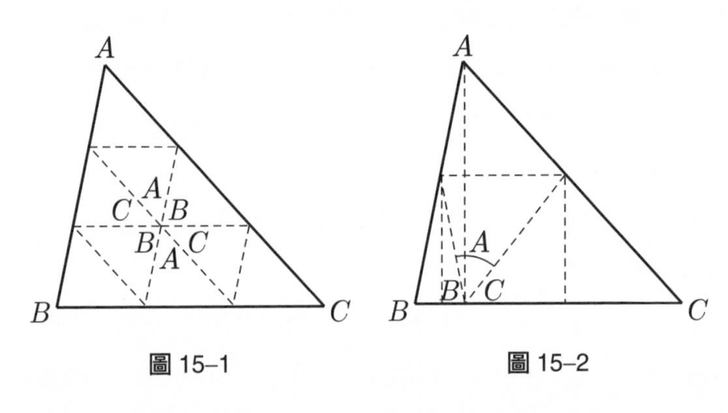

圖 15–1　　圖 15–2

有一天，他的父親偶然看到他在進行幾何的學習活動，被他的驚人數學才能嚇了一跳，於是就拿歐氏的《幾何原本》給他。小巴斯卡欣喜若狂，在貪婪的研讀下，他很快就精通了歐氏幾何。這個例子很值得每天催促孩子去讀書而成效不彰的現代父母作參考。

後來，巴斯卡在幾何學（神祕六角形定理、圓錐曲線、射影幾何)、機率論、微積分、計算機等領域都有重要的創造成果。最特別的是，他在哲學與宗教上的探索，讓他完成了《沉思錄》(*Pensées*) 這本名著，裡面處處都有精闢而深刻的洞見，開存在主義的先河。

其次，我們舉近代科學之父伽利略的例子。伽利略十七歲進入比薩大學，按父母的意思學醫，但是他志在數學與科學。有一天他走過一間教室的門口，正好 Ostilio Ricci（數學家 Tartaglia 的學生）在講授歐氏幾何，他停下來聽，深深著迷，以致於他決定棄醫習數學。在 Ricci 的教導下，他研讀歐氏幾何，以及其他古希臘幾何學家的著作。

伽利略是破舊立新的偉大人物，他說：

> 對於科學問題，權威者的千言萬語，抵不上單獨一個人的小心論證。

這是伽利略針對當時社會一味地從「故紙堆」中探求學問的風氣，所作的當頭棒喝。他又說：

> 偉大的自然之書 (book of nature) 永遠打開在我們的眼前，並且真正的哲學就寫在上面。但是我們讀不懂它，除非我們先學會它所使用的語言和圖形。它是用數學語言寫成的，所用的圖形就是三角形、圓形以及其它幾何圖形。

在古時候，哲學是一切學問的總稱，而自然哲學 (natural philosophy) 就是今日所謂的物理學。伽利略對於幾何學的喜好與重視，隨時都流露出來，例如他說：

> 我真正開始了解到，雖然邏輯是掌握推理的最好工具，但是從喚醒心靈產生創造與發現的角度來看，它卻比不上幾何的敏銳。

事實上，伽利略研究自由落體運動，他首創的假說演繹法 (hypothetico-deductive method)，也是從歐氏幾何的公理演繹法類推過來的。

第三個例子是哲學家霍布斯 (Thomas Hobbes, 1588～1679) 的故事。他偶然讀到歐氏幾何，被其嚴密的推理所震撼，從而迷上幾何學。下面是 John Aubrey 的描述：

那時霍布斯已年過 40，在一個偶然的機會下，遇見了幾何學。他走進一家圖書館，歐氏的《幾何原本》正好打開在第一卷的第 47 個命題（即畢氏定理），他讀了該命題。「我的天啊，這怎麼可能！」因此他進一步讀其證明，發現要用到前面的命題，於是翻到前面讀之，又要用到更前面的命題，再往前讀之……，最後終於倒讀至直觀自明的公理，他肯定了畢氏定理的真確性，從此也愛上了幾何學。

第四個例子是哲學家兼數學家的羅素。他也是和平主義者與諾貝爾文學獎得主。在自傳中，他描寫幾何學帶給他狂喜，如下：

在 11 歲時，哥哥開始教我歐氏幾何。這是我這一生最重大的事件之一，像初戀一般如醉如痴。我很難想像世界上還會存在有比這個更甜美的事情。

不過，學幾何並不是沒有遇到困擾，他繼續說：

在我學過第五公理（即平行公理）之後，哥哥告訴我，這是公認比較難的一條公理，但是我並不覺得有什麼困難的地方。這是我第一次展露出，也許我有點天份。從那一刻起，一直到懷海德（羅素在劍橋大學三一學院的老師） 和我合力完成 《數學原理》 (*Principia Mathematica*) 為止，那時我 38 歲，這段期間數學是我的主要興趣，也是我快樂的主要泉源。然而就像其它的快樂一樣，這並不純粹，而含有雜質。我曾被告知，歐氏幾何是講究證明的，但是當哥哥由一些不證明的公理開始時，令我非常失望。起先我拒絕接受它們，除非哥哥能夠提出為何要這樣做的理由。然而他說：「如果你不接受它們，我們就無法進行下去。」由於我希望趕快學下去，所以只好心不甘情不願暫時地接受它們。但是從那時起，我對數學前提的懷疑，一直保留著，並且決定了我往後的工作。

後來，羅素在劍橋大學的學位論文就是《幾何學的基礎》(1895 年)。接著的《數學原理》(1909 年) 更進一步追究整個數學的邏輯基礎，例如費了 347 頁的篇幅才給出 1 的定義，可見地基挖得多麼深。

羅素一生渴望追求具有明確性 (certainty) 的知識，而且是極端的強烈，就像教徒之追求上帝一樣。數學知識最具有明確性，很自然地，在他的青年時期，數學給他快樂與滿足。他說：

數學最讓我欣喜的是，事物可以被證明。(What delighted me most about mathematics was that things could be proved.)

幾何提供證明的樂趣，說理的標準。這對於生活在同一時代，並且同在劍橋大學任教的兩位好朋友羅素與哈第，他們都同樣傾心於數學證明的魅力。最著名的故事是，有一天兩人碰面，哈第對羅素說：

如果我可以證明羅素在五分鐘內會死掉，那麼我會因為失去一位好朋友而悲傷，也會因為得到證明而狂喜。但是，前者比後者，簡直是微不足道。

羅素聽了之後，一點都不以為忤，甚表同感，兩人共心通靈，拈花微笑。

羅素自己也提出過一個有趣的證明例子。有一次他參加一個宴會，仕女雲集，大家都知道他是邏輯家，跟對手說理論辯從未輸過 (他的女兒說的)，於是出一個問題考他，要他證明：羅素等於波普 (Pope 是指教宗)。羅素想了一下，立即說：因為 $0 = 1$，所以 $1 = 2$。又因為羅素與波普是 2 個人，所以羅素與波普是 1 個人。

顯然，要得到一個荒謬的結論，必須由一個荒謬的前提出發。例如，希爾伯特就說：如果 $0 = 1$，則女巫從煙囪飛出來。羅素在青少年時期，有一度想自殺，但是為了要多了解一些數學而打消此念頭。因此，數學救了他。後來，他說：

數學，正確地了解，不但擁有真理，而且含有至高的美，美得冷若冰霜，近乎嚴酷，就像一尊雕塑。

第五個例子是美國第十六任總統林肯 (Abraham Lincoln, 1809～1865)，他也是喜愛歐氏幾何的人，請看其傳記：

當他還是一個國會議員的時候，他研讀歐氏幾何並且幾乎精通了首六卷。為了增進自己的能力，尤其是邏輯與語言方面的能力，他開始接受歐氏幾何嚴格的心智訓練，開啟了他喜愛上幾何學的契機。因此他隨身攜帶著《幾何原本》，一有空就演練，直到首六卷都能夠輕易地推演為止。

第六個例子是物理學家愛因斯坦，他在自傳中描述第一次接觸歐氏幾何時，對其邏輯結構的驚奇與激賞：

在 12 歲時，我經驗了第二次完全不同的驚奇（第一次是 4 或 5 歲時，對羅盤針恆指著南北向感到驚奇）：在學年的開始，一本講述歐氏平面幾何的小書到達我的手上，裡面含有命題，例如三角形的三個高交於一點，這絕不顯明，但卻可以證明，而且是如此的明確以致於任何懷疑都不可能產生。這種清澈與確定給我帶來不可名狀的印象。至於公理必須無證明地接受；這對我並不構成困擾。無論如何，如果我能夠將證明安置在似乎不可懷疑的命題上，我就很滿意了。例如，我記得在《神聖幾何小書》到達我的手上之前，有一位叔叔告訴我畢氏定理。經過了許多的努力，利用相似三角形的性質，我終於成功地證明了這個定理。在做這個工作時，我用到：直角三角形的邊之關係必由其一銳角完全決定，我認為這是很「顯明的」(evident)。……如果據此就斷言我們可以透過純粹思想而得到經驗世界的真確知識，那麼這個「驚奇」就放置在錯誤上面了。然而，古希臘人首次向我們顯示，至少在幾何學裡，只需透過純粹的思想，人就能夠獲致如此這般真確與精純的知識，這對於第一次經驗到它的人，簡直是既神奇又美妙。

第七個例子是美國女詩人美蕾 (E. S. V. Millay, 1892～1950)，她稱讚歐氏說：

只有歐幾里德洞見過赤裸裸的美。

(Euclid alone has looked on beauty bare.)

對文明的影響

牛頓稱讚歐氏幾何說：

歐氏幾何由那麼少的幾條外來的原理，就能夠推導出那麼豐富的結果，這是它的光榮。

他的經典名著《自然哲學的數學原理》(1687 年)，完全是模仿歐氏幾何的公理演繹之形式寫成的，而這本書代表著十七世紀科學革命的完成。

歐氏幾何的演繹系統，變成往後數學與科學理論效法的典範。一門科學發展到成熟的階段，總是以演繹系統的形態來展現。因此，歐氏幾何的精神可以說是「流傳千古，向榮長青」。難怪愛因斯坦要說：

如果歐幾里德無法點燃你年輕的求知熱情，那麼你生來就不是一位科學思想家。(If Euclid failed to kindle your youthful enthusiasm, then you were not born to be a scientific thinker.)

上述是歐氏幾何在科學方面的影響。另外，在哲學與政治上，也是餘波蕩漾，我們各舉一個例子。

斯賓諾莎 (Spinoza, 1632～1677)，這位被尊稱為最高貴哲學家的人，他的名著《倫理學》是按歐氏幾何的演繹形式鋪陳而成。其次，在美國的獨立宣言中（1776 年），第二段開頭的一句話是：

我們認為這些真理是自明的：凡是人都生而平等；造物主賦予他們若干不能讓渡的權利，包括生命、自由與對幸福的追求。

(We hold these truths to be self-evident, that all men are created equal, and that they are endowed by their creator with certain unalienable Rights, that among these are Life, Liberty and the pursuit of Happiness.)

基本上，這也是受到歐氏幾何的影響。歐氏從一些自明的公理出發，建構出幾何學；美國人也希望從一些自明的真理（公理）出發，建構自己的國家。

歐氏建立幾何演繹系統與科學家創造科學理論系統的過程，愛因斯坦把它們精煉成一個很生動的迴路，叫做愛因斯坦的圖解 (Einstein's picture)：

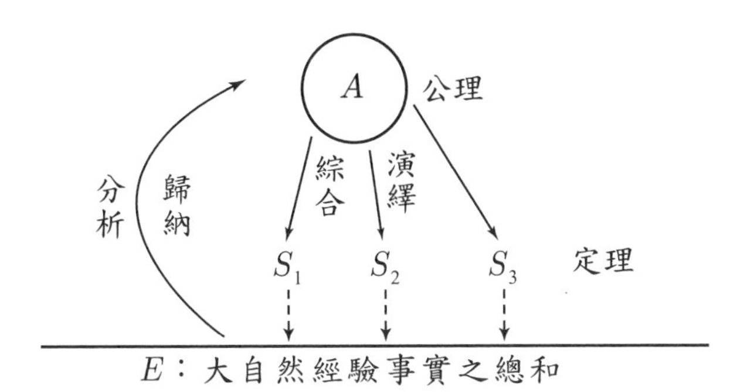

圖 15–3 愛因斯坦的圖解

其中水平線 E 表示經驗的總和，包括直觀的常識、偏見等等。A 表示公理 (axioms)、原理 (principles)。在心理上，A 當然是建立在 E 上面，但是愛因斯坦強調，從 E 飛躍到 A 並沒有邏輯之橋可通 (no logical bridge to follow)，公理 A 完全是人類智慧的自由創造 (free inventions of the human intellect)。從公理 A 循著邏輯推理，得到必然的結論 S，形成演繹系統；這是整個科學理論或數學理論最明確的部分，歷來的科學家或數學家幾乎都只展示出這一部分，其餘的都隱藏起來。S 與 E 之間的關係較複雜且不明確，摻雜著直觀的與非邏輯的因素，一方面我們用邏輯的結論 S 來適配 (fit) 或解釋 (explain) 經驗 E，得到對 E 的了解 (understanding)；另一方面，我們又用經驗 E 來檢驗 (test) S，乃至檢驗整個理論系統。S 與 E 之間永遠有鴻溝 (gap)，這就是理想與現實的永恆矛盾。

數學只關心 A 與 S 的通路，而沒有 S 與 E 之間的矛盾之煩惱。這是數學與物理學最主要的差異所在。有人喜歡數學，也有人喜歡物理，這是性格不同所致。有的物理學家特別喜歡 S 與 E 之間的矛盾性，例如日本的諾貝爾物理獎得主湯川秀樹說：

數學潛藏著創造性活動的喜悅，但是，我仍然認為自己幸好沒有成為數學家。我是一個不論到那裡，都是在思考飛躍之中發現最大喜悅的人。以滴水不漏的邏輯，深入推敲的學問，不是我關心的重點。我認為理論物理學家煩惱於理想與現實的矛盾，比較合乎我的性格。

圖 15–3 的迴路代表著愛因斯坦對於知識論與科學理論的結構之看法。歐幾里德可以說是第一位以幾何學實現這個圖解迴路的人。當愛因斯坦被問及如何發明相對論時，他回答說：對公理作挑戰。由此產生科學革命，更新科學典範 (paradigm)，把人類對大自然的認識，逐步推深增廣。

事實上，圖 15–3 的迴路也代表著近代科學的「假說演繹法」，這是源自歐幾里德的「公理演繹法」。先是對經驗知識的共鳴理解，為求得「解釋」或「了解」，於是大膽拋出「假說」，然後推導出邏輯結論，再利用實驗加以檢驗，即小心求證。如果結論適配經驗事實，那麼整合起來就成為一個「暫時成立」的科學理論。如果一個科學理論所預測 (predict) 的新事實，又被實驗證實，那麼理論就更堅實（這點科學哲學家波柏不同意）；如果被實驗否證，那麼理論就要修正或放棄。在科學家頭腦中的理論，放棄掉的遠比保留的還要多。當然啦，以上只是非常簡化的說法。現代的科學哲學對於科學理論的成長、結構與革命，有更細緻而深入的探討。

現在我們以歐幾里德與愛因斯坦的眼光，來觀察人類的社會現象，尤其是近代民主政治的運作過程，發現這也有類似於圖 15–3 的迴路：在人民生活的經驗基礎上 (E)，先由下到上，透過選舉來歸納民意，選出民意代表與執政者，制定符合民意的法律與憲法（A，相當於科學的假說或幾何公理），交給執政者由上到下依法實施統治（由 A 到

S，相當於由假說推演出結論)，然後施政的結果要接受民意 (*E*) 的監督 (相當於接受實驗的檢驗)。對於執政者的缺失，人民可以透過定期的選舉，加以修正或改換 (相當於科學理論的修正或革命)，使這個迴路循環不息，社會不斷更新，不斷進步，人民才有幸福。一個以經驗與邏輯 (即講道理) 為本的社會，就不會荒腔走板。

科學與民主是這麼親密地相伴同行，相輔相成。

對歐氏幾何的挑剔

看過了人們對歐氏幾何的佳評，也該再看看人們對它的批判與挑剔。一個銅板有兩面，兩面都看過，才是「知所同異，方窺全貌」。

我們說過，歐氏幾何的誕生過程，是先有分析的發現過程，然後才有綜合的演繹過程，兩者合成一往一來的迴路。但是，歐幾里德只展示綜合演繹的後半部，所以歐氏幾何又叫綜合幾何 (synthetic geometry，跟解析幾何對照)。後世的數學家群起效法，幾乎所有的數學文章、書籍，以及數學教育都如法炮製。放眼數學世界，只重「邏輯證明」，而輕忽一個概念、公式、定理，乃至一個理論的生長與發現過程 (the problems of growth and discovery)。

難道分析的發現過程不精彩、不重要嗎？絕對不是！那麼理由是什麼呢？根據笛卡兒的說法：

> 在古代幾何學家的著作中，只展示出綜合的步驟，這並非他們對分析步驟完全無知。照我看來，真正的理由是因為他們太珍惜分析的發現方法，以致於要把它當作重要的祕密，私藏起來。

英國數學家瓦利斯 (Wallis, 1616～1703) 也認為：

古希臘人故意要隱藏他們發現定理的捷徑和方法。

換言之，古希臘哲學家奉行「鴛鴦繡取憑君看，莫把金針度與人」的原則。正如阿貝爾 (Abel, 1802～1829) 批評高斯說：

高斯像一頭狡猾的狐狸，在沙地上一面走一面用尾巴抹掉自己走過的足跡。

高斯本人則說：

當一棟大廈蓋完成之後，絕不讓人看到鷹架的痕跡。

後來許多數學家不說出他們的工作背後的動機 (motivation)，並且對外抹掉他們的思路歷程，都是以高斯的話當作擋箭牌，心安理得。

我們再看另一種說法，科學哲學家拉卡托斯 (I. Lakatos, 1922～1974) 認為：

這個問題最主要的解釋是，因為數學家堅持永不犯錯的偏見，反對僅是猜測式的知識。分析只是探索，綜合則是證明；分析可能含有錯誤，綜合是不會錯的。犯錯被認為是有損「人的尊嚴」，所以只好抹掉分析的過程。

於是，數學變成只是定義、公理、定理與證明的堆積，沒有分析、試誤的過程。完美無缺，但是也沒有發現的喜悅。多數的學生被引到以背記的方式學習數學。後遺症產生了，數學讓多數的學生覺得枯燥、無趣、面目可憎、沒有人性，這就是數學教育很難有起色的根本原因。

拉卡托斯是批判歐氏幾何最嚴厲的一個人，他稱歐氏的演繹系統為「歐氏演繹者的公文儀式」(Euclidean deductivist style)：由看起來是人為的，神祕的公理、定義與補題出發，然後就給出定理，而定理負荷著沉重的條件，讓人似乎猜不到它們是如何想到的（有如魔術師突然從帽子裡抓出小白兔一樣），接著是證明。

他繼續批判說，學生被強制地接受歐氏的公文儀式，像變魔術一般，沒有問題情境 (problem situations) 之討論，也不准點破魔術師的手法。如果有人偶然發現到一些神祕的定義原來是由證明所衍生出來的 (proof-generated)，因而質疑說：定義、補題及定理怎會比證明早出現呢？這時魔術師會斥責他沒有數學成熟度 (mathematical maturity)。

他又說，在演繹者的公文儀式下，所有的命題都成立，所有的推理皆有效。數學以不斷地堆積永恆的、不變的真理來呈現，而反例、辯駁 (refutation) 及批判都沒有插腳的餘地，形成威權主義與獨斷的氣氛。壓制了初階的猜測與否證，以及對於證明的批判。隱藏觀念的掙扎、試誤、追尋的過程。因此，整個思路過程消失，定理的逐步形成過程也湮滅。最後所得到的結果高高在上，神聖不可侵犯，永無錯誤。人們還沒有充分認識到，目前這種數學教育與科學教育恰是極權主義的溫床，並且是發展獨立思考與獨立判斷的最大敵人。

物理學家兼科學哲學家馬赫 (E. Mach, 1838～1916) 說得好：你無法了解一個理論，除非你知道它是如何發現的。

然而，物理學的處境也沒有比數學好到那裡去，費曼說：

歷史家、新聞記者和科學家本身在寫科學的時候，都不約而同地沒有寫出科學工作者的真面目：科學其實是一個探索的過程，而不是一堆形式的結果。

當然啦，在數學史上，總是存在有一些異類，例如阿基米德（Archimedes，西元前 287～前 212）有許多偉大的發現：球的體積與表面積、拋物線弓形面積、圓的面積……等等。他除了給出邏輯證明之外，還寫了一本《方法》，用來解說他是先用槓桿原理猜得結果。可惜《方法》一書失傳，直到 1906 年才被發現，所以影響不大。另外，還有瓦利斯與歐拉，他們也都不厭其煩地展示其發現的思路歷程，令後人受益無窮。

比較起來，這些只不過是寥若晨星而已，起不了什麼作用。那麼，希望在何處？我們引用數學家羅塔 (Gian-Carlo Rota, 1932～1999) 的批評和對數學的期待：

在數學中，就如同今日的任何地方一樣，越來越不容易說真話。……不幸的是，說真話並不只是複述一系列玫瑰般的事實。……未來某個時候，我們會聽見敲門的聲音，從那時起我們必須重新訓練自己和孩子，適切地說真話。這件事在數學中做起來會特別痛苦、困難。因為自古以來，數學界流行的是，把足以令人狂喜的發現過程，有系統地隱藏起來，並且將數學的真實生命——類推思考，故意抹掉。我相信未來的邏輯會修正，使得含納目前大家認為模糊的創造過程，例如動機 (motivation)、目的 (purpose) 等等，這些都可以正式跟公理與定理並列，得到應有的平等地位。這件事也許會震驚目前的保守邏輯家。在這一天到來之前，數學的真相仍然只能是稍縱即逝的表象，彷彿是一個人對神父或精神科醫師或愛人所作的羞怯表白。

結　語

幾何的故事還有很多，例如：偉大哲學家康德 (I. Kant, 1724～1804) 宣稱，歐氏幾何是唯一可能的幾何理論；接著有非歐幾何的革命 (1829 年與 1832 年)，導致對幾何的解放，對數學乃至整個知識論的大反省；希爾伯特在 1899 年提出完整的幾何公理化，補足歐氏幾何的缺漏；幾何與物理的關係等等。由於受限於篇幅，這些都只好從略。

放眼這個世界，有物就有數和形。我們直觀地感覺到空間、平面以及各種幾何圖形，探尋它們的規律，就形成了幾何學。伽利略說：給我時間、空間與對數，我就可以建造一個宇宙。這顯示幾何學對於建構宇宙的重要性。

阿基米德沉迷在幾何圖形中，被羅馬士兵殺死 (西元前 212)。然而，偉大的羅馬帝國卻對數學毫無貢獻。哲學家叔本華 (Schopenhauer, 1788～1860) 批評歐氏的畢氏定理之證明為「捕鼠器式的證明」(the mousetrap proof)，這是蜉蝣撼大樹。

因為康德不知道有非歐幾何，所以才說出上述荒謬的話，看走了眼。這告訴我們，即使是偉大的哲學家也受限於他那個時代的知識背景與偏見。所以有人提出一個問題：如果康德知道非歐幾何，那麼會如何呢？顯然，他的知識論要修正。

創立非歐幾何之一的波亞 (Bolyai, 1802～1860) 說：我憑空創造了一個奇妙的新世界！這是悟道後的欣喜表白。愛因斯坦的小兒子問爸爸說：「你為什麼那麼出名？」愛因斯坦答道：「兒子，你看，當一隻盲目的甲蟲在球面上爬行時，牠沒有感覺到路徑是彎曲的，但是，我很幸運地意識到這件事情。」幾何與物理的關係密切，從尼羅河畔的沉思可以連結到宇宙的奧祕！我們說過，幾何的「幾」具有「微、機」之意味，代表宇宙幽微的機理、法則。柏拉圖與愛因斯坦告訴我們，這些都可以透過幾何來揭露。

最後，我們引用一首詩作結尾。阿拉伯的天文學家、數學家兼詩人奧馬珈音(Omar Khayyam, 1048～1131) 的《魯拜集》(*The Rubaiyat*，由物理學家黃克孫中譯)，第 34 首：

聞道天人原合一，微機分寸自能參。
如何緣業憑天結，天道恢恢不可探。

附錄：從歐氏幾何看科學與民主

每個人在國中的求學階段都讀過些許的歐氏平面幾何，這是歐幾里德在紀元前三百年創立的。歐氏透過幾何圖形，首次成功地展示凡事講究由「公理」出發的邏輯「證明」過程。這種求真的態度與方法，為人類理性文明奠下最重要的一塊基石。歐氏幾何的理論架構，成為往後一切數學與科學理論模仿的典範。基於此，愛因斯坦說：「如果歐幾里德無法點燃你年輕的求知熱情，那麼你生來就不是一位科學思想家。」

人類探索自然世界的真理，建立了「科學」的知識殿堂；追求社會生活的公義，創立了「民主」的政治制度。科學與民主是構成現代文明社會最基本的兩個要素或脈動，它們是長期演化且不斷修正的產物，伴隨著人類的文明而成長。

今日不論是從精神層面或實踐方法來看，科學與民主都具有相似的特質，是有機整體，很難一刀兩斷，只取科學而不要民主。

我們進一步追根究柢，逐本探源，就來到了西方文明發源地的古希臘。古希臘的雅典不但產生了人類文明史上的第一個數學理論——歐氏幾何，亞里斯多德有機觀的物理學、邏輯學，而且也是第一個實行民主政治的城邦。因此，我們可以說科學與民主同時發源於雅典，是構成所謂「希臘奇蹟」的主要內容。雅典是人類文明的聖地。

古埃及與巴比倫長期累積了許多經驗式幾何知識，例如畢氏定理，三角形三內角和為一平角，正多面體恰好有五種等等。這些美妙的結果傳到了古希臘哲學家的手裡，他們「為真理而真理」，嘗試加以「證明」或「解釋」。經過長久的試誤，歐幾里德「分析」當時的幾何知識，最後「歸納」出「直觀自明」的五條公理：一、過相異兩點可作唯一一直線；二、線段可任意地延長；三、給一點與一段距離可作一個圓；四、凡是直角都相等；五、在平面上，過直線外一個點可作唯一的直線，平行於原直線。反過來是「綜合」的工作，由這五條公理，推導出所有已知的幾何定理，組織成一套演繹系統，叫做歐氏幾何。換言之，歐氏是「先由下到上歸納創造出公理，再由上到下演繹推導出結論」，這叫做「公理演繹法」，乃是人類文明發展出來最嚴謹的追求知識的方法。

歐氏認為他的公理是「顯明」的真理。於是真值由公理的源頭輸入，那麼真值就沿著邏輯網路流布於整個歐氏幾何的系統。對於追求真理的人而言，還有什麼能比這更美麗的呢？美國女詩人美蕾讚美說：「只有歐幾里德洞見過赤裸裸的美。」

近代科學所採用的「假說演繹法」，就是源自歐氏的「公理演繹法」。先是對經驗知識的共鳴理解，為求得「解釋」，於是大膽拋出「假說」，然後推導出結論，再利用實驗加以檢驗，即小心求證。如果結論適配實驗事實，那麼整個合起來就成為一個暫時成立的科學理論。如果一個科學理論所預測的新事實，又被實驗證實，那麼理論就更堅實；如果被實驗否證，那麼理論就要修正或放棄。當然啦，以上只是非常簡化的說法。現代的科學哲學對於科學理論的成長、結構與革命，有更細緻而深入的探討。

愛因斯坦認為西方對人類文明的兩大貢獻是：

⑴古希臘哲學家所發明的演繹系統，即歐氏的「公理演繹法」。

⑵文藝復興時代（十五、六世紀）發展出來的實證傳統，即透過有目的與有系統的實驗，以找尋與檢驗真理的態度。

愛因斯坦「直指本心」地指明「經驗」與「邏輯」是西方文明的骨幹，他們是建立數學與科學的兩塊基石，缺一不可。在十七世紀，由伽利略與牛頓將兩者緊密地結合起來，產生了科學革命。這個影響太深遠了，真正是「博大精深」。一路發展下來，開啟了近代數學、物理學、化學、生物學、社會科學……，十八世紀的啟蒙運動與十九世紀的工業革命，並且帶動一連串的政治革命（如美國獨立、法國大革命、俄國革命），產生商業資本主義殖民主義，乃至今日的科學與民主之文明，撼動著全世界。

西方的民主實踐，基本上是模仿科學理論的發展模式。在人民生活的經驗基礎上，先由下而上，透過選舉來歸納民意，選出民意代表與執政者，制定符合民意的法律與憲法（相當於科學的假說或幾何公理），交給執政者由上到下依法實施統治（相當於由假說推演出結論），然後接受民意的監督（相當於接受實驗的檢驗），如此這般形成一個迴路。對於執政者的缺失，人民可以透過定期的選舉，加以修正或改換（相當於科學革命），使這個迴路不斷更新，社會不斷進步，人民才有幸福。一個以經驗與邏輯（即講道理）為本的社會就不會荒腔走板。

因此，科學與民主的發展，都形成一個通暢的迴路。只有民主的環境才適合於科學的發展；反過來，科學的發展又有助於民主的實踐。當初只要科學而不要民主的共產國家，今日已經一個接著一個地崩解。

在這種歷史宏觀的透視下，理性之光告訴我們：臺灣要走出一條康莊大道，唯有追隨「科學與民主」的世界潮流，走向清新的海洋國家，絕不要再重蹈過去悲慘的醬缸文化與腐敗的政治黑洞漩渦。研究科學、實行民主、提高文化品質與關心生態環境，是臺灣立足世界最平實且最穩固的根基。

God exists since mathematics is consistent, and the devil exists since we cannot prove the consistency.

每位真正的數學家都曾有過一種澄澈的狂喜，陣陣的歡欣，一波接著一波，像奇蹟般地產生。這種感覺可能延續幾小時，甚至幾天。一經體驗過這種飛揚的純粹喜悅，你就會熱切期待再次得到它，但這無法隨心所欲，你必須透過頑強的、辛苦的工作才能得到。

Greater generality and greater simplicity go hand in hand.
（在數學裡，更普遍與更簡潔結伴同行。）

——A. Weil——

英國大文豪兼幽默大師蕭伯納 (G. B. Shaw, 1856～1950)，流傳有許多故事與名言，表現他的機智、幽默、智慧與對稱性思考，我舉幾個例子：

1. 舞蹈家鄧肯有一回寫信給蕭伯納說：

   「我有第一美麗的身體，你有第一流的頭腦，我們生一個孩子，再理想不過了。」

   幽默大師蕭伯納回信給她說：

   「不行啊，萬一生下的小孩子，身體像我（蕭的長相難看），而頭腦像妳，那就糟了。」

2. 你看見事情並且問「為什麼」(why?)，但是我夢想事情並且說「為什麼不？」(why not?)

3. 大部分的人都不用大腦，我一個禮拜只用一次大腦，所以我成名。

4. We learn from history that we learn nothing from history.

16 伽利略的假說演繹法

伽利略與自然親切的對話、交流，結合「實驗」與「邏輯」，創立「假說演繹法」，開啟了近代西方的科學文明，因而被尊稱為「近代科學之父」。

伽利略的假說演繹法

科學的研究以探索自然的規律為目標。在問題的引導下，先大膽地拋出假說 (hypothesis)，推導出邏輯結論，然後再小心地用實驗來檢驗，大自然是最終的裁判者。這個程序就是今日所謂的「假說演繹法」。基本上，它是伽利略從研究自由落體運動的過程中，首度開發出來的方法。

大自然到處都可以觀察到運動現象。因此，亞里斯多德說：

「對運動的無知就是對自然的無知。」

(To be ignorant of motion is to be ignorant of nature.)

但是要掌握住運動現象並不容易。從古希臘亞里斯多德的物理學，到十七世紀伽利略、克卜勒與牛頓的新物理學之誕生，人類歷經兩千餘年的努力，才初步掌握住運動現象。一方面展現了人類叩問自然、解讀自然，逐漸進步的過程；另一方面也伴隨著數學（尤其是微積分）與文明的成長。

伽利略修正了亞里斯多德物理學的錯誤，並奠下自由落體定律與慣性定律這兩塊堅實的基石，為往後牛頓建立力學的三大運動定律、萬有引力定律與微積分鋪路。因此伽利略可說是扮演著由前科學 (prescience) 進步到科學 (science) 轉捩點的關鍵性角色。他採用假說演繹法，配合數學的定量方法來研究運動現象，點燃了科學革命的火苗，因而被尊稱為「近代科學之父」。

本章將針對伽利略探索自由落體運動的過程，做個案考察 (case study)，闡明他是如何將亞里斯多德「有機目的觀」的典範 (paradigm) 轉變成「機械力學觀」的新科學典範。這在科學史上是一段偉大的飛躍進展，在方法論上也深具啟發性，並且富有教育意義。

德莫克利特的原子論

面對大自然的存在與變化萬千，古人提出了三個萬古常新的基本問題：

(i)存有之謎 (the enigma of being)。

(ii)物質的構造問題 (the structure of matter)。

(iii)變化與運動的問題 (the problem of change and motion)。

對於物體的運動現象，人們又要追究三個問題：

(iv)物體為何運動 (why motion)？

(v)物體如何運動 (how motion)？

(vi)運動機制是什麼 (the mechanism of motion)？

這些問題世世代代激勵著人心，產生了豐富的哲學與科學思潮。

自古以來，人們提出了各式各樣的理論 (theory)，其中要以德莫克利特的原子論 (atomism) 在科學上最具影響力。他主張「萬有都是原子構成的」，只有原子及其在虛空 (void) 中作永不止息的運動，才是「最後的真實」(the ultimate reality)，其餘的都只是暫時的「意見」(opinions)。雖然世事無常，在「成住壞空」之間流轉不息，但是原子不生不滅，而它們各種不同的排列與組合，就產生了這個世界的森羅萬象。

將物質加以分割，直到不可分割的地步，就得到「原子」，這是本義的分析法。反過來，由原子組合成物質，就是綜合法。因此，原子論引申出分析與綜合法，這在科學方法論上，一直扮演著舉足輕重的角色。

在古代，原子論可以說是「想像實驗」(thought experiment) 的產物，玄思妙想的成分大，真正受實驗證據支持的成分少，但是卻相當切中事情的真相。當代物理學家費曼就對原子論推崇備至，他說：

假設人類大難臨頭，所有的科學知識都將被毀滅，但准許保留一句話給未來的世代。到底哪一句話才符合用字最少、卻蘊含最多的科學訊息呢？我相信是原子論：萬有都是原子構成的。

從原子論的觀點來看，德莫克利特很自然就得到自由落體定律。他說：「在虛空（即真空）中，所有物體皆以相同的速率落下。(All things in a vacuum fall at the same speed.)」雖然他無法得到真空，但是他是對的。透過創造想像力 (creative imaginations)，讓他猜到在沒有空氣阻力的虛空中，凡物同速落下。這是有關自由落體運動最早的正確斷言，不過卻被遺忘了兩千多年，直到伽利略時代才又重新被發現。

德莫克利特被稱為是一位「笑笑的哲學家」(the laughing philosopher)，因為他冷眼旁觀，看透世事的諸多荒謬，經常加以嘲笑。他的著作大多失傳，只留下一些隻字片語，下面我們引述兩則來欣賞：

(i)在發現事物的原因與擁有波斯帝國二者之間，我寧可選擇前者。

(ii)事實上，所有我們所知道的，並不是從眼睛看來的，因為真理都隱藏在事物的深處。

亞里斯多德的物理學

落葉飄花與蘋果掉到地面，人人司空見慣，可是亞里斯多德卻感到驚奇 (wondering)，並且追問：「在無窮多個可能方向中，物體為何偏偏選擇落向地球的這一個方向？」

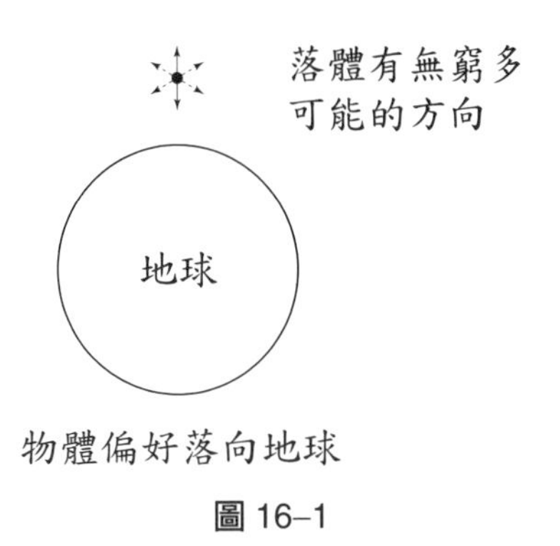

圖 16–1

他所提出的答案是：一切物體都趨向以它的「自然位置」(natural place) 做運動；因為地球是宇宙的中心，是所有物體的自然位置，所以物體落向地球。這媲美他著名的三段論法：凡是人都會死，因為蘇格拉底是人，所以蘇格拉底會死。

上述亞里斯多德解釋物體「為什麼」(why) 會作落地的運動，我們稱之為「有機目的觀」。因為亞里斯多德觀察到，大多數的生物都按一定的目的而活動，將它類推到物體的運動，就得到有機目的觀。而大家都知道，亞里斯多德不但是一位物理學家，也是一位偉大的生物學家、敏銳的觀察家和哲學家。

可是月球以上的行星為什麼不會落地，而是做週期運動呢？為了避免被否證 (falsify)， 亞里斯多德再提出一個特置性的假設 (ad hoc hypothesis) 以保住他的理論：他將宇宙分成月球以上和月球以下兩部分。在月球以下的部分，物體是由水、火、土、氣四種「元素」組成的，它們都是會變化與腐朽的，並且以趨向地球中心做運動；在月球以上的部分，恆星與行星是由第五種元素「乙太」(ether) 組成的，它們是永恆不變的，且行星是作周而復始的圓周運動。而月球恰好介於兩者之間，一方面「月有陰晴圓缺」，另一方面則作圓周的永恆運動。

有果必有因，這叫做「充足理由原理」(principle of sufficient reasons)。亞里斯多德更進一步提出「四因說」，來解釋為何事物會存在或事件會發生。例如：看到一座房子存在，那是：

(i)因為它是由一些材料組成的，這叫做「物質因」(material cause)。

(ii)因為工人用勞力蓋成它，這叫做「效力因」(efficient cause)。

(iii)因為它是按設計藍圖建造成的，這叫做「形式因」(formal cause)。

(iv)因為人類需要它來安身立命，這叫做「最後因」(final cause)。

到了牛頓的手上，亞里斯多德的「四因說」被替換成：

物質因←→質點

效力因←→作用力

形式因←→時空

「最後因」在牛頓的世界中沒有地位，因為牛頓說：「我不需要那個假說。」(I have no need of that hypothesis.)

在亞里斯多德的世界中，地球表面附近的物體，其自然運動是直線運動；在天上（月球以上），行星的自然運動則是圓周運動。這種直線與圓，後來完全反映於歐氏幾何中，分別對應著尺、規作圖。

兩千年後，伽利略利用望遠鏡觀察到太陽黑子的變化，引起亞里斯多德學派學者的震驚，因為這意謂著「對亞里斯多德天體完美無瑕的理論之否定」。望遠鏡為人類打開眼界，讓人類認識到自己在浩瀚的宇宙中是多麼渺小，為人類開啟了科學之門。

而從現代科學哲學 (philosophy of science) 的眼光來看，一個科學理論需要作特置性的假設，通常不是一個好的理論——特置性假設有點像是科學裡的「違章建築」。

另一方面，從德莫克利特的原子論過渡到亞里斯多德的水火土氣四元素說 (東方是金木水火土)，更是一種倒退的發展。為什麼會發生這種倒退呢？由於畢氏學派採用幾何原子論的觀點來建立幾何，他們假設：點如原子，具有一定的大小，於是任何兩線段皆可共度，一切幾何度量都能化成整數或整數的比值 (即有理數)。但是，後來畢氏學派發現：單位正方形的對角線長 $\sqrt{2}$ 是無理數，不但震垮了畢氏學派的幾何學，也威脅到原子論。於是柏拉圖主張燒掉德莫克利特的所有著作，亞里斯多德改用四元素說來取代原子論。

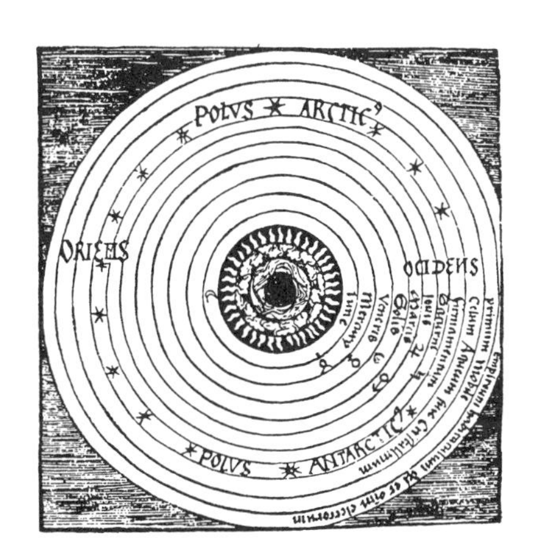

圖 16–2　亞里斯多德的宇宙系統，月亮以下由土、水、氣、火組成，月亮以上由乙太組成。

而在進一步討論到自由落體如何運動時，亞里斯多德認為：兩個物體由同一高度同時落下時，重者比輕者快到達地面。這是一種粗糙的定性描述。事實上，大家都觀察過羽毛、木塊、乒乓球、鐵球落地時，快慢不一的情形，很容易就可以得到亞里斯多德常識性的結論。更何況亞里斯多德所抱持的是「知識的誠實」(intellectual honesty) 態度：「把是什麼說成是什麼，把不是什麼說成不是什麼。」因此，他要「如實」地描述他所觀察到的現象。不過，這樣的研究方式卻也造成兩千年來無法突破大自然，因為真理藏在比常識還更深一層，必須對常識做精煉的工作才能被發掘出來。

亞里斯多德雖然也承認所有物體在真空中會同速落下，但實際上觀測到的是不同速落下，所以他認為這恰好構成「真空不存在」的證明。他說：「大自然憎惡真空」(Nature abhors vacuum.)，並且以此來解釋「飛矢為何會前進？」：因為當箭射出時，空氣馬上要填補箭所空出的位置，所以箭會不斷地被空氣推進。

至於物體運動的機制是什麼？亞里斯多德由常識經驗觀察到：用手推一個物體就會產生運動；手一放開，物體很快就停止不動。所以作用力 F 跟速度 v 具有密切的關係，從而得到運動機制為 $F=mv$，這又是一個錯誤的結論。

世界上各民族在初民階段，都用想像來編織神話故事，解釋各種觀察到的現象，從而得到了解與好奇心的滿足。這種利用神話來看待世界的辦法，稱為「神話觀」，是人類知識發展的開端。而亞里斯多德的「有機目的觀」可以看作是「神話觀」的改進——雖然它有時離神話觀其實不遠。這些都是早期人類認識自然、解釋自然的成績，同時也反映了當時的文化知識水準，非常有趣。可是人類是理論的動物，光是觀察到現象是無法滿足的，還要更進一步探索現象背後的原因，於是就產生了各種的理論與學說，從簡陋逐漸進展到近代嚴謹的科學理論。

直接叩問自然 

亞里斯多德的思想主控西方世界大約兩千年之久，幾乎到了「定於一尊」，桎梏一切新思想的地步。直到十五、六世紀代表著人本主義復甦的文藝復興運動（約 1400～1600 年）時，才從古人與宗教的桎梏中解放出來。在科學方面，將兩千年來只從亞里斯多德的「故紙堆」中探求學問的態度與方法，轉變成直接與自然對話，並且採用定量的數學工具捕捉自然的規律，再透過有系統、有目的的實驗，找尋真理與檢驗理論。而這種精神與方法的養成，就是科學開始要生根與成長的時刻。

伽利略說得好：「對於科學問題，大量的權威者之言，抵不上單獨一個人的小心論證。」在當時，這簡直是當頭棒喝，雖千萬人吾往矣。文藝復興的潮流，將數學與實驗結合於自然現象的研究之中，伽利略正是主要的開創者。事實上，伽利略深受父親文仙哲 (Vincenzio) 的影響。文仙哲是一位音樂家，對於樂理甚有研究。當時有一個從古代留傳下來的樂理實驗：一根琴弦的頻率 f，跟弦的張力 τ 成正比，跟弦的長度 ℓ 成反比，即

$$f \propto \tau, \quad f \propto \frac{1}{\ell} \tag{1}$$

文仙哲懷疑這些結果的正確性，於是親自用琴弦做實驗，發現：

$$f \propto \sqrt{\tau} \tag{2}$$

才對，而

$$f \propto \frac{1}{\ell} \tag{3}$$

則正確無誤。這些發表於 1589 年。

文仙哲在他的著作《現代音樂與古代音樂的對話錄》中說道：「對我來說，那些認為任何事物的證明只能訴諸權威，而不求諸實驗證據的人，是很荒謬的。相反的，我希望能自由的提出問題，不奉承權威者之言，這才真正是在找尋真理。」這種實驗的精神與追求真理的熱情 (passions) 相結合，顯然對伽利略起了深刻的示範作用——在一個處處講究權威，「倫範」壓倒「理範」的社會，科學是發展不起來的。

看出亞里斯多德的破綻

根據現代科學哲學家孔恩的觀點，每一位科學家都處在既有的科學「典範」下工作。而典範是由科學社群所形成的一些共同的承諾、信條與資訊環境。

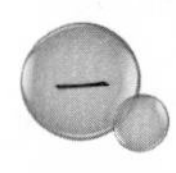

一、什麼是科學？

費曼說：「科學就是懷疑專家是會有錯誤的。」因此才有「破舊立新」的契機。伽利略的偉大工作，就是先看出亞里斯多德關於自由落體運動與物體的運動機制之破綻，然後才立下他的自由落體定律與慣性定律。

二、伽利略是如何「破舊」的呢？

事情是這樣的：當伽利略年輕時，有一天在比薩的教堂中，看到天花板上的吊燈隨風擺動。他注意到吊燈擺動的幅度雖然漸小，但是周期卻不變。換言之，他發現到鐘擺的等時性（事實上只是近似）。他感到很驚奇，想查明真相，於是回家做實驗。他選用各種長度的絲線與各種重量的石塊作成擺錘，觀察其擺動，結果發現：周期 T 與絲線的長度 ℓ 有關，且

$$T \propto \sqrt{\ell} \tag{4}$$

但是與石塊的重量無關。

這使他警覺到：亞里斯多德所說的「自由落體，重者比輕者快到達地面」是錯誤的。伽利略的論證如下：單擺的運動只不過是自由落體下落時，受到絲線的束縛，偏離鉛垂的方向，改沿著圓弧運動而已（見圖 16–3）。今考慮輕的與重的兩石塊，繫在同樣長的絲線上，讓它們偏離同樣大的角度 θ，再放開手讓它們擺動。由於已知它們擺動到最低點 Q 所需的時間相等，所以當石塊不繫在絲線上時，同時從同樣的高度自由落下（即從 P 點落到 R 點），也應費去相同的時間。

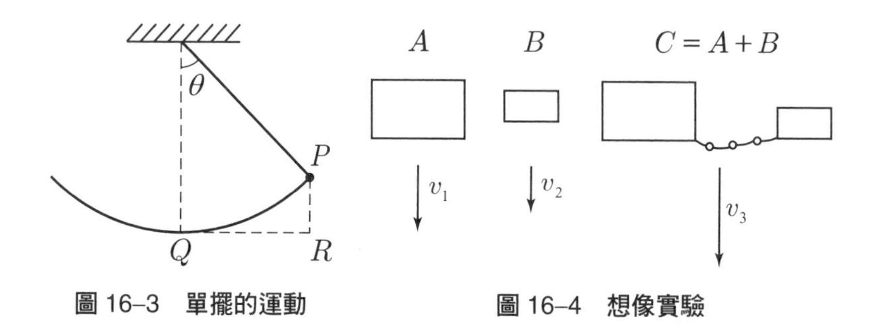

圖 16–3　單擺的運動　　**圖 16–4　想像實驗**

伽利略更進一步利用邏輯，來論證亞里斯多德的錯誤：做一個「想像實驗」，考慮 A 與 B 兩塊石頭，設 A 的重量大於 B。再考慮第三塊石頭，將 A 與 B 用一條（看不見的）鐵絲繫在一起，變成 $A+B$，叫做 C（見圖 16–4）。令 A, B, C 自由落下的速率分別為 ν_1, ν_2, ν_3。若亞里斯多德的說法成立的話，則

$$\nu_3 > \nu_1 > \nu_2 \tag{5}$$

另一方面，我們考察 $C=A+B$ 的運動速率。因為 A 會受到較慢的 B 之牽扯，所以 ν_3 應比 ν_1 稍小，而 B 受到較快的 A 之拉進，故 ν_3 應比 ν_2 稍大；換言之，ν_3 應介於 ν_1 與 ν_2 之間，亦即

$$\nu_1 > \nu_3 > \nu_2 \tag{6}$$

這就跟(5)式抵觸，因而產生矛盾。

為了說服亞里斯多德派的學者，據說伽利略爬上比薩斜塔，丟下一輕一重的二個物體（見圖 16–5）；說時遲那時快，兩物體同時著地（有一些科學史家否認伽利略作了此實驗）。

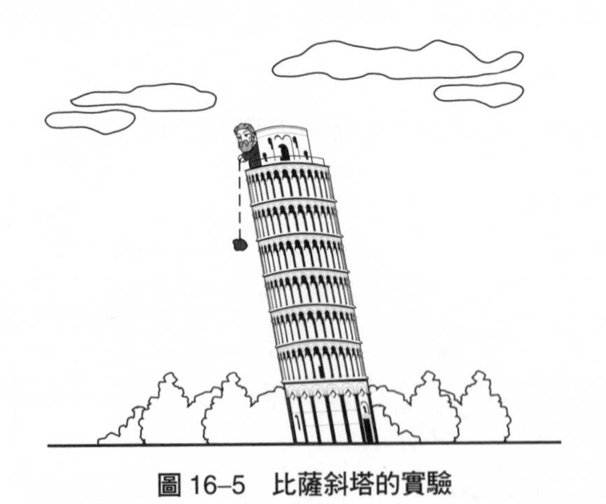

圖 16–5　比薩斜塔的實驗

在伽利略的手中，邏輯 (logic) 不但是推理的工具，也是思考的幫手，更是否定舊學說的利器。

伽利略的新思想 

有了「破舊」的工作，伽利略接著要做的是「立新」，這才是關鍵所在。

對於自由落體運動的研究，伽利略作了幾項重要的革新：

⑴抽象化與理想化。丟掉不相干的因素，例如：質料、形狀、顏色……等等，而把自由落體看成是一個「質點」，並且只考慮質點的位置、速度、加速度、落距等這些可以定量表達的物理量。

⑵數學是描述自然的最佳工具。伽利略提倡用數學來研究自然，他說：「偉大的自然之書 (book of nature) 永遠打開在我們眼前，而真正的哲學就寫在上面（古時候哲學是一切學問的總稱，物理學又叫做自然哲學）……。但是我們讀不懂它，除非我們先學會它所使用的語言與圖形……。它是用數學語言寫成的，所用的圖形則是三角形、圓和其他的幾何圖形。」他又說：「我真正開始了解到，雖然邏輯是掌握推理的最好工具，但是從喚醒心靈、產生創造與發現的角度來看，它卻比不上幾何的敏銳。」

⑶改問物體如何運動。亞里斯多德的旨趣，在於問大問題、研究事物的本質、物體為何運動，這些「哲學性」的問題。伽利略則揚棄對本質的追究，改提具體的小問題，研究物體如何運動，而無限延展追究物體為何運動的難題。他以追求定量的定律代替追求原因，他說：「一個不起眼的小發現，都比對一個偉大問題但無結果的論辯，還要有價值。」他還進一步斷言事物的「本質」(essence) 是無法知道的，科學只研究事物的性質 (property)，並且描述事件的發生。這意謂著，他要科學脫離哲學而獨立。

這些革命性的思想，加上宣揚哥白尼的地動說，於是讓伽利略走上了「不歸路」，被判終生軟禁。

假說演繹法

因為凡是物體皆同速率落下，所以所有自由落體的運動才有共同的規律，這個規律是什麼呢？如何描述自由落體的運動？如何追尋自由落體定律？

假設 $S=S(t)$ 與 $v=v(t)$ 分別表示：自由落體由 $t=0$ 時開始落下，在時刻 t 的落距與速度。顯然自由落體的速度是愈來愈大。伽利略對速度先後提出兩個「大膽的假設」，然後再「小心的求證」。

⑴假設速度 v 跟落距 S 成正比，即

$$v \propto S \tag{7}$$

他馬上用一個很巧妙的論證，否定了這個假設。

如圖 16–6 所示，考慮兩塊石頭分別從 a 與 $2a$ 的高處落下。根據⑺式的假設可知，右邊的石頭落下 $2x$ 距離的速度，兩倍於左邊石頭落下 x 距離時的速度。今映射 $x \to 2x$ 是從區間 $[0, a]$ 到 $[0, 2a]$ 之對射 (bijection)，故兩石同時著地，這是荒謬的，因此 $v \propto S$ 是不通的。

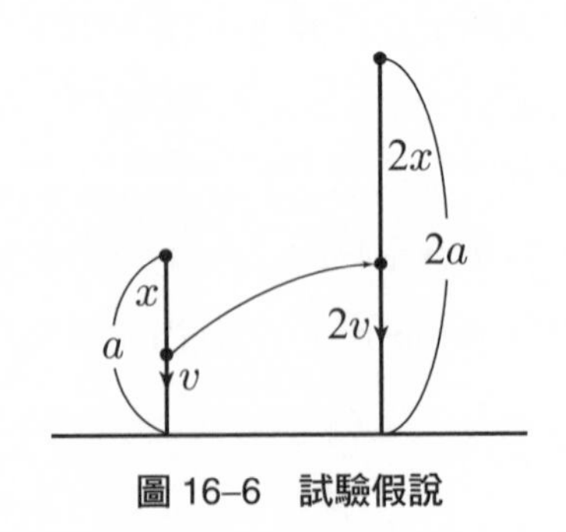

圖 16–6　試驗假說

註：用微積分證明如下：

我們欲求解微分方程

$$\begin{cases} S'(t) = \alpha S(t) \\ S(0) = 0 \end{cases}$$

積分第一式得 $S(t) = Ke^{\alpha t}$，利用第二式得 $K = 0$，從而 $S(t) = 0$ 表示自由落體靜止不動，這是一個矛盾。

(2)假設速度 v 跟時間 t 成正比，即

$$v \propto t \tag{8}$$

用現在的話來說就是

$$v = gt \tag{9}$$

其中 g 表示重力加速度，$g = 9.8\ \text{m}/\text{sec}^2$。

為什麼不採用其他的假設呢？例如：$v \propto t^2, v \propto S^2, v \propto t^{\frac{3}{2}}$ …等等。有一個說法是這樣的：大自然喜愛簡潔，而且簡潔就是美。

現在伽利略的問題就是要由(9)式之假設，推導出比較容易掌握的落距函數 $S(t)$，然後再用實驗來檢驗。這在科學史上是一個「偉大的時刻」(great moment)。

如圖 16–7 所示，先作出速度函數 $v = gt$ 的圖形：直線 AO，再作 $\triangle AOB$ 的中線 CD，則 $\triangle AOB$ 的面積等於矩形 $EDBO$ 的面積。然後伽利略勸誘 (persuades) 人們相信，一個質點以平均速度 $\overline{v}$ 做等速度運動，在時段 $[0, t]$ 內所行的距離 $\overline{v}\cdot t$（即矩形 $EDBO$ 的面積）就是自由落體所行的距離，亦即 $S = \overline{v}\cdot t$，因為自由落體在前半段時間內速度之所少，由後半段之所多補足過來，故可用等速運動取代。

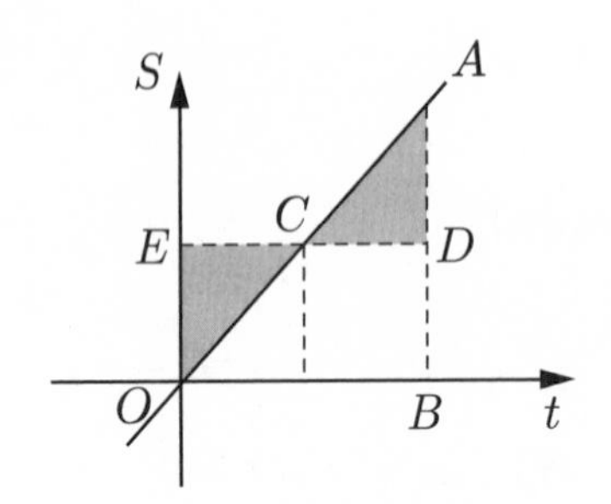

圖 16–7　自由落體定律之推導

由於 $\overline{v}=\frac{1}{2}(0+gt)=\frac{1}{2}gt$，故自由落體的落距為

$$S=\overline{v}\cdot t=(\frac{1}{2}gt)\cdot t=\frac{1}{2}gt^2 \tag{10}$$

這就是著名的自由落體公式。

在上述論證中，歸根究底伽利略要證明的是：速度函數 $v=gt$ 在 $[0, t]$ 上所圍成的面積，就是自由落體的落距函數。但是若要真正說清楚，必須用到微積分，而微積分在伽利略的時代還沒真正誕生。因此，他只好憑直覺論證，加上勸誘，而得到正確的結果。

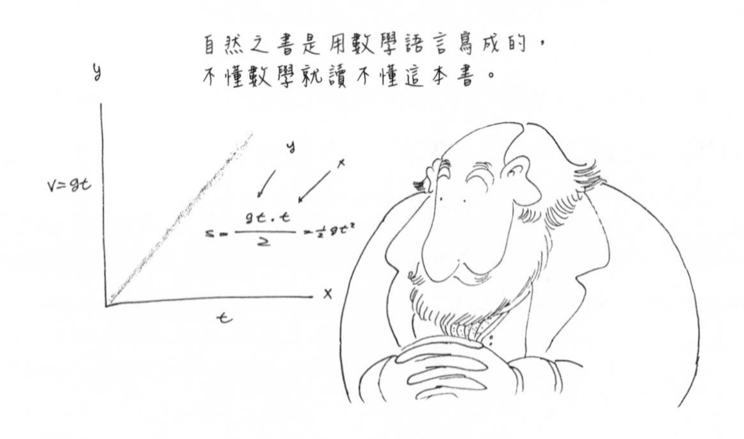

用實驗作檢驗

伽利略的結論是說：如果運動的速度跟時間成正比，則落距就跟時間的平方成正比。

他進一步要問：$S=\frac{1}{2}gt^2$ 符合大自然嗎？這只有訴諸實驗才能回答。

由於自由落體落得太快，很難掌握。為了緩衝這個速度，伽利略利用斜面的設計，將球從斜面上端滾下來，並且用「水漏」量時間（那時還沒有鐘錶，見圖 16–8）。

圖 16–8　斜面實驗

首先他任取一個時間單位，然後測量球在第一、第二、……時段內所滾過的距離，結果發現它們的比值為

$$1:3:5:7 \tag{11}$$

這表示到第 n 時刻，球滾過的總距離跟

$$1+3+5+\cdots+(2n-1)=n^2 \tag{12}$$

成正比。換言之，在 t 時刻內，球滾過的距離跟 t^2 成正比。

接著伽利略讓斜面的斜角愈來愈大，即斜面愈來愈陡，做同樣的實驗，亦得到相同的結論。最後利用「想像實驗」，讓斜角趨近於 90°，此時球從斜面上滾下來就成為真正的自由落體，也就是說，伽利略將自由落體看成是斜面滾球的極限情形 (limiting case)。再根據連續性原理，斜面的情形成立的結論，對於自由落體也成立。因此，伽利略驗證了⑽式，將它確立為自由落體定律。

注意到，對⑾式所成的數列 1, 3, 5, 7 …，考慮差分數列得到常數列 2, 2, 2 …，所以自由落體為一個等加速度運動，這是僅次於等速度運動的簡單運動。

上述的研究過程與方法，就是所謂的「假說演繹法」，亦即大膽的拋出假說，再推導出邏輯結論。如果結論矛盾的話，就要拋棄假說（歸謬法）；如果結論沒有矛盾，還必須用實驗加以反覆檢驗。如果通過檢驗的話，假說就得以暫時成立，上昇為一個理論；如果跟實驗不符合，那麼假說就不能成立，必須放棄。

自由落體定律絕不是由實驗數據經過內插法或外延法 (interpolation and extrapolation) 得來的，這是很清楚的一件事。

從錯誤中學習，踏著前人的失敗前進，才造成科學的進展。而亞里斯多德的物理學，正是伽利略思考與批判的起點。S. Bochner (1899～1982) 說得好：

古希臘產生了亞里斯多德的物理學，延續了大約兩千年之久。他所閃現的洞悟光芒以及對神祕的預期，甚至在今天都還引人入勝。那些責難亞里斯多德的人，應該告訴我們或自己：如果亞里斯多德的物理學沒有流傳下來，我們將會在哪裡？

這是持平之論。事實上，是後人將亞里斯多德的學說與宗教結合，變成「獨斷教條」(dogma)，才形成中世紀的千年黑暗。

古希臘人對運動現象無法掌握，原因之一是無法精確的度量時間，因而沒有精確的速度與加速度概念。至於缺少微積分倒不是理由，因為伽利略所用到的數學，只是歐氏幾何、簡單代數與亞里斯多德的邏輯罷了。

拋射體的運動

掌握住自由落體的運動之後，伽利略進一步研究一般拋射體的運動，這就變得很容易了。一個質點在 $t=0$ 時從原點出發，以速度 v_0 作等速度運動，則 t 時刻的位置是

$$S(t)=v_0 t \tag{13}$$

如果以初速度 v_0 向地面垂直拋擲一個石頭，那麼 t 時刻的位置就是

$$S(t)=v_0 t+\frac{1}{2}gt^2 \tag{14}$$

這是等速度運動與自由落體（等加速）之疊加。如果是向上垂直拋擲的話，則得位置函數為

$$S(t)=v_0 t-\frac{1}{2}gt^2 \tag{15}$$

$y=x^2$

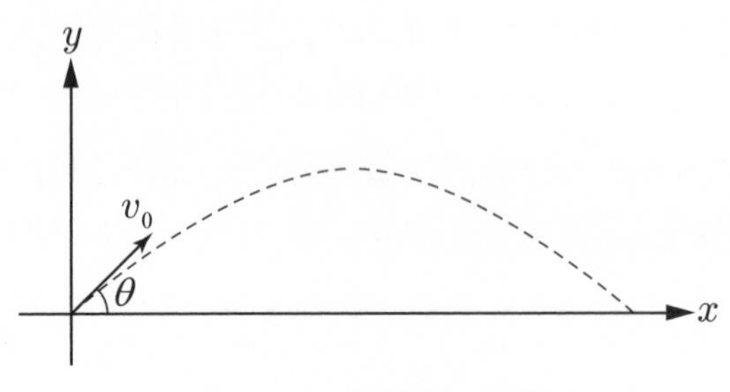

圖 16–9　拋射體的運動

如圖 16–9，如果以仰角 θ，初速 v_0，拋擲一個石頭，則這個運動可以分成水平與垂直兩種運動的疊合 (superposition)。 水平方向是以 $v_0\cos\theta$ 作等速運動，垂直方向是以初速 $v_0\sin\theta$ 向上垂直拋擲的運動，故

$$\begin{cases} x(t)=(v_0\cos\theta)t \\ y(t)=(v_0\sin\theta)t-\dfrac{1}{2}gt^2 \end{cases} \tag{16}$$

消去 t，得到拋物線的方程式

$$y=(\tan\theta)x-\frac{g}{2v_0^2\cos^2\theta}x^2 \tag{17}$$

另外，由(16)式也很容易求得，當 $\theta=45°$ 時，拋射體的射程最遠，其值為 $\dfrac{v_0^2}{g}$。而拋射體運動軌道的研究，正好是因應當時火砲武器的發展需要而興起的。

慣性定律

伽利略也發現了慣性定律。慣性定律的出現，不但修正了亞里斯多德錯誤的運動定律，安頓了動態的地球，同時也標誌著現代物理的誕生。

伽利略如何發現慣性定律呢？

亞里斯多德觀察到，對地面上的一個物體施一個作用力，就會產生運動，不施力就靜止不動，這是普通常識。不過，他沒有考慮到摩擦力也是對物體的一種作用力。

伽利略利用拋物形的斜面作滾球實驗，他發現：球沿斜面滑下 h 的高度時，又會上升到某一個高度 h'，並且 $h'<h$。如果讓斜面愈來愈光滑，則 h' 會愈來愈趨近於 h。因此，透過理想化的「想像實驗」，考慮沒有摩擦力的情形，可以猜知球沿斜面滑下 h 的高度後，會再上升到 h 的高度（跟吊燈或單擺的運動一樣，見圖 16–10）。如果讓右側斜面的斜角愈來愈小，球就會愈滾愈遠，直到變成水平的極限情形時，球從底點 A 開始沒有受到外力的作用，而永遠以等速度作直線運動。結論就是慣性定律：當一個物體不受外力作用時，靜者恆靜，動者恆以等速度作直線運動。反過來也成立。換言之，

$$\text{作用力 } \vec{F}=0 \Leftrightarrow \text{速度 } \vec{v}=\text{常向量} \Leftrightarrow \text{加速度 } \vec{a}=0 \tag{18}$$

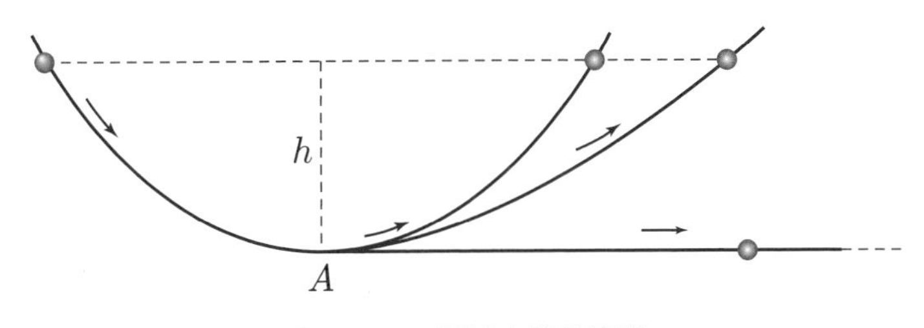

圖 16–10　慣性定律的實驗

事實上，拋射體水平方向的運動，就是慣性運動的例子。伽利略認為他的研究只是一個起點，他希望更有能力的人能開拓出一片新天地。很快的，就由牛頓加以實現了。

牛頓進一步將(18)式加以推廣及定量化，得到著名的牛頓第二運動定律：

$$\vec{F} = m\vec{a} \tag{19}$$

因此，靜止與等速度直線運動，這兩種狀態是完全平等的。在靜止的或等速度運動的地球上面，運動的方程式相同，所觀察到的運動現象也一樣。例如：當風平浪靜時，坐在以等速前進的船隻中，向上拋石仍會落回原地，倒茶水也能順利進入杯裡。換言之，在運動的地球上面，人類仍然可以安身立命，不會如古人所誤以為的會「雞飛狗跳」。

至於為什麼會有慣性定律？沒有人知道。我們只能接受大自然的這種運動行為，順其自然。「人法地，地法天，天法道，道法自然。」

伽利略的錯誤、困惑與未竟之功

按自由落體定律，落距跟時間的平方成正比，於是伽利略考慮下面的對應：$1 \to 1^2 = 1,\ 2 \to 2^2 = 4,\ 3 \to 3^2 = 9 \cdots$

立即看出自然數與平方數一樣多。但是平方數只是自然數的一部分，而歐氏幾何有一條普通公理說：整體大於部分，這造成了伽利略的疑惑與不解，今日稱之為「伽利略的悖論」(Galileo’s paradox)。事實上，「存在有部分，其個數跟全體的一樣多」，這恰好是無窮集合的特徵性質。大約三百年後，才由康托爾發展集合論，加以澄清。

兩手拿著一條項鍊的兩端，讓它自然的垂下，就得到一條曲線，叫做懸鏈線，伽利略猜測它是拋物線。另外，他也猜測最速下降線是圓弧線。這兩者都是錯誤的。正確的推導，需要用到微積分，這是伽利略辦不到的事。

雖然伽利略是由單擺的實驗與觀測起家，但是他並不能完全掌握住單擺的運動：他發現慣性定律，但也沒有進一步推廣到 $\vec{F}=m\vec{a}$。這些仍然都是因為缺少微積分的緣故。

對自由落體運動的研究，幾乎使伽利略來到了微積分的大門口，瞥見了微積分的影子，但是他沒有能力加以捕捉與定影。

很快的，牛頓創立微積分與動力學，上述伽利略的難題就都迎刃而解了。微積分真是厲害！

有了微積分，自由落體定律的推導，只需一行就完畢了，如⒇式。在微積分初創，還沒有堅實基礎的情況下，自由落體運動的成功研究，反而變成是支持微積分的一個重要實例，被當做是生出微積分的胚芽。

$$v(t)=dS(t)=gt \underset{\text{積分}}{\overset{\text{微分}}{\rightleftarrows}} S(t)=\int_0^t v(s)ds=\int_0^t gsds=\frac{1}{2}gt^2 \qquad (20)$$

伽利略的成就與啟示

總結本章所述，伽利略的主要成就如下：首次開創假說演繹法；善用「想像實驗」；提倡用邏輯與定量的數學方法來研究運動現象；不盲從權威，發揮直接叩問自然的實驗精神；發現自由落體定律、拋射體運動的疊合原理以及慣性定律，揭開運動之謎，安頓動態的地球；改問科學性的問題，而避開哲學性問題的泥潭；發明望遠鏡，為人類打開宇宙性的眼界。

此外，還可以做一個比較：大約在同一個時代，東方的王陽明 (1472～1529) 雖然也有一番「格物致知」的雄心壯志，但是在方法與研究對象上，都沒有走對方向。基本上，還是陷在「致良知」的哲學思辨之泥潭中，開創不出科學的新天地。

相反地，伽利略則使「科學沿著伽利略的斜面，從天上滑落到人間。」(Science came down from Heaven to Earth on the inclined plane of Galileo.) 這是對伽利略所作的最美麗的讚揚。

大自然不顯露祕密，也不故意隱藏，但是她會透露出一些線索。伽利略由單擺的觀察、自由落體的研究以及斜面的實驗，這些最卑微之處入手，循著線索，對運動現象逐步尋幽探徑，終於開發出動力學的領域。比較起來，亞里斯多德偏向問哲學性的大問題，導致兩千年來都難於突破。這啟示我們：提對問題以及由簡易處切入的重要性。

最後引述 G. Zukav 的一段話：物理大師直指自然的本心，當他了悟之後，要教導學生，他是按下列三個步驟來進行：⑴他不談「重力」，除非學生對花瓣落地感到驚奇（《紅樓夢》林黛玉看到落花，感受到身世的飄零，而演葬花詞，這是一種詩人式的敏銳感）；⑵他不談「定律」，除非學生自己說：「多奇妙呀！我同時讓兩塊石頭，一輕一重，自由落下，兩者居然同時著地」；⑶他不引入「數學」，除非學生自發的說：「一定有簡潔的表達方法」。而這些正是大自然教伽利略以自問自答的方式，探索自由落體運動的最佳途徑。

有沒有發現的理路？

愛因斯坦不信世俗的宗教，但是他的心中有自己的上帝，他經常喜歡請上帝出場，我們舉出他的三句名言：

我想知道上帝在想些什麼？

上帝莫測高深，但祂沒有惡意。

上帝不是用丟骰子來決定這個世界。

愛因斯坦又說：

I want to know how God created this world. I am not interested in this or that phenomenon, in the spectrum of this or that element.I want to know His thoughts, the rest are details.（我想要知道上帝如何創造這個世界。我對這個或那個現象，對這個或那個元素的光譜，皆不感興趣。我只想要知道上帝的想法，其餘的都是次要的瑣碎。）

引申開來：在數學中，我想要知道一個概念、一個公式、一條定理、一個理論是如何創造出來的，如何發現的。我只想要知道原創者的想法，其餘的都是次要的瑣碎。「發現的理路」高於「檢驗與證明的理路」，換言之，「悟道」勝過「證道」。不過，發現的理路有點像「哲人石」(philosopher stone) 之難求。

我們可以用下面的圖解來表示科學理論的結構：

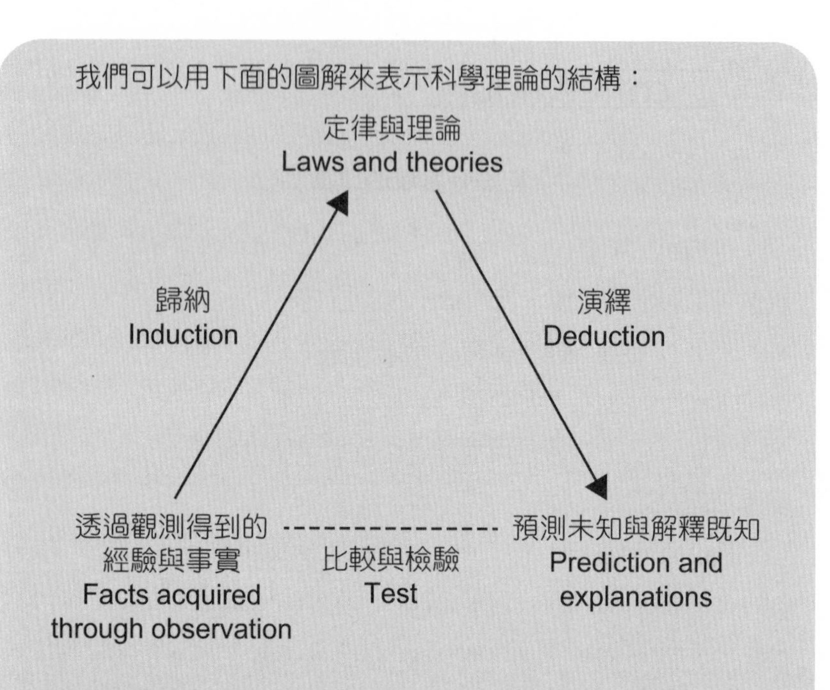

愛因斯坦說：

There is no logical path to these laws; only intuition, resting on a sympathetic understanding of experience can reach them.

（要創造出公理與定律並沒有邏輯道路可走 ；只能依靠我們的直覺，它棲息在經驗上所產生的共鳴了解。）

17　蘇格拉底的教學法

如何探索以發現真理？這是知識論的核心問題。但是，自古以來，科學哲學只著重在知識的驗證過程，而輕忽發現過程，大大減低求知的樂趣。蘇格拉底利用一個具體的數學例子，展示師生合力發現答案的過程，這就是著名的蘇格拉底教學法。在我們這個填鴨式教育盛行的國度，介紹它，實具有特別的啟發意義。

在各式各樣的教學法當中，要以蘇格拉底的教學法 (Socratic method) 最為人們所稱讚樂道，並且奉為理想的典範，因為它最能提供給學生自己發現真理的機會。

所謂蘇格拉底的教學法，就是教師只負責提出問題，然後在討論與批判之下，不斷地修正觀念，所有的答案都必須由學生自己提出來。教師用一連串相關的問題，去激發學生思考，鋪成一條探求真理之路 (the way of truth)。教師所扮演的是知識「接生婆」(midwife) 的角色，而絕不是「填鴨者」。

偉大哲學家蘇格拉底利用幾何學的倍平方問題(即給一個正方形，欲求作另一個正方形，使其面積是原正方形的兩倍)，對一個沒有受過教育的男童僕 (slave boy) 實驗他的教學法。柏拉圖將其師蘇格拉底的這個教學過程記載在他的著作《孟諾》(*Meno*) 篇之中。

不過，數學家很少去注意它，因為那是哲學作品；而哲學家與教育家也不在意它，因為那談的是數學。所以，它就處在三不管的地帶。因此，多數人只耳聞過著名的蘇格拉底教學法，但未見過其真面目。

本章我們要詳細考察蘇格拉底的教學法。又因為教與學是一體的兩面，所以我們也順便對數學的教與學作一些回顧與展望。

一個哲學問題與一個基本假設

知識與美德是內發的或外注的？天賦的或訓練的？遺傳的或環境的？這些都是自古以來爭論不休的問題。如果將兩方用 0 與 1 來代表，那麼從 0 到 1 之間都有信徒。蘇格拉底大膽地假設「靈魂是不朽的」，從而主張知識的「內發說」，亦即假設知識是每個人所固有的，潛藏於靈魂之中，只是暫時遺忘或受蒙蔽。教育只不過是撥掉雲霧，讓青天重現而已。

這很符合古希臘人的有機世界觀，他們相信萬物有靈，都有生機與生命力，按一定的機理來成長與演化。例如，一粒種子蘊藏有長成一棵樹的一切潛能，只要外在給予適當的土壤、風、雨和陽光，它就「自然地」把潛能充分地實現出來，長成一棵大樹，開花結果，這是大自然神妙之處。

有機觀是「神話觀」的進步，反映著古希臘人對生物世界的洞察與領悟。他們進一步把有機觀類推到物理世界。「物理」(physics) 這個字在希臘文的語源中，含有「自然」與「成長」的意思。因此，物理學又叫做自然哲學 (natural philosophy)。一粒種子長成一棵樹是很合乎自然的，同理，一個物體的「自然」就是它所要趨向的目的地，它為這個目的地而存在與發展。「趨向自然」就是一個物體運動的原因。正如司馬遷所說的「天下熙熙皆為利來，天下壤壤皆為利往。」一切物體都有它的自然處所，如果它被移開了自然處所，就會產生回歸自然處所的運動。亞里斯多德的物理學整個是採用有機觀來立論的。

在這樣的哲學觀之下，自然而然教育就是啟發式的激發潛能，「參贊化育」，而不是填鴨式的外灌背記知識。從而，蘇格拉底的教學法順理成章地誕生，特別注重思想的辯證與分析過程，以及提問題的藝術 (the art of problems posing)。

我們看蘇格拉底的說法：人的靈魂是不朽的。它時而終結，叫做死亡，時而再生，但永不毀滅。在這種觀點之下，一個人必須盡其所能去過正直的生活。「因為每到第九年，春之女神就會遣返她所收容的古代終結者的靈魂回到陽間轉世，其中有的變成國王，有的變成大人物，也有變成大智慧者。這些人被後人尊稱為英雄。」

事實上，這是承襲畢氏學派 (Pythagorean school) 的靈魂轉世說 (transmigration of souls) 而來的。蘇格拉底又說：既然靈魂是不朽的，故它曾經出生過許多次，並且見識過此世與彼世的一切事物，所以擁有一切事物的知識。因此，靈魂必能將它先前所擁有的關於美德與任何事物的知識回憶起來，這就不足為奇了。因為一切事物都有如血脈之相通，而靈魂已熟悉一切事物，故當一個人能夠回憶起一片知識時(通常人們稱之為學習)，只要他繼續發奮並且不放鬆探尋，我們就沒有理由說他不能發現所有其他知識。總之，探尋與學習都只是回憶而已。

這就是蘇格拉底著名的「知識回憶說」(the recollection theory of knowledge)，乃是蘇格拉底教學法的理論基礎。

蘇格拉底的教學試驗

為了印證或檢驗他的「理論」，蘇格拉底作了一個教學「實驗」。這是一種實證的 (positivistic) 態度。

一 人物與主題

參與討論對話的人物有三位：蘇格拉底、好朋友孟諾 (Meno) 以及孟諾家中蓄養的一位男童僕。以下我們分別用蘇、孟、童來簡稱。

討論的主題是，幾何學的倍平方問題。推廣的「倍立方問題」，就是幾何學的三大難題之一。另外兩個是「方圓問題」與「三等分角問題」，它們的特例「兩等分角」與「化多邊形為正方形」，都輕易就可以解決。

倍平方問題跟畢氏學派發現 $\sqrt{2}$ 為無理數，因而導致「希臘人對無窮的恐懼」(the Greek horror of the infinite) 具有密切關係。

值得注意的是，許多論者說，古希臘人不作實驗，只會「空思夢想，閉門造車」，其實不然。他們不但作實驗，而且是「試驗觀念」的能手，更具有邏輯上的敏銳警覺 (logical acumen)。希臘文明是西方文明的根源，文藝復興運動（約 1400～1600 年）的一個意含就是要恢復古希臘精神，即獨與天地精神相往來，為真理而探索真理的精神。

 二 孟諾的疑惑：知識是外注的或內在的回憶？

孟：蘇格拉底，當你說，我們並不是學任何事物以及學習只是一種回憶過程時，這是什麼意思呢？你能教我明白這件事嗎？

蘇：我說過你是一個惡棍，存心跟我過不去。正當我宣稱沒有教學這回事而只有回憶時，你卻要求我教你，顯然你是要陷我於矛盾的境地。

孟：坦白地說，我並沒有這個惡意。我只是順著習慣提出問題而已。只要你能夠讓我明白你的論點是對的，不論你採用什麼方式都可以。

蘇：這並不簡單，但是由於你問我，所以我會儘可能來做這件事。我看到你家有許多童僕，就請你任意挑選一位出來，我要用他示範給你看。

孟：當然沒問題。（對一位男童僕說）你到這裡來。

蘇：他是一個希臘人，而且講我們的希臘語，是嗎？

孟：是的，他在我家中出生並且養育成長。

蘇：現在請你注意觀察並且作判斷，他是從我處學習或只是回憶而已？

孟：我會注意的。

三 問題的提出與初步的猜測

問題是思考與討論的起點。當一個人被問題所困，問題越來越大，逐漸占據整個身心，造成迷惑，甚至苦惱，然後從困頓中找到一條出路，豁然開朗，有如蛹之變成蝶，破繭而出。這種「純喜」是求知的最佳報酬。原子論大師德莫克利特（Democritus，約西元前 410 年左右）說過，要用波斯帝國跟他交換這種快樂，他都不願意。達文西也說：「無上妙趣，了悟之樂。」

蘇：（對男童僕）你知道正方形就是如下圖所示的圖形嗎？（蘇格拉底開始在腳邊的沙地上作圖，他對男童僕指出正方形 $ABCD$，見圖 17–1。）

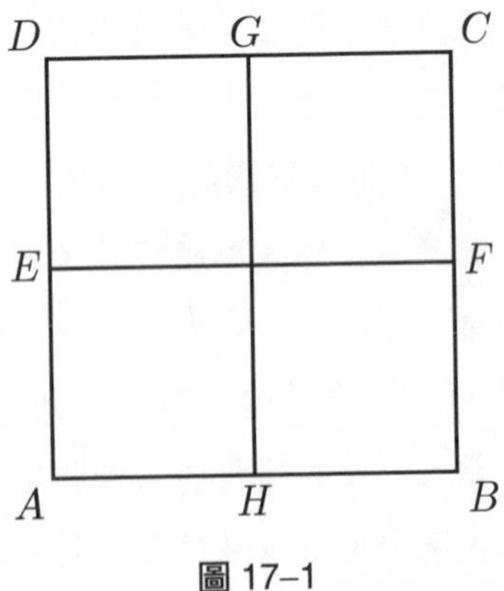

圖 17–1

童：是的，我知道。

蘇：它的四邊都相等嗎？

童：是的。

蘇：通過邊的中點之連線也都相等嗎？（即圖中 *EF* 與 *GH* 之線段。）

童：是的。

蘇：這樣的正方形可以作得大一點，也可以作得小一點，是不是？

童：是的。

蘇：今若這一邊之長為 2 尺，另一邊亦然，那麼整個正方形的面積是多少呢？讓我解釋一下：如果這一邊是 2 尺，另一邊是 1 尺，面積必然是 2 平方尺囉？

童：是的。

蘇：但是如果另一邊也是 2 尺，那麼面積不就是 2 平方尺的兩倍了嗎？

童：是的。

蘇：2 平方尺的兩倍是多少？請算出來並且告訴我。

童：4 平方尺。

蘇：現在你是否可以作出另一個正方形，使其面積是上述正方形的兩倍？（問題的提出）

童：可以。

蘇：面積是多少？

童：8 平方尺。

蘇：現在請你告訴我，待求的正方形之邊長是多少？我們已知原正方形的邊長是 2 尺，那麼兩倍面積的正方形之邊長是多少？

童：蘇格拉底，顯然邊長也是原正方形邊長的兩倍。

蘇：孟諾，你看，我並沒有教他任何東西，我只是提出問題而已。現在他認為他知道 8 平方尺的正方形之邊長。

孟：確實如此。

蘇：但是他對嗎？

孟：當然不對。

蘇：他只是猜測的，欲面積兩倍，他以為邊長也是兩倍。

孟：是的。

蘇：請注意觀察，他如何以回憶的方式重建事物的秩序。（再對男童僕）你認為邊長加倍，面積就加倍嗎？記住，我不是指長方形，而是指邊長都相等的正方形，欲其面積是原正方形的兩倍，即 8 平方尺。請仔細想一下，你仍然以為邊長加倍就是答案嗎？

童：是的，我仍然以為如此。

四 分析與檢驗

學生有主意 (ideas)，即使是餿主意，也總比沒有主意還好。教學要容忍學生的犯錯，鼓勵大膽地猜測，然後從錯誤中學習。最怕的是學生沒有反應，也沒有求知胃口。有了猜測，接著就是作檢驗。

蘇：現在將 AB 邊加個等長的 BJ，這不就是邊長加倍了嗎？（見圖 17–2）

童：是的。

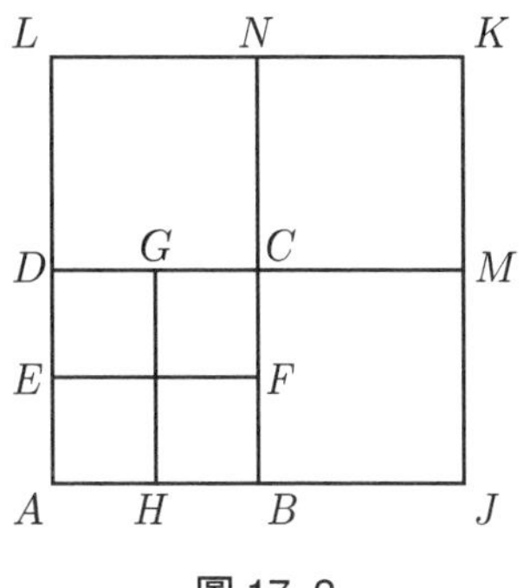

圖 17–2

蘇：以此邊 AJ 作正方形，根據你的意思，就可以得到面積是 8 平方尺的正方形囉？

童：是的。

蘇：讓我們作四條等長的線段（即 AJ, JK, KL 與 LA），並且以第一線段為底邊作出正方形 $AJKL$。這是否就是你所要的 8 平方尺的正方形？

童：確實是這樣的。

蘇：但是這個正方形含有 4 個小正方形，每個都跟原來的 4 平方尺之正方形相等，不是嗎？（蘇格拉底作出 CM 與 CN，將大正方形分割成 4 塊，以支持他的論證。）

童：是的。

蘇：這個大正方形有多大呢？它不就是原正方形的 4 倍大嗎？

童：當然。

蘇：4 倍跟 2 倍相同嗎？

童：當然不相同。

蘇：因此邊長加倍並非面積也加倍，而是變成 4 倍嗎？

童：果然如此。（認識到自己的錯誤）

五 再作猜測

第一次的猜測遭到否定之後，必須重新追尋，提出新的猜測，直到問題解決為止。

蘇：4 乘以 4 是 16，不是嗎？

童：是的。

蘇：那麼 8 平方尺的正方形邊長是多少呢？最大正方形的面積是原正方形的 4 倍，不是嗎？

童：是的。

蘇：最大正方形的邊長減半，就得到 4 平方尺的正方形，是嗎？

童：是的。

蘇：很好。那麼 8 平方尺的正方形恰好是原正方形的兩倍，並且是大正方形的一半，不是嗎？

童：是的。

蘇：是否有一個正方形，其邊長大於原正方形的邊長，並且小於大正方形的邊長？

童：我認為應該有。

蘇：好，請永遠回答你心中所想的。現在告訴我，原正方形的邊長是 2 尺，大正方形的邊長是 4 尺，不是嗎？

童：是的。

蘇：8 平方尺的正方形，其邊長必大於 2，但小於 4，對嗎？（答案夾在兩個極端之間）

童：必然是如此。

蘇：可否請你說個準確的邊長？

童：3 尺。(第二次猜測)

蘇：如果是這樣的話，那麼我們將 AB 加個 BO（為 BJ 之半），使得邊長變成 3 尺，另一邊亦如此泡製。於是得到邊長為 2 加 1 的正方形，這就是你所要的答案嗎？(蘇格拉底完成了正方形 $AOPQ$，見圖 17–3。)

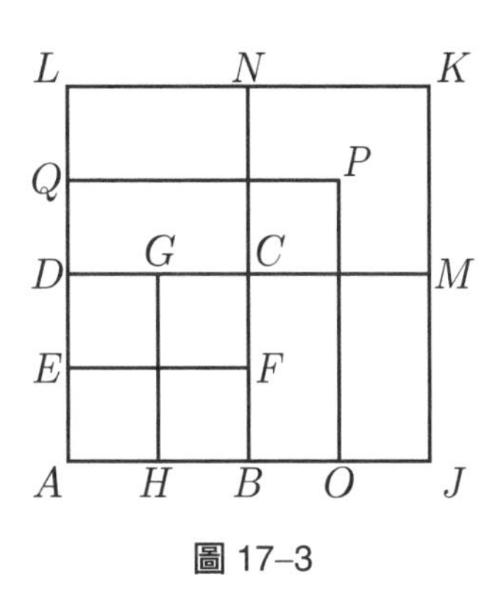

圖 17–3

童：是的。

蘇：邊長為 3 的正方形，整個面積就是 3 乘以 3 囉？

童：似乎是如此。

蘇：面積是多少？

童：9 平方尺。

蘇：原正方形面積的 2 倍是多少？

童：8 平方尺。

蘇：因此，即使是邊長為 3 尺的正方形，我們也沒有得到所欲求的 8 平方尺的正方形。

童：沒有。(又知道第二次的猜測是不對的)

蘇：8 平方尺的正方形的邊長是多少？請精確地告訴我。如果你不想算出數字，在圖形上指明出來也可以。

童：蘇格拉底，這是沒有用的，我恰好不知道。

困惑是有益的

蘇：孟諾，請你觀察，他在回憶的路途上所曾到達的境地。剛開始時，他並不知道8平方尺的正方形之邊長，事實上，他現在仍然不知道。但是剛才他以為知道，並且大膽地回答，毫無困惑地以為答對了。現在他困惑了，他不但不知道答案，而且也不認為他知道。（不過，他是處在更高一層的困惑）

孟：確實是如此。

蘇：相對於他原先的無知，現在他不是處在一個較佳的情境了嗎？

孟：我也認為如此。

蘇：我困惑他，像蜜蜂刺螫他，使其痛麻，這種做法會對他造成傷害嗎？

孟：我認為不會。

蘇：事實上，在找尋正確答案這件事，我們已經幫忙他推進到某個程度了。因為他現在雖然還是無知，但他將很樂意去找尋。直到現在，他可以在許多情況下，在大庭廣眾之間，就正方形的倍積問題，提出倍積就是倍邊的答案，並且自認為可以說得既好且流暢。

孟：毫無疑問。

蘇：你猜想他會嘗試去找尋或學習他認為他知道（事實上是不知道）的事物嗎？或在置他於困惑之前，他會由於自覺到無知而產生求知的欲望嗎？

孟：不會的。

蘇：那麼置他於困惑的境地，對他是件好事囉。

孟：我同意。

七 失敗為成功之母

兩次猜測都被否定掉，男童僕被逼到自己承認「無知」的境地，這正是「困而知之」的契機。

蘇：孟諾，請你注意，從困惑的境地出發，透過追求真理，在我的陪伴下，他將會發現答案。雖然我只提出問題，並沒有教他。如果我給他指導或解釋，超過只訊問他自己的想法時，那麼你就馬上挑我的毛病吧。（蘇格拉底擦掉原先的圖形，重新開始。）（對男童僕）告訴我，我們的正方形 $ABCD$ 是 4 平方尺，不是嗎？你懂嗎？（見圖 17–4）

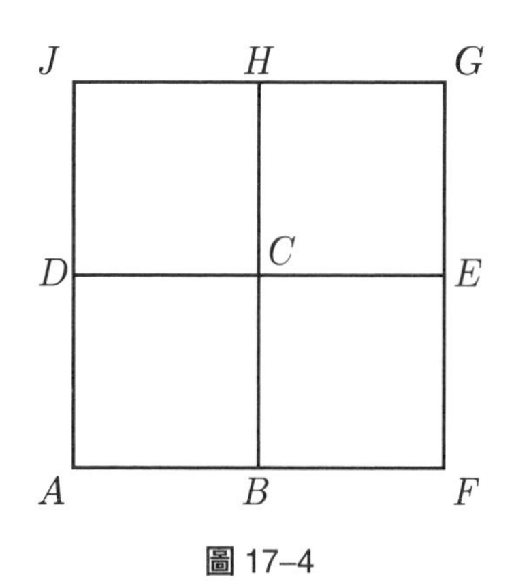

圖 17–4

童：是的，我懂。

蘇：我們可以再加一個同樣大小的正方形 *BCEF*？

童：是的。

蘇：再加上第三個正方形 *CEGH*，大小彼此都相等？

童：是的。

蘇：然後我們可以在角落上填補正方形 *DCHJ*？（如鋪地板）

童：是的。

蘇：現在我們總共有四個相等的正方形，是嗎？

童：是的。

蘇：全部的面積是原正方形的幾倍？

童：4 倍。

蘇：我們要作一個正方形是原正方形的兩倍，你還記得嗎？

童：是的。

蘇：今頂點到頂點的線段將每個小正方形分割成兩半，不是嗎？（見圖 17–5）

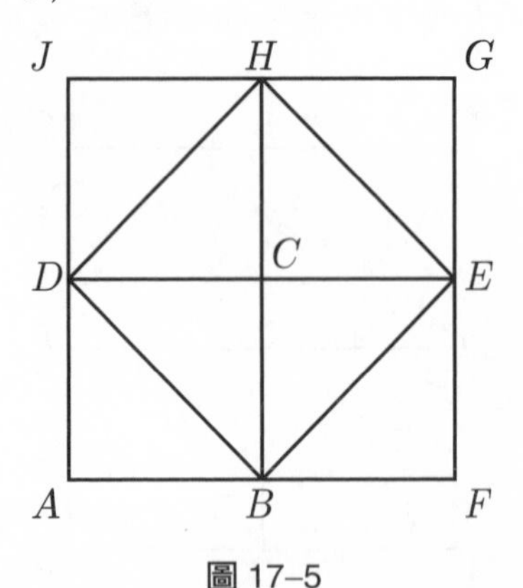

圖 17–5

註：這一步有作弊之嫌，美中不足，蘇格拉底應該提出問題：如何將 4 倍變成 2 倍，即將大正方形分成兩半？然後由男童僕自己思考，提出答案。

童：是的。

蘇：這四條線段都相等，並且圍出 *BEHD* 之領域，是嗎？

童：確實如此。

蘇：現在請你思考，這塊領域的面積有多大？

童：我不明白。

蘇：此地有四個小正方形，四條線段不是都將它們切成兩半嗎？

童：是的。

蘇：*BEHD* 含有多少個一半呢？

童：四個。

蘇：那麼 *ABCD* 含有多少個小正方形呢？

童：兩個。

蘇：4 與 2 的關係是什麼？

童：4 是 2 的兩倍。

蘇：*BEHD* 的面積有多大？

童：8 平方尺。

蘇：它建立在哪個底邊上？

童：這個邊。（即圖 17–5 的 *BE* 或 *BD*）

蘇：在 4 平方尺的正方形，頂點到頂點的線段上，是嗎？

童：是的。

蘇：這個線段的專技名詞叫做「對角線」。如果我們採用這個名詞，那麼你個人的意見就是以原正方形的對角線為邊作一個正方形，這就是所欲求的倍積的正方形。

童：正是如此，蘇格拉底。

男童僕在蘇格拉底所提的一連串問題之下，終於「回憶」起倍平方問題的答案。事實上，這個答案只是畢氏定理的一個特例而已。畢氏定理告訴我們，任何直角三角形斜邊的平方等於兩股平方之和。因此，任何正方形的對角線之平方等於一邊平方的兩倍。更早的時候，古埃及人利用正方形材料鋪地板，就已經發現到這個結果。

借助於解決倍平方問題，柏拉圖企圖傳達，雖然無理數 $\sqrt{2}$ 或正方形的對角線跟其邊不可共度之發現引起希臘人對無窮的恐懼，但是 $\sqrt{2}$ 本身並非不可理喻。柏拉圖說：「不知道正方形對角線與其邊不可共度的人，愧生為人。」另外，柏拉圖非常看重幾何學，在柏拉圖學院的門口掛著一塊招牌說：「不懂幾何學的人不得進入此門。」

八、整個教學過程可能蘊含的意義

對於上述教學過程的可能意含，蘇格拉底大膽地提出「靈魂不朽並且擁有所有的知識」之主張。雖然他無法確定這個主張是對的，但是他認為由此引伸出來的結果是有益的：我們的「無知」可以透過適當的問題之激發，讓「真知」復現或「回憶」起來。知識獨立於吾人而存在，是一種「發現」(discovery)，而不是「發明」(invention)。另一方面，讓學生體認到，發現真理是自己能力所及的事，努力探尋必可得到，要相信自己的推理與判斷，不要盲從「權威的說法」。

蘇：孟諾，你認為怎麼樣？在他的回答中含有任何不是他自己的意見嗎？

孟：不，都是他自己的。

蘇：幾分鐘前，我們都同意他是無知的。

孟：對的。

蘇：但是現在他卻表現出這些意見，它們必定是藏在他自身的某處，不是嗎？

孟：是的。

蘇：因此一個無知的人，對一個論題確實隱藏有真知而不自覺。

孟：看來是如此。

蘇：現在這些意見，被問題激發出來，具有如夢幻般的特質。如果在許多情況下，以不同的方式，對他提出相同的問題，你將可以看到，他終究會如同任何其他人一樣，對該論題具有精確的知識。

孟：有可能是這樣的。

蘇：這樣的知識並不是由教學得來的，而是透過問題激發出來的。他自己就可以追尋而復得知識。

孟：是的。

蘇：發自內在的力量，恢復本來隱藏在他自身中的知識，這叫做回憶，不是嗎？

孟：是的。

蘇：因此只有兩種可能情況：他在某個時刻得到他現在所擁有的知識，或者他一直就擁有它。如果他一直擁有它，他必定一直都知道；另一方面，如果他是在先前某個時刻得到的，那麼它就不可能藏在他自身之中，除非有人教過他幾何學。對於所有幾何知識或其他任何領域，他都會表現出同樣的行為模式。有人教過他所有這些知識嗎？你應該最清楚才對，因為他是在你的屋簷下養育成長的。

孟：是的，我知道沒有人教過他。

蘇：他擁有這些意見或沒有？

孟：我們似乎不能否認他是擁有的。

蘇：如果這些意見不是他在此生得到的，那麼必定是在其他時候擁有或學到的，這不是很明白嗎？

孟：似乎是如此。

蘇：在他還不具人形時就擁有了嗎？

孟：是的。

蘇：不論在他是或不是一個人時，知識恆存在他自身之中，並且他的意見可被問題激發出來，轉化成知識，那麼我們不就可以說，他的靈魂永遠處在擁有知識的狀態了嗎？顯然他永遠是或不是一個人。

孟：顯然。

蘇：如果關於實體 (reality) 的真理永遠藏在我們的靈魂之中，那麼靈魂必是不朽的。我們必須鼓起勇氣，嘗試去發現，或更正確地說是去回憶我們一時不知，一時遺忘的固有知識。

孟：我或多或少相信你的說法是對的。

蘇：我喜歡我的說法。雖然我沒有十足的把握，不能把它當作誓言，但是我要從坐而言到起而行盡全力去捍衛這件事；即如果我們相信追尋未知是好的，並且追尋就可以找到；而不相信追尋是徒然的，因為我們永遠無法發現未知；那麼我們將變得更好、更勇敢、更有行動能力。

孟：我也相信你是對的。

獨斷論與懷疑論

上述的最後一段話，是蘇格拉底針對懷疑論者 (sceptics) 的挑戰而發表的。

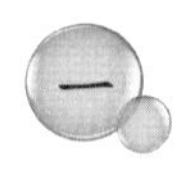

你是怎麼知道的？

在《莊子．秋水》篇中，講到一個故事：有一天莊子與惠子在河邊散步，河水清澈，兩人觀賞著魚兒出游，心曠神怡，思想靈動。

莊子說：魚兒在水中悠游，這是魚兒快樂的證據啊！
惠子反問：你不是魚，怎麼知道魚兒快樂呢？
莊子說：你又不是我，怎麼知道我不知道魚兒快樂呢？
惠子回辯說：誠然我不是你，所以不知道你的感覺；但是你也不是魚呀，那麼你不知道魚兒快樂，就很明白了。
莊子再辯道：請回到原來的問題，剛剛你問我「你怎麼知道魚兒快樂」，這就表示你已經知道我知道魚兒快樂了。現在我可以告訴你答案，我是在這兒的河邊知道的啊！

我們可以從三個角度來觀察這個故事：

1. 數學的觀點：

莊、惠兩人的爭辯可以沒完沒了遞迴地進行下去，但是誰也沒有證明或否證 「魚兒樂」。數學告訴我們 ， 證明必須要有公理 (axioms) 與邏輯推演。

2. 文學的觀點：

人有很大的一部分之意識活動屬於情感的範疇。「魚兒樂」只是主觀地抒發一個人內心的情感：我樂見魚也樂，「我見青山多嫵媚，青山見我應如是」，我悲見草木亦同悲。這裡無所謂真假對錯，只有情感的真切與否而已。

3. 哲學的觀點：

莊子是獨斷論者 (dogmatists)，持直觀式的與詩人的觀世態度，主觀地提出「魚兒樂」的猜測 (conjecture) 或假設 (hypothesis)。惠子是懷疑論者，持邏輯式與說理式的觀世態度，講究檢驗與證明。

這個故事引出了知識論 (epistemology) 的幾個基本問題：我們如何建立事物的意義與真理 (meaning and truth)？我們知道什麼（知其然）？我們是怎麼知道的（知其所以然）？

自古以來獨斷論者與懷疑論者對這些問題各從正、反兩個角度來爭辯與立論。

前者宣稱說：我們一定能夠知道，我們將會知道。

後者宣稱說：我們不知道，或至少我們無法確定我們知道。

懷疑論者利用「無窮回溯法」(method of infinite regress) 的論證來支持其論點：你為何知道 A_1？因為 A_2；為何知道 A_2？因為 A_3；為何知道 A_3？因為 A_4；⋯⋯；沒完沒了；所以你無法知道 A_1。

進一步論證說：當一個人知道時，他不必去探尋；而當他不知道時，他也不知道要探尋什麼。

總之，懷疑論者認為：探尋是徒然的、不可能的，甚至根本沒有探尋這回事。

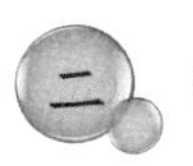

破解懷疑論

對於以追求真理為職志的人，面對這種論證，當然不能接受。蘇格拉底提出「靈魂不朽論」與「知識的回憶說」，並且用教學實例展示一個成功的探尋過程，就是要表達他對懷疑論者的反駁。由探尋未知，得到收穫與快樂，這含有人生的深刻價值。

事實上，面對懷疑論者的挑戰，最好的回應方式是努力去建立讓人信服的知識殿堂。古希臘人成功地辦到了，那就是歐氏幾何的建立，構成了「希臘奇蹟」(Greek miracle) 之一。歐氏採用「公設法」(axiomatic method)，即由直觀自明的公理出發，推導出所有的幾何定理，因而擺脫「無窮回溯」的困局。

獨斷讓位給理性

蘇格拉底自比於牛虻 (gadfly)，碰到人就不斷地提出問題來困擾人。他自承無知 (I know that I do not know.)，深知真理之難於求得，也不易把握，故時時提醒自己千萬不要當填鴨者與獨斷者。他堅持探求知識時，必須經過討論、辯證與思考過程，這是教育應該著力的核心。沒有這個過程的填鴨式知識，不但沒有用，反而有害。

蘇格拉底雖然沒有把握他的論點是對的，但是他要努力捍衛思想的自由，言論與表達的自由，這是無可置疑的。他說：「對於人而言，沒有經過考察的人生是不值得活的。」(For man, the unexamined life is, indeed, not worth living.)

他逼迫獨斷讓位給理性 (dogma gave way to reason)，使許多胡說八道現原形，因而被指控「敗壞青年的心靈」，最後以身殉道，成為哲人的典範。他的《辯護》(*Apology*)，千古以降讀之，仍然是令人動容。

教學是一種藝術

教學與學習是非常微妙而複雜的思想與心理活動過程，要讓一個人內在的潛能與外在環境的觸媒互相交會衝激，以點燃思想火花，產生創造、發現與了悟的喜悅，這本來就是很神奇奧妙的事。大自然的生生不息，時時在提供給我們例子與啟示。事實上，教學是一種藝術，沒有一定的規則可循。古今中外，有許多偉大的教師，都各有不同的風格與迷人的魅力。毫無疑問的，蘇格拉底與柏拉圖都是偉大的教師。後者還在雅典市郊創立了柏拉圖學院，以探究宇宙奧祕與窮究萬物之理為宗旨。

自古以來，教學大約有三種類型：演講式、蘇格拉底式，以及各式各樣的混合折衷式。每一種類型又可分成許多種情形，例如演講式可以是填鴨的，也可以是富啟發性的。教師的學養、人格風範、魅力、表達能力是主要的決定因素。蘇格拉底式的教學法，通常只適用於班級人數很少的情況，並且學生要積極主動地參與。

至於教學技巧，更是千變萬化。其中，按照知識的生長機理與歷史演化過程來教學（或學習）是一個好辦法，廣受喜愛。特別地，對於科學知識而言，這涉及了科學史與科學哲學 (philosophy of science)。前者展示科學知識創造的歷史過程，後者研究科學知識的邏輯結構、生長機理、發現的理路、方法論、科學革命如何發生等等。這兩門學問關係密切，當代著名的科學哲學家拉卡托斯曾套用康德的話說：「科學哲學沒有科學史是空的；科學史沒有科學哲學是瞎的。」兩者除了本身有趣之外，對於教學、研究與學習都起了重大的影響。

科學哲學

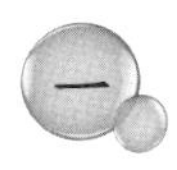

一、什麼是科學？

基本上說來，科學包括有兩個層面：經驗面與理論面。先由經驗 (ε) 出發，創造或猜測出普遍原理 ($\mathcal{A}$) (axioms, laws, principles)，再由普遍原理推導出邏輯結論 ($\mathcal{D}$)，以解釋 (explain) 既知的經驗並且預測 (predict) 新事物。科學就是這個活動所產生出來的知識系統。這是一條平實的通向真理之路。這些可以用愛因斯坦的一個圖解來表達（見圖 17–6）。

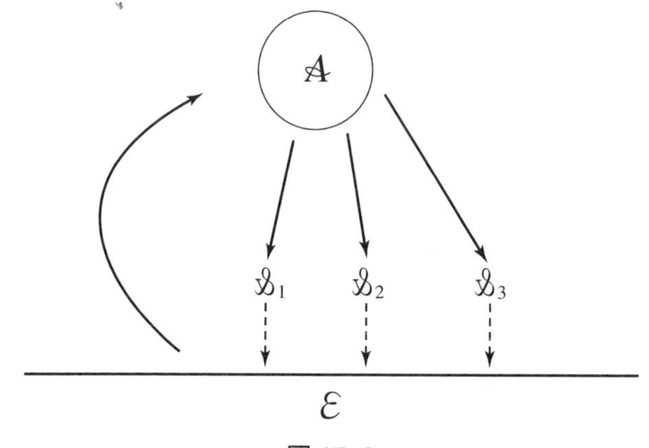

圖 17–6

其中完全明確 (certainty) 的是從$\mathcal{A}$到$\mathcal{B}$的推理部分。至於$\mathcal{A}$為何成立，$\mathcal{B}$跟 ε 的關連，以及如何由 ε 飛躍創造出$\mathcal{A}$，都是不明確的，有相當的爭議。愛因斯坦說得好：「只要數學定律指涉到實際世界，它們就是不明確的；並且只要它們是明確的，就不指涉實際世界。」

例如，牛頓力學。牛頓總結前人對運動現象的研究，創立三大運動定律與萬有引力定律，由此推導出克卜勒行星三大運動定律，解釋潮汐現象。後人又根據牛頓定律預測出海王星與冥王星的位置。

我們再舉歐氏幾何的例子。古希臘人從古埃及與巴比倫接收了許多經驗的幾何遺產，加上他們自己所創的幾何知識，開始追問：

二 怎樣知道這些幾何結果？

歷經三百年（西元前 600～前 300）的試誤與努力：從泰利斯發端，企圖將幾何結果排成邏輯鏈條 (logical chain)，由排在前面的可以推導出排在後面的。接著是畢氏學派，嘗試要將幾何算術化與原子論化，由於無理數 $\sqrt{2}$ 的出現而告失敗。最後歐氏踏著畢氏的失敗，記取教訓，改採公理化的手法，由五條公理出發，建立起幾何的演繹系統，把幾何知識提昇到可以談「證明」的至高境界，堵住了懷疑論者的悠悠之口。

自古以來，歐氏幾何的演繹系統成為數學與科學理論的典範。世間多的是不能證明的「胡說八道」，而數學的特色就是能夠證明，這是最令人欣喜的事。

靜力學與動力學

力學從靜力學 (statics) 發展到動力學 (dynamics)，並且使得前者變成是後者的特例。科學哲學以研究科學知識與科學理論本身為目標，也可以分成兩部分：

⑴靜力學：科學知識的結構

它的主題是對科學理論作邏輯結構的分析，提出意義的判準、科學解釋的切當條件、科學客觀性的來源與基礎等等。這是在本世紀上半葉由邏輯經驗論 (logical empirism) 所展開的哲學運動。它完全不重視科學理論的發現與生長歷程。

基本上，這也是傳統數學的寫照。自從歐氏幾何（西元前 300）建立之後，幾乎所有的數學文章或書都採用「定義、公理、定理、證明」的方式來書寫，即只展示由公理出發的邏輯演繹系統，而隱藏發現理路以及為何要採用那些公理的分析、歸納過程。

⑵動力學：科學知識的演化論

科學理論並非一成不變的永恆真理，它恆處在「日新又新」的發展階段，有發現與生長的過程，也有死亡（科學革命）的時候，更有方法論，這一切的生命力之機理是什麼呢？演化機制是什麼？

這些是自五〇年代邏輯經驗論逐漸式微後，取而代之的當代科學哲學所要研究的主要論題，其中的代表人物有波柏、拉卡托斯、孔恩以及費若本 (P. Feyerabend) 等人，他們都從科學史中尋求證據與啟示。

四 數學教育

平行對應地，波利亞 (Pólya, 1887～1985) 在數學中尋求數學的生長與發現之理路，應用到數學教育，產生了啟發式 (heuristics) 教學法，猜測式推理 (plausible reasoning) 之發現法，以及解決問題的方法論 (the methodology of problem solving)，包括提問題、觀察、試誤、歸納、類推、推廣、特殊化、分析與綜合等古老方法。因此，他坐上數學教育的第一把交椅。他強調教學要「教人去思想」(teach to think)，以及先猜測再檢驗 (guess and test) 的手續。他有三本美妙的著作（參考資料 32、73、74），這些似乎都已有中譯本。另外，他的全集也收集了散見於各處的精彩文章，查閱起來非常方便。

更進一步，拉卡托斯（匈牙利人）將波利亞的思想與波柏的科學哲學結合起來，並且發揚光大，激起了更壯闊的思潮。他最先是由於翻譯波利亞的《怎樣解題》(*How to solve it*) 一書為匈牙利文，這個因緣讓他走入波利亞的世界。後來到英國又受波柏的深刻影響，而專注於數學發現的理路 (the logic of mathematical discovery) 之探索。因此，波利亞與波柏可以說是拉卡托斯的教父。

拉卡托斯的經典名著《證明與否證》(*Proofs and Refutations*，參考資料 75)，就是根據他在劍橋大學的博士論文擴充而成的，主題是以多面體的 Euler 公式 $V-E+F=2$ 為個案研究（其中 V 表頂點數，E 表稜線數，F 表面數），細膩地重建數學發現的辯證過程。粗略地說，這個過程是由問題開始，先有個猜測然後試著去檢驗：否證或證明；如果被反例否證掉，就再重新形成進一步的猜測回到原先的迴路，一直到獲致證明為止。他採用教室中師生對話的方式來寫作，媲美於柏拉圖的對話錄。波利亞看過這本書之後，給了一句評語：它太富機智。(It was “too witty.”)

拉卡托斯不幸在 51 歲之壯年死掉。死後由沃洛 (Worrall) 與柯利 (Currie) 兩人將他散見各處的文章及未發表的文稿收集整理起來，編成兩本書（參考資料 76、77），均由劍橋大學出版部印行。

數年前寇特斯爾 (Koetsier) 採用拉卡托斯的觀點，寫成一本有趣的書（參考資料 78），舉了許多數學例子，試圖以數學的實際發展過程來了解數學是什麼，也值得一讀。

另外，以生物學與心理學的認知觀點來解說知識、思想的創造活動過程的，要推兩位大宗師：完形學派（或叫格式塔學派，Gestalt school）創始者之一的魏塞瑪 (Wertheimer, 1880～1943) 以及結構論與起源論的皮亞傑 (Piaget, 1896～1980)。他們的經典名著分別是參考資料 79 與 80，值得關心數學教育者研讀。

從數學史與科學哲學中吸取豐富的養料，對於數學的教學非常有幫助。在教學中，適度地引入數學發展史與科學哲學的眼光，根據筆者的經驗，能夠增加生動性與趣味性，對於學生產生吸引力。數學史的材料除了用來講述歷史故事或軼聞之外，更要緊的是用來重建數學的發現過程，提供多種角度並且綜觀全局。這些都是通常數學教科書最缺乏的部分。

結　語

提問題 (problem posing) 與解問題 (problem solving) 是教學與學習的核心工作。問題提得好，往往具有「畫龍點睛」之效。教學成功的一個必要條件是，教師先要對所教的內容感動過，這樣才有可能讓學生也感動。

教學的最高境界是，教師適當地佈置一個求知環境，不著痕跡地讓學生以為是自己找尋或發現到真理。這是一種理想，不容易辦到，但只要儘可能地逼近，就是偉大的教師。

愛因斯坦說：「教師的主要任務是喚醒學生對創造與知識的樂趣。」因此，教師有大好機會，啟發學生得到美好事物的經驗。一個人只要得到過一次，可能一生都想再次得到，從而導致終身的追尋、探索與學習。創立集合論的康托爾說：「在數學領域中，提問題的藝術比解問題的藝術還要重要。」這跟蘇格拉底形成遙遠的呼應，時間相隔兩千三百年！

附錄：什麼是「不知道」？

諾貝爾物理獎得主波恩在哥廷根大學唸書時，必須通過數學家希爾伯特的數學口試。在考前，波恩去找老師，請教應如何準備考試。

老師問：「你最弱的是哪一門課？」

答：「代數學的理想理論。」

老師不再說什麼，並且波恩也以為考試時不會考這個領域的問題了。孰料，考試當天，希爾伯特所問的問題，全都集中在理想理論。

事後希爾伯特向波恩解釋說：「是啊，我只不過是想探索你自認為毫無所知這件事到底是怎麼一回事。」

後來，波恩發現量子力學的機率解釋，即在原子內部的微小世界裡，我們無法確知事情會發生什麼，而只能知道事情發生的機率分布。愛因斯坦一直都不同意這種說法，他寫信給波恩說：「你相信一個丟骰子的上帝，但我相信一個完全按照定律與秩序來運行的世界。」

從「事情必然會如此這般發生」的定命世界觀，轉變成「事情有種種可能，只能談論機率分布」的隨機世界觀，這是一種思想的大革命。愛因斯坦屬於前者，他深信「上帝不會用丟骰子來決定這個世界」；波恩屬於後者，他堅持「自然的真正理路是機率的演算」，並且認為：將機率的說法看作不自然是多麼不自然的事！

到目前為止，波恩勝利。天下沒有萬靈丹，人類必須忍受「不確定性」，在「說不準」的情況下，做決策與判斷，欣賞所獲，看淡所失。

對未知的好奇，對知識的熱情，對人類的關愛，再加上智性的幽默，這些都是科學家常見的特質。不過，他們也時時意識到蘇格拉底的警語：「我只知道我一無所知。」因此，科學方法就是將科學開放給理性，作批判討論，以便去掉可能的錯誤，不斷提出新觀點與新理論。科學家讓想像力奔馳，但駕馭在經驗與邏輯的轡繩之下，從而「怪力亂神讓位給理性」，無處現身。經過探索後，所得到的就是最平實的科學知識，這是人類文明綻放的花朵。

科學求知活動的核心是探索的發現過程，以及過程中所遵循的理性討論。追求真理比擁有真理還要珍貴。對照過來，科學教育應該千錘百鍊的重心就是這個發現過程，而不是專撿現成的知識，作「背記」與「考試」這種「捨本逐末」的表面工夫。

科學家透過知識的探險與提升，來達成心靈解放，實現社會改造，並且進一步追尋一個更美好的世界。

我年輕的時候對於研究自然的智慧懷有極大的興趣。我覺得知道每一件事情的原因，了解它們的生成、存在、變化和滅亡之道是很崇高的事情。

For man, the unexamined life is, indeed, not worth living.

（對於人而言，沒有經過考察的人生是不值得活的。）

——蘇格拉底——

後人稱讚伽利略說：Science came down from Heaven to Earth on the inclined plane of Galileo.（科學沿著伽利略的斜面從天上滑落人間。）

值得作一對照，西塞羅說：「蘇格拉底將哲學從天上帶到了人間」。因為在蘇格拉底之前的哲學家關切的主題是宇宙論與天文學，都是遠在天邊的問題，而蘇格拉底關切的主題是人的問題：什麼是美好的生活？什麼是善？什麼是公理、正義、美？他永遠好奇的是人的事情，問不完的是人間的問題。

登山專家 George Mallory 被問及為何要登聖母峰 (Everest) 時，他給出一個典雅的回答：因為山就在那兒。(Because it is there.)

參考資料

1. D. Wells, *The Penguin Dictionary of Curious and Interesting Geometry*, Penguin Books, England, 1991.
2. J. H. Conway and R. K. Guy, *The Book of Numbers*, Coprnicus, An Imprint of Springer-Verlag, 1996.
3. A. H. Beiler, *Recreations in the Theory of Numbers, The Queen of Mathematics Entertains*, Second Edition, Dover, 1966.
4. D. M. Burton, *The History of Mathematics*, An Introduction, Allyn and Bacon, INC., 1985.
5. H. Eves, *An Introduction to the History of Mathematics*, Sixth Edition, Saunders College Publishing, 1990.
6. P. J. Davis and R. Hersh, *Descartes' Dream, The World According to Mathematics*, Houghton Mifflin Company, Boston, 1986.
7. D. M. Burton, *Elementary Number Theory*, Third Edition, WmrC. Brown Publishers, 1994.
8. F. E. Browder, Editor, *Mathematical Developments Arising from Hilber Problems*, American Mathematical Society, 1976.
9. S. L. Glashaw, *From Alchemy to Quarks*, Brooks/Cole Publishing Company, California, 1994.
10. I. Stewart, *From Here to Infinity*, Oxford University Press, 1996.
11. D. Pedoe, *The Gentle Art of Mathematics*, Dover, New York, 1973.
12. O. Ore, *Number Theory and Its History*, McGraw-Hill Book Company, 1948.
13. W. W. R. Ball, *Mathematical Recreations and Essays*, The Macmillan Company, 1962.

14. G. H. Hardy and E. M. Wright, *An Introduction to the Theory of Numbers*, Oxford Univ. Press, 1979.

15. D. Wells, *The Penguin Dictionary of Curious and Interesting Numbers*, Penguin Books, 1986.

16. H. R. Jacobs, *Geometry*, W. H. Freeman and Company, N. Y., 1987.

17. P. D. Lax, *Linear Algebra*, John Wiley & Sons, INC., 1997.

18. A. Engel, *Problem Solving Strategies*, Springer-Verlag, 1998.

19. A. N. Whitehead, *The Aims of Education*, The Macmillan Company, 1929.

20. L. S. Cauman, On Indirect Proof, *Scripta Mathematica*, Vol. XXIII, No. 2, 1966.

21. R. Gauntt, The Irrationality of $\sqrt{2}$, *American Math. Monthly*, 63, p. 247, 1956.

22. V. C. Harris, On Proofs of the Irrationality of $\sqrt{2}$, *Mathematics Teacher*, 64, p. 19, 1971.

23. G. H. Hardy, *A Mathematician's Apology*, Cambridge Univ. Press, Reprinted, 1984.

24. E. S. Loomis, *The Pythagorean Proposition*, Ann Arbor, Michigan, Edward Brothers, 1968.

25. A. Szabo, *The Beginning of Greek Mathematics*, Dordrechet, 1978.

26. A. Szabo, The Transformation of mathematics into deductive science and the beginnings of its foundation on definitions and axioms, *Scripta Mathematica*, Vol. XXVII, No. 1 and No. 2, 1960.

27. Anglin, W. S., *Mathematics, A Concise History and Philosophy*, Springer-Verlag, 1994.

28. J. Mcleish, *The Story of Numbers, How Mathematics Has Shaped Civilization*, Fawcett Columbine, N. Y., 1991.

29. K. Jänich, *Linear Algebra*, Springer-Verlag, 1994.

30. V. J. Katz, *A History of Mathematics*, Harper Collins College Publishers, 1993.

31. J. C. Martzloff, *A History of Chinese Mathematics*, Springer-Verlag, 1997.

32. G. Pólya, *Mathematics and Plausible Reasoning*, Princeton Univ. press, 1954.

33. A. Grünbaum, *Modern Science and Zeno's Paradoxes*, Weslyan Univ. press, 1967.

34. C. P. Willams, On Formula for the nth Prime Number, *Math. Gazette*, 413–415, 1964.

35. D. A. Cox, An Introduction to Fermat's Last Theorem, American Mathmatical. *Monthly*, 3–14, 1994.

36. R. Jungk, *Brighter Than a Thousand Suns*, Harcourt Brace and Co., New York, 1958.

37. S. Singh, *Fermat's Last Theorem*, Fourth Estate, London, 1997.

38. A. Aczel, *Fermat's Last Theorem*, Delta, N. Y., 1996.

39. R. D. Rucker, *Infinity and the Mind*, Birkhäuser, 1982.

40. H. Eves, *Great Moments in Mathematics (Before 1650)*, The Mathematical Association of America, 1983.

41. M. J. Crowe, *Theories of the World from Antiquity to the Copernican Revolution*, Dover, 1990.

42. G. E. R. Lloyd, *Greek Science After Aristotle*, W. W. Norton & Company, 1973.
43. T. L. Heath, *History of Greek Mathematics*, 2 Vols., Dover, 1981.
44. A. Aaboe, *Epsiodes from the Early History of Mathematics*, Random House, New York, 1964.
45. O. Neugebauer, *The Exact Sciences in Antiquity*, Dover, 1969.
46. L. N. H. Bunt, P. S. Jones, J. D. Bedient, *The Historical Roots of Elementary Mathematics*, Dover, 1988.
47. D. Pedoe, A geometric proof of the equivalence of Fermat's principle and Snell's law, *American Mathmatical Monthly*, Vol. 71, pp. 543–544, 1964.
48. E. Beckenbach and R. Bellman, *An Introduction to Inequalities*, Yale Univ. Press, 1961.
49. S. Sambursky, *The Physical World of the Greeks*, Princeton University Press, 1956.
50. A. Kantorovich, *Scientific Discovery, Logic and Thinking*, State University of New York Press, 1993.
51. A. S. Posamentier, *Excursions in Advanced Euclidean Geometry*, Revised Edition, Addison-Wesley Pubslishing Company, 1979.
52. R. L. Faber, *Foundations of Euclidean and Non-Euclidean Geometry*, Marcel Dekker, INC., 1983.
53. T. L. Heath, *The Thirteen Books of Euclid's Elements*, 3 Vols., Dover, 1956.
54. T. L. Heath, *History of Greek Mathematics*, Vol. 1, Dover, 1981.

55. I. Lakatos, *Proofs and Refutations, The Logic of Mathematical Discovery*, Cambridge Univ. Press, 1983.
56. I. Lakatos, *Mathematics, Science and Epistemology*, Cambridge Univ. Press, 1980.
57. J. Marks, *Science and the Making of the Modern World*, Heinemann Educational Books Ltd., 1983.
58. B. Russell, *The Autobiography of Bertrand Russell*, Unwin, London, 1978.
59. G. Sarton, *Ancient Science through the Golden Age of Greece*, Dover, 1993.
60. G. Holton, *The Scientific Imagination : Case Studies*, Cambridge Univ. Press, 1978.
61. A. F. Chalmers, *What Is This Thing Called Science?* 2nd Edition, Open Univ. Press, 1996.
62. R. P. Feynman, *Lectures or Physics*, Vol. 1, Addison-Wesley, 1963.
63. S. Bochner, *The Role of Mathematics in the Rise of Science*, Princeton Univ. Press, 1981.
64. G. Zukav, *The Dancing Wu Li Master*, Flamingo edition, 1984.
65. G. Holton, *Introduction to Concepts and Theories in Physical Science*, Princeton Univ. Press, 1985.
66. E. J. Dijksterhuis, *The Mechanization of the World Picture, Pythagoras to Newton*, Princeton Univ. Press, 1986.
67. I. B. Cohen, *The Birth of a New Physics*, Revised and Updated, 1985.
68. G. Galileo, *Dialogue Concerning Two New Sciences*, 1638. Dover, 1952.

69. L. Laudan, *Science and Hypothesis*, Reidel, 1981.

70. E. M. Rogers, *Physics for the Inquiring Mind*, Princeton Univ. Press, 1977.

71. S. Drake, *Discoveries and Opinions of Galileo*, Doubleday, New York, 1957.

72. Plato, *Meno*, translated by W. K. C. Guthrie.

73. Pólya, *How to Solve it*, Princeton Univ. Press, 1945.

74. Pólya, *Mathematical discovery*, Vol. 1, 1962, Vol. 2, 1965, John Wiley & Sons, INC.

75. Lakatos, *Proofs and Refutations, the logic of mathematical discovery*, Cambridge Univ. Press, 1976.

76. Lakatos, *The methodology of scientific research programmes*, Cambridge Univ. Press, 1978.

77. Lakatos, *Mathematics, science and epistemology*, Cambridge Univ. Press, 1978.

78. Koetsier, *Lakatos' Philosophy of Mathematics, A Historical Approach*, Elsevier, 1991.

79. Wertheimer, *Productive thinking*, The Univ. of Chicago press, 1982.

80. Piaget, *Genetic Epistemology*, Columbia Univ. Press, 1970.

81. Popper, *The Logic of Scientific Discovery*, Routledge and Kegan Paul, London, 1968.

82. 湯川秀樹，《旅人》，湯川秀樹自述。陳寶蓮中譯，遠流出版公司，臺北，1994。

83. 黃武雄，《中西數學簡史》，人間文化事業公司，臺北，1980。

84. Vercoutter, J.，《古埃及探秘，尼羅河畔的金字塔世界》，吳岳添中譯，時報出版公司，1994。

85. Feynman, R. P., *Surely You're Joking, Mr. Feynman, Adventures of a Curious Character*，吳程遠中譯：《別鬧了，費曼先生——科學頑童的故事》。天下文化出版社，1993。

86. 笹部貞市郎，《幾何學辭典》，九章出版社，1988。

87. 林聰源，《數學史——古典篇》，凡異出版社，新竹，1995。

88. 項武義，〈漫談基礎數學的古今中外——從韓信點兵和勾股弦說起〉，《數學傳播》第 21 卷第 1 期，1997。

89. 片野善一郎，《數學史の利用》，共立出版株式會社，1995。

90. 李兆華，《中國數學史》，文津出版社，臺北，1995。

91. Omar Khayyam, *The Rubaiyat* （魯拜集），書林出版社，黃克孫中譯，1987。

索　引

【中文部分】

【英文部分】

鸚鵡螺數學叢書介紹

窺探天機——你所不知道的數學家

洪萬生／主

我們所了解的數學家，往往跟他們的偉大成就連結在一起；但可曾懷疑過，其實數學家也有著不為人知的一面？
不同於以往的傳記集，本書將帶領大家揭開數學家的神祕面貌！敘事的內容除了我們耳熟能詳的數學家外，也收錄了我們較為陌生卻也有著重大影響的數學家。

千古圓錐曲線探源

林鳳美／

為什麼會有圓錐曲線？數學家腦中的圓錐曲線是什麼？
只有拋物線才有準線嗎？雙曲線為什麼不是拋物線？
學習幾何的捷徑是什麼？圓錐曲線有什麼用途？
讓我們藉由此書一起來探討圓錐曲線其中的奧祕吧！

數學、詩與美

Ron Aharoni／
蔡聰明／譯

數學與詩有什麼關係呢？似乎是毫無關係。數學處理的是抽象的事物；詩處理的是感情的事情。然而，兩者具有某種本質上的共通點，那就是：美。本書嘗試要解開這兩個領域之間的類似之謎，探討數學論述與詩如何以相同的方式感動我們，並說明它們能夠激起相同的美感。

數學拾穗

蔡聰明／著

本書收集蔡聰明教授近幾年來在《數學傳播》與《科學月刊》上所寫的文章，再加上一些沒有發表的，經過整理就成了本書。全書分成三部分：算術與代數、數學家的事蹟、歐氏幾何學。最長的是第 11 章〈從畢氏學派的夢想到歐氏幾何的誕生〉，嘗試要一窺幾何學如何在古希臘理性文明的土壤中醞釀到誕生。最不一樣的是第 9 章〈音樂與數學〉，也是從古希臘的畢氏音律談起，把音樂與數學結合在一起，所涉及的數學從簡單的算術到高深一點的微積分。其它的篇章都圍繞著中學的數學核心主題，特別著重在數學的精神與思考方法的呈現。

國家圖書館出版品預行編目資料

數學拾貝／蔡聰明著；蔡聰明總策劃.——二版一刷.
——臺北市：三民，2020
面；　公分

ISBN 978-957-14-6763-4（平裝）
1.數學 2.通俗作品

310　　108020757

鸚鵡螺 數學叢書

數學拾貝

作　　者　蔡聰明
總 策 劃　蔡聰明

發 行 人　劉振強
出 版 者　三民書局股份有限公司
地　　址　臺北市復興北路 386 號 (復北門市)
　　　　　臺北市重慶南路一段 61 號 (重南門市)
電　　話　(02)25006600
網　　址　三民網路書店 https://www.sanmin.com.tw

出版日期　初版一刷 2003 年 7 月
　　　　　初版七刷 2011 年 9 月
　　　　　二版一刷 2020 年 1 月
書籍編號　S313580
I S B N　978-957-14-6763-4

三民書局